蔬菜间作套种新技术

（南方本）

郑世发　黄燕文　编著

金盾出版社

内 容 提 要

本书系作者就我国南方蔬菜近几年新兴的间作套种新技术进行了广泛搜集、整理、编著而成。全书共分5章。第一章概述了蔬菜间作套种及混作的概念、作用、形式与配置的原则，第二章至第五章分别介绍了塑料大、中棚蔬菜间作套种新模式，露地蔬菜间作套种新模式，蔬菜与稻、麦、玉米、棉、花生、甘蔗间作套种新模式，蔬菜与幼龄果、桑、林间作套种新模式，共100余种。书中对每种模式的茬口安排、效益及各种间作套种作物的栽培技术要点进行了详述。本书语言通俗简练，内容翔实，方法具体，可操作性强。可供园艺技术人员、广大农民、部队农副业生产人员和相关院校师生阅读参考。

图书在版编目(CIP)数据

蔬菜间作套种新技术：南方本/郑世发，黄燕文编著．--北京：金盾出版社，2010.8

ISBN 978-7-5082-6371-7

Ⅰ.①蔬… Ⅱ.①郑…②黄… Ⅲ.①蔬菜—间作②蔬菜—套作 Ⅳ.①S630.4

中国版本图书馆CIP数据核字(2010)第059879号

金盾出版社出版、总发行

北京太平路5号(地铁万寿路站往南)

邮政编码:100036 电话:68214039 83219215

传真:68276683 网址:www.jdcbs.cn

封面印刷:北京印刷一厂

正文印刷:北京华正印刷有限公司

装订:北京华正印刷有限公司

各地新华书店经销

开本:850×1168 1/32 印张:9.5 字数:229千字

2010年8月第1版第1次印刷

印数:1～10 000册 定价:16.00元

目　录

第一章 概 述

一、间作套种及混作的概念、作用、形式与配置的原则

(一)间作套种与混作的概念

两种或两种以上的蔬菜隔畦隔行或隔株同时有规则地栽培在同一块地上称为“间作”,而将不同蔬菜不规则地混合种植则称为“混作”。前作蔬菜生育后期,在它行间或株间种植后作蔬菜,前、后作共生的时间较短,称为“套种”或“套作”。

(二)间作套种与混作的作用

合理的间作套种,就是把两种或两种以上的蔬菜,根据其不同的生态特征,发挥其种间互利的因素,组成一个复合群体,通过合理的群体结构,使单位面积内植株总数增加,并能有效地利用光能和地力、时间与空间,造成“相互有利”的环境,甚至可减轻病、虫、草害。所以,间作套种是增加复种指数、提高蔬菜单产和年产量、实行排开播种、增加花色品种和淡季供应的一项重要措施,是蔬菜栽培制度的一个显著特点。其主要作用如下。

1. 充分利用不同作物间的互补作用 互补,是指几种作物互为补充地利用环境生活因子,包括温、光、水及其彼此的代谢物,以及对病虫害防治等方面的互补。利用不同作物的差异互补,主要表现是:

(1)时间上的互补 利用不同作物生育期的差异进行间作套

种,以达到充分利用不同时间内生活因子的可能性。如利用棉花与辣椒生育期的差异进行套作,在品种选择上,辣椒选择耐低温、早熟、丰产类型的品种,并进行早熟保护地培育壮苗栽植,当棉花植株进入生长旺期时,辣椒收获期将要结束而拔秧,不影响棉花生长,有利于棉花、辣椒增产高效。

(2)空间上的互补 不同作物的高矮、株型、叶型、需光特性及生育期不同,把它们合理地搭配在一起就可以充分利用空间而提高对光能的利用率,如高秆的玉米与矮生的毛豆、马铃薯间套作。其主要原理,一是能提高单位面积作物总密度,增加叶面积指数,增加截光量,减少漏光和反射;二是能改善群体层垂直分布与结构,增加光照叶面积;三是充分利用了作物不同的需光特性,如喜光与耐阴;四是有利于通风增加作物群体空间的二氧化碳浓度等。

(3)土壤养分的互补 不同作物对土壤养分的需求、吸收能力和种类不尽相同。一般禾本科作物需氮多,豆科作物需氮少而需磷、钾多,因为豆科作物可借共生固氮菌固定空气中游离氮转化为有机氮,需从土壤中补施的氮肥相对就少;白菜、芥菜、菜薹、甘蓝等十字花科蔬菜作物利用土壤较难溶磷的能力强,而小麦、甜菜等的能力弱;谷类、葱蒜类等浅根性作物主要吸收浅层土壤中的养分,而棉花、大豆(毛豆)及瓜类蔬菜等深根性作物则可利用土壤深层中的养分等。此外,某些作物的根际代谢产物对其本身可能无益甚至有害,而对其他作物和微生物有益,如洋葱、大蒜等的根系分泌物,可抑制马铃薯晚疫病的发生。

必须强调指出的是,作物间的竞争是绝对的,互补则是相对的,通过合理的栽培技术可减少竞争、增加互补,达到互补大于竞争而获得较高效益的目的。

2. 充分利用太阳光能,提高光能利用率 农业生产的实质是绿色植物通过光合作用,将太阳辐射能转化为化学能的过程。据研究表明,太阳辐射能的利用理论值可达5%,最高达6%,而现在利用率平均小于1%，世界上最高产地块的利用率近5%，我国目前农田平均光能利用率为0.3%～0.4%，多数农田作物生育期利用率仅0.1%～1%。像华北平原一年种一季高产小麦，如果每667米^{2}产量为500千克，光能利用率为1.2%，而采用小麦套作玉米栽培，每667米^{2}产量达到1 000千克，光能利用率可达1.4%～1.5%；在长江流域稻麦两熟区，如果每667米^{2}产量达到1 250～1 500千克，光能利用率为1.7%～2.0%，而采用一年三熟制栽培模式，每667米^{2}产量为1 500～1 750千克，光能利用率可达2.2%～2.5%。

作物光能利用率低的原因是多方面的。就目前大面积农作物而言，一是周年光合叶面积时间短，主要表现在农田复种指数低，或农耗时间长，在作物适宜生长季节田块无作物覆盖，光能白白地被浪费，如南方地区，由于种植原因有相当面积的冬闲田或抛荒田白白浪费了光能；二是作物群体光合叶面积小，主要是水肥条件差或田间管理不善，作物群体小，光合叶面积不足，截留光能少，使其大量漏于地面而无效。因此，要提高光能利用率，必须增加单位土地上的绿叶面积或延长绿叶的光照时间。间作套种，可以增加单位土地上的绿叶面积和延长其光照时间，可将一熟或两熟变为两熟或三熟，甚至多熟，尤其是北方，可以充分发挥日照时间长、光能资源丰富的优势。

3. 有利于维护农田生态平衡 主要表现在以下方面。

其一，可减少农田水土流失。间套作种植，由于增加了农田覆盖度和延长了覆盖时间，可减轻雨水对地面土壤的直接冲刷，从而达到减少农田水土流失的目的。

其二，可扩大、加速物质循环。间套作多熟种植，随着产量的提高，作物收获物从土壤取走的养分元素呈正比例增加，与此同时，如若处理得当，可以扩大或活跃物质循环，使土壤保持高水平的营养平衡。其原因：一是作物种类多。在间套作种植中，选择适当的作物种类或品种做到合理搭配，如增加豆科蔬菜或耗肥量少的蔬菜作物，能够活跃物质循环。二是增加了秸秆还田的可能性，有利于土壤保持高水平的营养平衡。因产量的增加必然带来作物秸秆量的增加，同时也增加了秸秆还田的可能性，如稻谷类作物将籽粒除外的干物质还田，回田的干物质与碳可达60%，钾可达83%，钙可达92%，氮可达40%，磷可达20%。三是增加了有机、无机肥料，可调节土壤的酸碱度，改善土壤结构。

（三）间作套种与混作配置的原则

在间作套种中，因为主作与间套作的种间关系，除了有互助互利的一面，还有矛盾的一面。因此，实行间套作时，要根据各种蔬菜的生态特征特性，选择互助互利较多的作物品种实行搭配，还要因地制宜地采用合理的田间群体结构，以及相应的技术措施，这样才能保证增产。如若掌握不好，加剧了作物种间斗争，反而导致减产。具体应掌握以下原则。

1. 合理搭配蔬菜的种类和品种 就是在株型上，高秆与矮生、直立与塌地的种类搭配，以解决复合群体高度密植的通风透光问题，如高秆的玉米与矮生的毛豆、马铃薯间作套种，直立的洋葱、大蒜与塌地的菠菜间作套种，它们的叶型分别为直立型（玉米、洋葱、大蒜）与水平型（毛豆、马铃薯、菠菜），能充分利用光能。在根系上，掌握深根型与浅根型搭配，以合理利用土壤中的水分和养分，如深根性的果菜类与浅根性的苋菜、小白菜等搭配。在生长期、熟性和生长速度上，掌握生长期长的与生长期短的、生长快的与生长慢的、早熟的与晚熟的间套作，如生长期长的甘蓝与生长期短的小白菜间作，芹菜或胡萝卜等生长缓慢的蔬菜与生长快的小白菜、四季萝卜混播。

有试验表明，作物分泌物特别是根系分泌物，对间套作物的生长有影响；有些蔬菜在生命活动过程中能分泌某些液态或气态的物质，能忌避和减轻某些病虫害。武汉郊区有菜农种春甘蓝套种冬瓜，有防止恶性杂草香附子蔓延之效。

因此，在间套作物种类搭配时，要考虑其生态特性、根系分泌物的影响和对病虫杂草的抑制，充分发挥种间互助的一面，克服种间矛盾的因素。

据李润根报道，种植有机蔬菜间作套种搭配组合如表1-1。

表1-1　有机蔬菜间作套种组合

蔬菜作物	适宜间作套种作物	不宜间作套种作物
番　茄	洋葱、萝卜、结球甘蓝、韭菜、莴苣、丝瓜、豌豆	苦瓜、黄瓜、玉米
黄　瓜	菜豆、豌豆、玉米、豆薯	马铃薯、萝卜、番茄
菜　豆	黄瓜、马铃薯、结球甘蓝、花椰菜、万寿菊	洋葱、大蒜
毛　豆	香椿、玉米、山楂、万寿菊	
玉米(甜、糯)	马铃薯、番茄、菜豆、辣椒、毛豆、白菜	
魔　芋	玉米	马铃薯、番茄、茄子、辣椒
南　瓜	玉米	马铃薯
芹　菜	番茄、结球甘蓝、洋葱	甘蓝
马铃薯	白菜、菜豆、玉米	黄瓜、豌豆、生姜
大　蒜	辣椒、油菜、马铃薯	
青花菜	玉米、韭菜、万寿菊、三叶草	
萝　卜	豌豆、莴苣、洋葱	黄瓜、苦瓜、茄子
菠　菜	洋葱、莴苣	黄瓜、番茄、苦瓜
生　姜	丝瓜、豇豆、黄瓜、玉米、香椿、杜仲、洋葱	马铃薯、番茄、茄子、辣椒
洋　葱	生姜、萝卜、豌豆、胡萝卜	菜豆

2. 安排合理的田间群体结构　间套作后，单位面积上总株数增加，因此要处理好主、副作物争光线、争空间、争肥水的矛盾。具

体应掌握如下原则。

其一，主、副作物应有合理的配置比例，使间套作物均能获得良好的生长发育条件。一般以在保证主作物密度与产量的前提下，适当提高副作物的密度与产量为原则。

其二，加宽行距，缩小株距。如矮生作物的种植幅度加宽（行数多），高秆作物的幅度缩窄（行数少），以充分发挥边行优势的作用，并使矮秆作物生长的地方变成高秆作物的通风透光“走廊”。

其三，前茬利用后茬的苗期，不影响生长，而后茬利用前茬的后期，不妨碍苗壮和生长，尽量缩短两者共生期。

其四，掌握土壤养分，将对土壤养分要求不同、根系深浅不同的作物间套作，如需氮少的毛豆与需氮多的玉米套种，需氮多的叶菜与需磷、钾多的果菜间套作。

3. 采取相应的栽培技术措施 间套作要求有充足的劳力、充足的肥料和较高水平的技术条件，如若达不到这些条件，间套作物不能及时采收，反而会降低主作物的产量。同时，要从种到收，随时采取相应农业技术措施，防止主、副作物发生矛盾，促进其向互利的方向发展。

（四）间作套种与混作的形式

蔬菜间套作的类型依各地区气候条件和经济条件的不同，形式繁多，概括起来可分为菜菜间套作、粮菜间套作、果（桑）菜间套作、林菜间套作、药菜间套作、花菜间套作等。

1. 菜菜间套作 长江流域蔬菜间套作的形式有以下几种。

（1）早春菜间套春夏菜 如春萝卜、小白菜等早春速生菜间套地爬瓜类、豆类、薯芋类和辣椒、茄子等，可增加春淡季上市量。

（2）越冬晚茬菜或早熟夏菜间套晚熟夏菜 如春甘蓝、洋葱等以及春马铃薯、早黄瓜、早番茄、西葫芦、矮菜豆等与冬瓜、菜瓜、南瓜、伏豇豆、伏黄瓜等“伏缺”品种间套。

(3)早秋速生菜与秋冬长生菜间套　如早秋白菜、秋茼蒿与甘蓝、秋菜豆间套,小白菜、小萝卜与芹菜与胡萝卜混作。早秋速生菜是克服蔬菜供应夏淡季的主要品种。

(4)早熟过冬菜与晚熟过冬菜间作　如耐寒的白菜、菠菜、乌塌菜与越冬生长慢的晚茬菜如洋葱、大蒜、春甘蓝等间作,越冬早茬菜乃是堵冬春缺菜的好品种。

2. 粮菜间套作　常见的有麦地间作耐寒或半耐寒的小白菜、菠菜,麦田套作西瓜、甜瓜、芋头等,马铃薯或矮菜豆、毛豆、南瓜间作玉米,马铃薯与棉花间作,玉米与豇豆隔株间作等。

3. 果(桑)菜间套作　如葡萄与蘑菇、草莓间作,枣树与豆类、西瓜等蔬菜间套作。另外,还有设施桃与草莓间作,山楂与蔬菜间作,大棚杏与番茄间作等。桑套种大蒜、番茄、雪里蕻等。

4. 林菜间套作　分林菌类、林菜类间套作等。在南方山地或丘陵地区可用于间作的树种主要有杉木、柳杉、椴木、马尾松、香椿、臭椿、油桐、板栗、杜仲、油茶、漆树等,在林下种植的食用菌有竹荪、香菇、木耳、茯苓等,用于林菜间作的蔬菜作物主要有马铃薯、蚕豆、豌豆、绿豆、毛豆、生姜、大蒜、金针菜、萝卜、冬瓜、甜瓜等。

5. 药菜间套作　中草药在有机蔬菜病虫害防治中的作用越来越明显,日本、我国上海等地使用较多。目前生产上实行药菜间套作应用实例较少,已有的如榨菜与吴茱萸间作等,有待进一步研究。

6. 花(花卉)菜间套作　如万寿菊、切花菊、郁金香、菊花、玫瑰等与蔬菜间套作。万寿菊等与蔬菜间作后,对多种害虫有驱避作用。

以上各种间套作形式,从群体结构来看,则有高秆、矮秆、蔓性支架与蔓性地爬类、直立、矮生、塌地等不同生态特征,根据其不同种植方式,可配置成各种复合群体类型组合。湖北省恩施、宜昌地区有的农户常把矮秆的毛豆、蔓性的豇豆和高秆的玉米三种作物进行间套作，地上部形成“三层楼”的良好通风透光条件，地下部玉米耗氮多，豆类根瘤能固氮，形成一个互利协作、增产增收的合理复合群体结构。

二、间作套种应注意的问题

(一)间套作多熟制种植应注意的问题

一是兼顾社会效益和经济效益的统一。在不影响或很少影响主作物的同时，增加次作物产量，在兼顾社会效益的同时，提高经济效益。

二是注意发挥当地资源优势，选用互利的复合群体。必须根据当地的自然条件，掌握作物的生物学特性，做到合理搭配种植。

(二)塑料大、中棚蔬菜间套作应注意的问题

蔬菜塑料大、中棚内周年综合利用的各种茬口安排模式，大、中棚内间作与套种模式及其配套技术，都需要较高的技术，操作管理的要求也较严格，必须有专人管理，且管理人员要有一定的技术、责任心要强。在安排时还要注意以下问题：

第一，因地制宜选用适宜当地的茬口类型，对外地和书本介绍的经验不能生搬硬套。在技术水平较差、劳动力较紧缺的情况下，应首先保证主茬的利用，其他茬口要量力而行，否则达不到应有的效果。季节上要服从主茬，如有矛盾，应将前茬提前结束或将后茬推迟定植。

第二，应注意用地与养地相结合。每种茬口类型均应使大、中棚的土壤尽可能有较多的晒垡或冻垡时间。各茬口应大量施用有机肥作基肥，保持土壤良好结构，同时要注意避免或减少土壤污染。

第三，各类茬口生产模式最好交替使用，在同一大、中棚内不宜长期安排一种茬口类型，有多个大、中棚时，要做到搭配或交替安排各类茬口模式。这样可以避免或减少病虫害的发生，也有利于蔬菜作物对各种营养元素的吸收利用，使各类茬口蔬菜作物生长健壮、发育良好，并均能获得比较理想的经济效益和社会效益。

第二章 塑料大、中棚蔬菜间作套种新模式

一、以番茄为主的间作套种新模式

(一)大棚番茄、夏丝瓜、小青菜、秋延后莴笋间套栽培技术

江苏省响水县双港镇农业发展服务中心徐亚兰报道，大棚番茄间套夏丝瓜、小青菜、秋延后莴笋栽培模式，在全县推广应用，有效地提高了单位面积产量和经济效益。主要栽培技术如下。

1. 茬口安排 大棚番茄于12月下旬播种育苗，翌年6月下旬采收结束；夏丝瓜于3月下旬用营养钵育苗，5月中旬定植于番茄畦两边，9月中旬采收结束；秋延后莴笋9月上中旬育苗，11月初定植，春节前采收结束。

2. 栽培技术

(1)大棚番茄

①品种选择 选择耐寒、抗病、品质优、产量高的品种，如ID204、中杂9号等。

②培育壮苗 12月下旬，将选好的种子放入55℃温水中不断搅拌，浸泡15分钟后，再在常温下浸种3～5小时，让种子充分吸足水分后，放入30℃左右的恒温箱中催芽1～2天后，均匀撒播在铺有电热线的苗床上，覆土0.5厘米厚。每平方米苗床播6～8克种子，进行3膜1帘(地膜、中棚膜、大棚膜、草帘)覆盖育苗，温度白天控制在25℃～30℃，夜间15℃～20℃，播种前苗床要浇透水。幼苗2叶1心时分苗。分苗前1天苗床浇1遍水，以便起苗。将

起好的苗及时分在72孔的穴盘基质中。分苗后保持高湿，缓苗后湿度不能太大，以防徒长。

③适时定植　3月初定植，内套小拱棚，选株高18～20厘米、7～9片叶、叶色浓绿、叶片肥厚、节间短的壮苗定植。每667米^{2}施有机肥5 000千克、氮磷钾复合肥25千克、尿素10千克。筑畦宽80～100厘米，铺地膜。每667米^{2}定植3 500株左右。定植后浇足定根水。

④田间管理　定植后8～10天浇1次缓苗水，坐果前以控为主，坐果后至果实膨大期加大土壤含水量。果实膨大期可结合灌水每667米^{2}施尿素15千克。温度控制：缓苗前，白天25℃～30℃，夜间16℃～18℃；缓苗后，白天20℃～25℃，夜间13℃～15℃；果实膨大期，白天20℃～28℃，夜间18℃～20℃；果实成熟期适当提高温度。整个生长期棚温高于33℃时应及时通风，湿度大而持续时间长时应通风降湿，以减少病害发生。

⑤植株调整　第一穗果坐果后，须插架绑秧或吊蔓。采用单秆整枝引蔓上架，留3穗果，疏花疏果，每穗保留3～4个果。及时抹去侧枝和植株底层衰老叶，以减少养分消耗，改善通风透光条件，减少病害发生。由于坐果期温度低，坐果差，应尽量提高棚温或用10～20毫克/升2,4-滴加红墨水蘸花。

⑥病虫害防治　病虫害主要有早(晚)疫病、灰霉病、叶霉病和蚜虫，分别采用75%百菌清800倍液、50%多菌灵600倍液、50%腐霉利600倍液和10%吡虫啉可湿性粉剂2 500倍液喷雾防治。

(2)夏丝瓜和小青菜

①品种选择　丝瓜选耐热性强、抗病能力强、产量高、品质优的品种，如江蔬1号等。

②培育壮苗　3月下旬用营养钵在大棚内育苗。播种前将选好的种子放入55℃温水中浸泡15分钟，不断搅拌，待吸足水分，放在28℃～30℃条件下催芽，大部分种子开口露芽时，立即播入

口径8厘米的营养钵内，每钵1～2粒，保持棚内温度25℃～30℃，齐苗后每钵留一健壮苗。

③适时定植　5月中旬，苗龄45天左右、约5片真叶时，在番茄畦两边按60厘米间距挖60厘米深的穴，每穴用1千克腐熟饼肥拌土施入穴中，将幼苗定植于穴内。番茄清茬后，夏季可在丝瓜蔓下撒播小青菜2～3茬。

④田间管理　丝瓜属喜湿作物，缓苗后白天棚温控制在22℃～28℃，追施1次腐熟稀人粪尿。在第一雌花(10片真叶时)授粉坐果后，结合浇水每667米^{2}施尿素3～5千克、氮磷钾复合肥15千克，保证盛瓜期氮、磷、钾均衡供应。后期每667米^{2}用0.1～0.15千克磷酸二氢钾对水50升根外喷施防早衰。

⑤植株调整　丝瓜株高40厘米以后，及时插竹竿绑蔓上架，去除侧蔓，只留1根主蔓，摘除大部分雄花，以减少养分消耗。6月上旬大棚撤膜后，及时绑蔓上架。生长中后期，剪去下部叶和小侧蔓，增加通风透光。及时将幼瓜悬空垂直，防止瓜形长弯而影响商品性，可用小沙袋垂吊拉直瓜体。

⑥病虫害防治　丝瓜的病虫害主要有霜霉病和丝瓜螟，分别用霜脲·锰锌和苏云金杆菌防治。

(3)秋延后莴笋

①品种选择　选择适应性强、耐寒、抗病、丰产的莴笋品种。

②培育壮苗　9月上旬播种。苗床选择排水良好、结构疏松的沙壤土地。播前育苗床浇足底水，水渗透后将种子均匀撒播，盖薄土以不见种子为准。子叶展开后进行间苗，以叶与叶之间互不搭靠为准。2～3片真叶时再间1次苗，间距3～5厘米。苗期适当控制浇水，以免徒长。

③适时定植　5片真叶左右、苗龄30～35天时及时定植。结合整地每667米^{2}施充分腐熟的农家肥3000千克、氮磷钾复合肥30千克，深翻、细耙、筑畦。定植前1天将育苗畦浇水，以便起苗。

定植行株距为30厘米×25厘米，栽时浇足定植水。

④田间管理　进入10月底夜间温度已偏低，植株生长缓慢，应及时扣棚覆膜，注意控制温度，白天不超过28℃，夜间不低于8℃。后期天冷，防植株受冻，气温在0℃以下时要多层覆盖。在莴笋茎肥大期，土壤湿度保持在田间持水量的60%左右，棚内湿度不能偏大，要及时通风散湿，以减轻病害发生。

⑤病虫害防治　秋莴笋病虫害很少。但因棚内湿度偏大，易发生霜霉病和蚜虫，可分别选用75%百菌清800倍液和苏云金杆菌喷雾防治。

⑥采收　秋莴笋在12月下旬已长成，可以根据市场需要，随时收获上市。运销过程中注意防冻。

(二)春大棚番茄、扁豆、甜瓜立体栽培技术

据王义耕、陈宝宽、孙兴祥报道，江苏省东台市城郊菜农于2006～2007年应用大棚番茄、扁豆、甜瓜套种336公顷，每667米^{2}番茄产量4 500～5 000千克，扁豆产量1 300～1 500千克，甜瓜产量1 100～1 200千克，收入达1万元以上。其主要栽培技术要点如下。

1. 选用良种，培育壮苗

(1)番茄　春大棚早熟栽培，选择本地市场适销的合作906、东圣1号、中杂9号粉果型品种。11月上旬采用大棚套小棚育苗，每667米^{2}大田备种40～50克，播前晒种，并用50℃温水浸种30分钟，不断搅拌，杀死种子表面病菌。每平方米播种6～8克，播后盖干细土0.5～1厘米厚，盖土过薄易戴帽出苗。畦面覆盖地膜，搭好小拱棚，以保湿增温。出苗前棚内温度保持白天28℃～30℃、夜间18℃～20℃，地温16℃～18℃。出苗后轻轻揭去地膜，撒干细土弥合土缝。齐苗后棚温白天可控制在20℃～25℃、夜间10℃～15℃，以防出现高脚苗。幼苗2叶1心时，选择晴天分苗于

直径10厘米、高10厘米的塑料营养钵中，每钵1株苗。分苗后保温保湿，促进活棵。缓苗后注意通风与控制浇水，防止徒长。遇连续阴雨天气发生徒长时，可用15%多效唑粉剂5克对水10升，均匀喷洒番茄苗，控高促壮。壮苗标准：苗高20～25厘米，节间较短，茎秆粗壮，具7～8片真叶，叶色浓绿，普遍现大蕾但未开花，苗龄75～85天。

(2)扁豆　选用市场适销、适口性好的“三红”(红花、红茎、红荚)扁豆种，于1月上旬利用大棚套小棚进行营养钵育苗，每钵点播2～3粒种子。育苗期间控制浇水，防止土壤低温烂种死苗；晴天适当通风换气，夜间小棚上加盖草苫保温防冻；外界夜间气温低于-5℃时，要在小棚草苫上加盖1层旧塑料薄膜或无纺布保温。

(3)甜瓜　选用市场适销和适口性好的十棱绿皮甜瓜、伊丽莎白、蜜世界甜瓜，于3月上旬采用50孔穴盘轻基质育苗，大棚加小棚覆盖，2～3叶时炼苗。

2. 施足基肥，合理密植

(1)重施基肥　钢架大棚为南北走向，长60米左右，宽5.5～6.0米，中间走道宽0.5米。番茄定植前20～25天，每667米^{2}施田粮牌生态有机无机复合肥100～120千克，或优质腐熟农家肥4 000～5 000千克，或腐熟鸡粪1 000～1 500千克、45%硫酸钾复合肥40～50千克，与土壤充分拌匀，然后覆盖大棚膜增温。

(2)番茄定植　2月中旬番茄8～9片真叶时选择晴天定植。定植前7天，每667米^{2}用72%异丙甲草胺乳油75～100毫升对水50升均匀喷洒畦面，防除杂草，喷药后畦面覆盖地膜。一般行距50厘米，株距30厘米。

(3)巧套扁豆、甜瓜　扁豆于2月下旬套栽在大棚中间走道两侧的番茄行间，一个大棚套栽2行扁豆，株距1米、行距1米。覆盖方式为大棚套小棚加地膜，夜间小棚增盖草苫，形成4层覆盖。甜瓜于4月上旬，大棚内撤去小棚薄膜、番茄搭架后进行定值，将

甜瓜苗套栽于钢管架下脚内侧 20～25 厘米处，每根钢脚旁栽 1 穴计栽 2 行。至此，整个大棚番茄共套栽 2 行扁豆、2 行甜瓜。

3. 精细管理

(1)温度调节　前期适当高温闷棚促发棵，晴天棚温保持白天 25℃～28℃、夜间 15℃～18℃。开花坐果期要注意通风降湿，棚温白天不得超过 35℃，夜间不低于 15℃，否则易落花落果和发生畸形果。

(2)水肥管理　一般番茄坐果前，土壤不干不浇水，长势差时，利用晴好天气适当追施稀薄腐熟有机肥提苗。浇灌粪水前要注意收听天气预报，防止阴雨天棚内湿度过大诱发病害。第一穗坐果后，要适当增加有机液肥的浓度，每 667 米^2 增施尿素 10～15 千克，以后每采收 1 次果追 1 次肥。6 月中旬番茄采收后期，扁豆进入开花结荚盛期，每 667 米^2 追施 45%氮磷钾复合肥 15 千克加尿素 10 千克，以促进豆荚快速生长。甜瓜长至鸡蛋大时，距瓜根 35～40 厘米处穴施 45%氮磷钾复合肥 100 克。

(3)生化调节

①番茄　第一花穗 50%开花后，棚内气温低于 20℃时，用毛笔蘸 50 毫克/升防落素液加 0.1%腐霉利混合液涂花柄；棚内气温 20℃～30℃时，用 30 毫克/升防落素液喷花；气温高于 30℃时，则改用 10 毫克/升防落素液喷花。总之，随着气温升高，防落素浓度逐步降低。注意喷花不要喷到生长点上，以防产生药害。番茄果皮变白色时喷洒 500～1 000 毫克/升乙烯利催熟，注意不要喷到叶片上，否则叶片易黄化，影响光合作用。

②扁豆　初花期，选用复硝酚钠 5000 倍液或 5 毫克/升防落素液喷花序，每 5～7 天喷 1 次，连喷 3～4 次，可提高扁豆结荚率。扁豆采收嫩荚后花序较少时，可用 15%多效唑可湿性粉剂 8 克对水 10 升喷洒叶面，能增加扁豆茎粗，缩短新生蔓的节间和增加荚重。

(4)整枝吊蔓

①番茄　开花坐果后要注意摘除果面残留的枯花瓣，以防病菌侵染；及时抹赘芽，采取单秆整枝，适当疏果，摘除畸形果，提高果实商品性。

②扁豆　甩蔓后，每株扁豆苗用透明塑料绳吊蔓，注意不要让主蔓一次爬到棚顶，在龙头即将爬到棚顶时落蔓。通常扁豆第一花序以下的侧芽全部抹去，主蔓中上部各叶腋中若花芽旁混生叶芽时，应及时将叶芽抽生的侧枝打去；若无花芽只有叶芽萌发时，则留1～2叶摘心，侧枝上即可形成一穗花序。主蔓长到2米左右时摘心，促发侧枝。

③甜瓜　抽蔓后，可利用番茄架和钢管牵蔓，大棚揭膜后钢管之间用绳拉成网状，便于甜瓜中后期爬蔓。甜瓜主蔓5～6叶时摘心，选留4条子蔓，子蔓10～12叶时留瓜，17～19叶时摘心。

4. 病虫害综合防治要点

(1)番茄　开花结果期病害较多，主要有灰霉病、叶霉病、早疫病、晚疫病等，除采取农业措施防治外，还应选择适当的药剂防治。可选用65%甲霉灵600倍液，或40%嘧霉胺可湿性粉剂(或悬浮剂)800倍液，或50%腐霉利、异菌脲可湿性粉剂1 000倍液，或15%腐霉利烟剂300克/667米^{2}交替防治灰霉病，用40%氟硅唑乳油5 000倍液，或47%春雷·王铜800倍液防治叶霉病，用70%甲基硫菌灵可湿性粉剂800倍液加75%百菌清可湿性粉剂(或水分散粒剂)800倍液或72%霜脲·锰锌可湿性粉剂500倍液防治早疫病和晚疫病。

(2)扁豆　害虫主要有蚜虫、红蜘蛛、豆荚螟等，病害较少。可选用70%吡虫啉可湿性粉剂(或水分散粒剂)5 000倍液防治蚜虫、烟粉虱，用15%哒螨灵乳油2 000倍液防治红蜘蛛，用2.5%高效氯氟氰菊酯1 000倍液，或10%虫螨腈悬乳剂1 500倍液，或15%茚虫威悬浮剂3 000倍液交替喷洒防治豆荚螟、斜纹夜蛾等

害虫。

(3)甜瓜　主要有霜霉病、白粉病、病毒病、烟粉虱、瓜绢螟等病虫害,可选用25%甲霜灵800倍液防治霜霉病,用15%三唑酮可湿性粉剂1500倍液,或40%氟硅唑乳油5000倍液防治白粉病,用3.95%三氮唑核苷(病毒必克)500倍液防治病毒病,用0.5%阿维菌素(虫螨立克)1000倍液加5%氟虫腈悬浮剂2500倍液防治烟粉虱、瓜绢螟。采收上市前5～7天停止用药。

5. 及时采收　番茄于4月中下旬果实变为粉红色时采收上市,6月底清田。扁豆5月上旬采收上市,采收时间以荚面豆粒处刚刚显露而未鼓起为宜,7月底腾茬清田。甜瓜于7月份分批采收上市。

(三)大棚番茄、丝瓜、小白菜、蘑菇、西芹间套栽培技术

江苏省灌南县蔬菜办公室、农业技术推广中心范育明、贾金川、严华等报道,根据多年生产实践,总结出大棚番茄、丝瓜、小白菜、蘑菇、西芹间作套种栽培模式。一般每667米^{2}产番茄4000～4500千克、丝瓜2000千克、小白菜800～1000千克、蘑菇5000千克、西芹3000～4000千克,经济效益可达1万元以上,值得推广。

1. 茬口安排　番茄12月上旬播种,翌年2月中下旬定植,5月上旬至7月下旬收获;丝瓜2月中旬播种,3月中旬定植,6月初至8月底收获;小白菜7月中旬播种,8月中旬收获;蘑菇7月底堆料,9月上中旬播种,11月中旬收获完毕;西芹9月初播种,11月底定植,翌年1～2月收获。

2. 田块选择　以选择土质疏松、通气性能好、富含有机质、保水保肥力强且排灌方便的砂质壤土田块为宜。

3. 栽培要点

(1)番　茄

①品种选择　选用威尼斯、繁荣1号、合作906等抗病品种。

这些品种在灌南县种植表现较好，是该县保护地栽培的优良品种。

②育苗 采用大棚加小拱棚育苗。12月底用营养钵分苗1次，苗高宜控制在30厘米以下。通过移钵及轻度控制水分来抑制徒长。

③栽培管理 1月中下旬，施足基肥，整地筑畦。畦高20厘米，畦面宽60厘米，畦沟宽40厘米。2月中下旬，按行距40厘米、株距27～30厘米定植。定植后闷棚3天即可开始通风，3月中旬开始加大通风量。注意及时搭架绑枝，采用单秆整枝。花期用30毫克/升防落素喷花，每花序仅处理1次，坐稳3穗果后留2叶摘顶。第一穗果实鸡蛋大小后及时追肥，结合防病用0.5%尿素加0.3%磷酸二氢钾溶液叶面喷洒追肥。第一穗果开始转色时，用2000毫克/升乙烯利涂果，可提早采收。

④病虫害防治 常见病虫害有青枯病、灰霉病、早疫病、病毒病、棉铃虫，要及时防治。

(2)丝 瓜

①品种选择 选用江蔬1号等杂交品种。

②育苗 采用大棚加小棚覆盖营养钵育苗。

③栽培管理 3月中旬将丝瓜套种栽于棚内大棚脚下，每棚种2行，株距1.5米左右。注意及时引蔓，使瓜蔓均匀分布于大棚架面，1米以下的侧蔓全部抹除，1米以上的侧蔓留雄花后1叶摘心，收获时连同丝瓜一起自侧蔓基部剪除。番茄采收后中耕1次，追施1次腐熟稀粪水，以后每采收2～3次追肥1次。

④病虫害防治 常见病虫害有霜霉病、黄瓜守、瓜绢螟，要以防为主，防治结合。

(3)小白菜 番茄拉秧后及时翻耕除丝瓜以外的畦块，每667米^{2}施生石灰75～100千克、腐熟有机肥2000千克、氮磷钾复合肥20千克。选耐热的小白菜品种如热抗白等直播，25～30天即可采收。

(4)蘑　菇

①品种选择　应选择产量高、品质好的优良菌种。

②栽培要点　7月底至8月上中旬,原料预湿处理后建堆,堆高1.4～1.5米,6天后翻堆,共翻4次。播种前最好用低毒、低残留的农药对大棚消毒1次,也可用石灰水、高锰酸钾等进行消毒。2次发酵结束后,待料降温至28℃左右时,选用纯度高、菌丝浓密旺盛、生命力强、有浓厚的蘑菇香味、不吐黄水、不结块、无杂菌、无虫害的菌种播种。播种后大棚密闭3～5天,保持一定温度,促使菌种萌发、菌丝生长。若料温超过26℃时应适当通风降温。3天后通风量应逐渐加大,以促进菌丝向料内生长,棚内空气相对湿度控制在80%左右,但菌床上要保持干燥,如料过干,可在空中轻喷水,以增加空气湿度。当菌丝长满料并深入料面达2/3,即可覆土。覆土后3天之内,采用清石灰水调湿。当菌丝快要长上土层表面时及时覆1层黄豆粒大小的土粒,目的是促使菌丝横向生长,如再有菌丝冒上土层,应再补一点细土。当出现黄豆粒大小的菇蕾后,可喷结菇水。蘑菇从播种到采收,一般需要35～40天。

(5)西　芹

①品种选择　选用美国西芹或玻璃脆实秆芹。

②育苗　先将种子用清水浸泡24小时,其间用清水冲洗2次,然后用干净的湿纱布包裹,低温处理3～5天,每天冲洗1次。在有50%种子发芽时播于预留的苗床上,早晚各浇水1次,浇水量以保持床土湿润为宜。每隔7～10天追施1次腐熟稀人粪尿。幼苗长至3叶1心时进行分苗假植,苗距6厘米。每667米^{2}大田需假植床18～20米^2。

③栽培管理　蘑菇收获后,及时翻耕晒土,整地筑畦,畦面宽1米,畦沟深20厘米,按株行距20厘米×25厘米单株定植。成活后追施1次发苗肥,一般每667米^{2}追施腐熟的人粪尿7 000千克,以后每隔半个月用腐熟人粪尿700千克加硼肥150克加过磷

酸钙10千克追施1次。结合中耕除草,全生育期要保持土壤湿润。采收前30天和15天各喷施1次浓度为100毫克/升的赤霉素,以提高产量和改善品质。

④病虫害防治 苗期主要病害有立枯病和猝倒病,常造成幼苗成片死亡。发病后可喷洒75%百菌清可湿性粉剂1 000倍液,或铜铵合剂400倍液防治。其他的主要病虫害有软腐病、菌核病、病毒病、斑枯病、叶斑病、蚜虫等,要注意及时防治。

(四)大棚番茄、豇豆、莴笋间套栽培技术

浙江省金华市蔬菜技术推广站,金东区特产站王慧娟、严志萱等报道,在金东区雅金村开展了一年多熟高产高效生产试验,经过3年多的试验、示范和推广,总结出一套适合该村的大棚番茄、豇豆、莴笋高产高效栽培模式。每667米^{2}产番茄5 000多千克,产值8 500元左右;豇豆1 500千克,产值4 000多元;莴笋3 500千克,产值近4 000元。除去成本外,每667米^{2}纯收入超1万元,经济效益显著,深受菜农欢迎。

1. 茬口安排 番茄于2月中下旬大棚育苗,3月底4月初在大棚内定值,6月上旬至7月下旬采收;豇豆于7月下旬在每株番茄旁播种,9月初至10月下旬采收上市;莴笋于9月中下旬采用遮阳网育苗,10月底在大棚内定植,翌年2月中下旬至3月中下旬采收。

2. 栽培要点

(1)番 茄

①品种选择 选用抗病丰产、品质优良、商品性好的中早熟品种,如浙杂204、金刚石等。

②培育壮苗 采用保护地人工配制营养土培育壮苗,要求营养土土质疏松透气、营养完全、保水保肥、无病虫害。播种前用1%高锰酸钾溶液进行种子消毒,用噁霉灵进行营养土消毒。2~3

片真叶时分苗，苗龄控制在40～50天、具6～8片真叶，第一花序现蕾时即可定植。

③整地筑畦　前茬作物收获后及时翻地，并结合整地每667米²施优质充分腐熟的有机肥5000千克、爱普复合肥50千克作基肥，肥土充分混合均匀。整地筑畦，要求畦面平整、土壤细碎。

④定植　选晴天上午或傍晚定植，1畦栽2行，行距50厘米，株距28～30厘米，每667米²定植3600～4000株。定植后盖上地膜和小拱棚，以促进缓苗。

⑤田间管理　棚内温度白天保持在20℃～25℃、夜间不低于13℃。株高30厘米时及时搭架和绑蔓，单秆整枝，主秆有3～4穗果后摘心。第一穗果有核桃大小时结合浇水进行追肥，以复合肥为主；番茄盛果期，结合喷药进行叶面喷肥，可用0.3%～0.5%尿素和0.5%～1%磷酸二氢钾混合喷施2～3次。及时摘除下部老叶、病叶，以利通风透光，减轻病虫危害。及时防治早疫病、晚疫病、青枯病、灰霉病、病毒病、蚜虫、红蜘蛛、潜叶蝇等。灰霉病可用50%异菌脲可湿性粉剂1000倍液，或40%嘧霉胺1000倍液喷雾防治；早疫病、晚疫病可用72%霜脲·锰锌可湿性粉剂500～600倍液，或64%噁霜·锰锌可湿性粉剂500倍液喷雾防治；青枯病可通过嫁接抗病品种预防，发病初期可用72%农用链霉素4000倍液灌根防治；红蜘蛛可每667米²用73%炔螨特乳油30～50毫升，对水50～70升喷雾防治；蚜虫可用10%吡虫啉1000倍液喷雾防治；斑潜蝇可用75%灭蝇胺5000～7000倍液，或20%吡虫啉1000倍液喷雾防治。

(2)夏秋豇豆

①品种选择　选用耐热、抗病虫害、高产优质的品种，如之豇282、宁豇3号、杨研2号等。

②播种　番茄封顶后，充分利用其架子和地膜，在每株番茄下播1穴豇豆，每穴播3～4粒种子。灌水后播种，力争出全苗。

③田间管理　豇豆苗出齐后及时查苗补苗，并适时定苗。将番茄残枝清理后，施1次提苗肥，以速效氮肥为主。抽蔓时及时引蔓上架。开花结荚期适时追肥3～4次，以磷、钾肥为主。整个生长期的肥水管理，要掌握干花湿荚和前控后促的原则。同时及时采收下层豆荚，以提高上层豆荚产量。生长期间注意防治白粉病、锈病、蚜虫、豆螟等。白粉病、锈病应提前预防，可选用三唑酮、春雷·王铜等农药防治，蚜虫可用吡虫啉等农药防治，豆野螟可选用氟虫腈在盛花期或2龄幼虫盛发期喷药防治。

④采收　豆荚粗长、豆粒未鼓起时及时采收。采收时不要损伤花序上其他花蕾。

(3)莴　笋

①品种选择　冬莴笋宜选择耐寒抗病、商品性佳、适应市场需求的品种。如福建的金农香、金铭1号、永安1号、红香妃等。

②育苗　播种前先进行种子消毒，然后浸种、催芽，种子80%露白后即可播种。育苗前，整细苗床泥土，浇透畦面，按1克/1.5米^{2}干种子量均匀撒播，细土盖种，覆盖遮阳网保墒，出苗后揭去遮阳网或拱棚覆盖遮阳防雨，苗龄30～35天即可移栽。

③整地定植　定植前7～10天，每667米^{2}施腐熟有机肥2500千克、尿素30千克、过磷酸钙50千克、硫酸钾20千克。对长期种植蔬菜的田块，可每667米^{2}撒施生石灰50～75千克，以调节土壤酸性。整地时做到上细下粗，平整一致。一般畦宽(连沟)1.8米、沟深20厘米、沟宽30厘米。移栽密度按株行距35厘米×35厘米，带土移栽，不宜栽得太深，栽好后浇足定根水。

④田间管理　移栽后10～15天中耕除草，以调节土壤通气性和温、湿度，促进根系生长。幼苗长势差的，前期用腐熟人畜粪加10千克尿素追肥。莴笋的病虫害主要有霜霉病、菌核病、软腐病、蚜虫等。病害可用甲霜灵、腐霉利、百菌清等药剂交替防治；蚜虫可选用吡虫啉防治。

⑤采收　莴笋以心叶与外叶平(俗称“平口”)为最佳采收期,但近年来各地市场需求的标准不同,因此可根据具体情况确定采收期。

(五)秋冬番茄、春蕹菜、夏丝瓜大棚立体栽培技术

根据邢后银、汪小斌、柏广利、张燕燕等报道,在南京及周边地区经过试验示范,总结推广了秋冬番茄、春蕹菜、夏丝瓜大棚立体种植模式,已推广 220 公顷以上。

1. 茬口安排和效益　选用高 1.8～2.0 米大棚,7 月中旬左右秋冬番茄育苗,8 月下旬左右定植,10 月中旬至年底前收获,每 667 米^2 产量 4 000 千克,收入 4 500 元以上;翌年 1 月中旬播春蕹菜,3 月中下旬至 6 月下旬采收,每 667 米^2 产量 2 000 千克以上,收入 4 000 元;3 月下旬套种定植夏丝瓜,5 月中旬至 8 月中旬采收,每 667 米^2 产量 2 000 千克以上,收入 4 000 元。此模式每 667 米^2 年度收入 12 000 元以上,纯收入 10 000 元。

2. 立体种植技术要点

(1)秋冬番茄

①品种选择　自封顶的用合作 903、苏粉 8 号,无限生长型的用魔尔 3 号、金陵之星 101 等。

②培育壮苗　采用营养钵、遮阳避雨育苗,每 667 米^2 用种量为 10 克。播前将种子放入 50℃水中不断搅拌浸 15 分钟,或于 50%多菌灵 500 倍液中浸 20 分钟,取出用清水洗净,再放入室温水中浸 2～3 小时,取出阴干待播。出苗后用井冈霉素 700 倍液喷雾防猝倒病、立枯病,整个苗期用百菌清 600 倍液喷防 2～3 次。适当控制肥水,防止徒长。苗龄 30～35 天即可定植。

③定植　每平方米用 50%多菌灵可湿性粉剂 5～8 克进行土壤消毒。每 667 米^2 施入腐熟有机肥 2 500～3 000 千克、复合肥 25 千克,或有机复合肥 50 千克作基肥,做中高畦。选阴天或晴天

傍晚定植。定植前秧苗应用百菌清500倍液喷雾1次。定植行距65～70厘米、株距25～30厘米，每667米^{2}栽3 000株左右。

④田间管理　栽后7天左右要薄施提苗肥，每667米^{2}施复合肥15～20千克。株高30～40厘米时及时搭“人”字形支架、绑蔓，一般单秆整枝，每穗留果4～5个。早霜来临前搭好棚，盖顶膜，11月上旬要围好侧膜，加强防治番茄青枯病、晚疫病、棉铃虫、斜纹夜蛾、美洲斑潜蝇等。结果前期喷施过磷酸钙预防脐腐病等生理障碍。

⑤采收　转白的果实采下后，室温下10～15天自然转红；或用1 000～2 000毫克/升乙烯利溶液浸果1分钟催熟，3～5天即可转红上市。

(2)春蕹菜

①品种选择　选择江西吉安大叶空心菜或泰国柳叶等。

②整地施肥　12月下旬可耕翻，晒垡1～2周，翌年1月上中旬整地、施肥、做畦，行距20厘米，每667米^{2}施25%以上氮磷钾复合肥50千克、腐熟厩肥1 500千克。

③适时播种　1月中下旬播种，采用直接撒播或条播，每667米^{2}用种量10～12.5千克。

④田间管理　保持畦面湿润，出苗后5～7天浇水1次，晴天小棚适当通风。2月下旬后，追肥1次，并增加浇水量。3月中下旬，株高20厘米左右第一次采收后，去除小棚，每采收1次追施1次腐熟稀粪水。棚内温度超过30℃时，大棚要适当通风。

⑤病虫害防治　主要有锈病，用65%代森锰锌500倍液防治。

(3)夏丝瓜

①品种选择　选择熟性早、结果性好、商品性佳、抗逆性强的品种，根据当地消费习惯，选择翠玉、新翠玉、江蔬1号等。

②播种育苗　2月上旬，将种子在55℃温水中浸泡30分钟，

并不断搅拌，然后置于28℃～30℃环境中催芽，露白后播于72穴育苗穴盘中。基质采用瓜类育苗基质。电热线育苗床白天温度控制在27℃～28℃，夜间覆盖保温，防止苗期霜冻。

③定植　3月中旬，苗龄45天、叶龄3～4叶时即可定植。定植前7天通风炼苗，使瓜苗叶色深绿、根茎粗壮、根系发达。在蕹菜地中沟两侧的畦边，离畦沿10厘米处挖丝瓜定植穴，穴内撒少量复合肥，按30厘米的株距将丝瓜苗定植于穴中。

④管理　定植后以防冻保温为主。3月下旬揭小棚后，保持棚内气温白天28℃～30℃，夜间14℃～17℃，用包扎绳或竹竿引蔓、绑蔓，辅助上架。第一雌花坐果后，在距离丝瓜根部20厘米处穴施追肥，每667米^{2}施尿素25千克、复合肥20千克，促果实膨大。第一批果采后，每667米^{2}追施尿素15千克，同时喷施磷酸二氢钾、叶面宝等营养液。4月上旬后，晴日白天注意通风，夜间温度15℃以上时撤除大棚裙膜，4月中下旬丝瓜开始爬上大棚架后揭去大棚顶膜。病害防治方面可用三乙膦酸铝500倍液，或50%腐霉利1 000倍液防治灰霉病；白粉病用15%三唑酮1 000倍液，或75%百菌清600倍液交替防治；枯萎病初期用50%多菌灵500倍液，或70%甲基硫菌灵可湿性粉剂1 000倍液灌根，每株灌液200毫升。

⑤人工授粉，适时采收　生长期间去除部分老叶、雄花和小侧蔓。生长前期，必须进行人工授粉。人工授粉在上午6～10时进行。授粉12天左右，嫩果大小适中、果梗光滑、茸毛减少、果皮柔软而无光滑感时即可采收。大棚丝瓜连续结果性强，需隔天采收1次，盛果期可每天采收。

（六）春番茄、苦瓜（或丝瓜）、延秋后莴苣间套栽培技术

湖北省荆门市蔬菜技术推广站邓士元、李涛、熊明等报道，总结推广在大、中棚内实行春番茄、苦瓜（或丝瓜）、延秋后莴苣高效

栽培模式。春番茄于上年 11 月中下旬播种育苗，2 月上中旬大、中棚盖地膜套小拱棚定植，4 月下旬始收，6 月中旬采收结束，每 667 米^2 产番茄 5 000 千克，收入 6 500 元；苦瓜或丝瓜于 4 月上旬点播于棚内两侧的畦边，5 月中旬揭膜引蔓上棚，6 月下旬始收，9 月下旬采收结束，每 667 米^2 产苦瓜 2 000 千克或丝瓜 3 000 千克，收入 2 500 元；延秋后莴苣于 9 月上旬播种育苗，10 月上旬定植，10 月下旬扣棚防冻，翌年 1～2 月采收，每 667 米^2 产莴苣 2 200 千克，收入 2 500 元。合计每 667 米^2 收入可达 11 500 元左右。

1. 春番茄栽培技术

(1)品种选择　选择早熟、高产质优的粉红果品种，如金棚 1 号、阳光 906 等。

(2)播种育苗

①营养土配置　按 7 份园土与 3 份腐熟有机肥混合，打碎过筛，每 10 米^2 播种苗床备营养土 1 米^3。

②催芽播种　用 55℃热水烫种 10～15 分钟，注意不断搅拌；或用 40％甲醛 100 倍液浸种 30 分钟，杀死种子表面附着的病菌。药剂消毒后用清水反复清洗。用 20℃～30℃的温水浸种 8～10 小时后，将种子置于 20℃～30℃处催芽，每 5～6 小时用温水清洗种子 1 次，约 2～3 天出芽。当 70％种子露白后，掺适量的河沙撒播于大棚内建造的苗床，先浇水后播种。每平方米苗床用 50％多菌灵可湿性粉剂 5 克掺适量细土，1/3 撒于床面作垫土，2/3 作盖籽土，厚度约 0.5 厘米，并盖地膜保湿增温。

③假植　12 月中下旬在大中棚内套小拱棚，将苗按 10 厘米×10 厘米距离假植 1 次，扩大营养面积。假植床要求床平、土碎、有机质含量高。

④苗床管理　播种后出苗前，苗床温度可控制在 30℃左右。出苗后揭地膜，套小拱棚，棚温降至 20℃～25℃，防止出现高脚苗。假植前棚温控制在 28℃～30℃；假植后棚温降至 20℃～

25℃,尽量少浇水,控制棚内湿度,以减少病害发生。

(3)整地施肥　基肥以有机肥为主,每667米^{2}施腐熟有机肥5 000千克、优质氮磷钾(15—15—15)复合肥50千克。有机肥在翻耕前撒施,化肥在整地时开沟施于畦中央。按1.2～1.25米包沟开厢做高畦,如5米宽中棚做成4个高畦。

(4)定植　1.2米包沟开厢的高畦定植2行,株距0.3～0.32米,每667米^{2}定植3 000～3 500株。定植前2～3天盖地膜,定植后及时用细土封盖定植穴,以利于增温。

(5)田间管理

①整枝插架　实行单秆整枝。当植株侧枝生长到3～5厘米长时进行整枝。当植株高35～40厘米时插架,1株1根架材,随着植株生长及时绑蔓。

②保花保果　植株开花时用25～30毫克/升防落素喷花。

③水肥管理　定植时用10%腐熟人粪尿浇定根水。第一穗果长到乒乓球大小时,埋施优质复合肥,每667米^{2}用量15～20千克。干旱时应及时浇水。早春气温低,应采用浇灌,进入4月份可沟灌。

(6)病虫害防治　春番茄主要病害有疫病、灰霉病、病毒病,害虫主要有蚜虫。蚜虫防治采用黄板诱蚜或用20%吡虫啉1 000倍液喷雾防治。疫病发病初期用58%甲霜·锰锌600倍液,或75%百菌清700倍液喷雾,连续2～3次,每隔5～7天1次。灰霉病防治应加强通风,降低棚内湿度,发病初期用50%腐霉利1 000倍液,或20%嘧霉胺悬浮剂600倍液喷雾。病毒病防治的重点是防治蚜虫,以防止蚜虫传播病毒,也可选用1%～5%烷醇·硫酸铜(植病灵)500倍液喷雾。

(7)采收　当果实膨大至转白期,用2 000毫克/升乙烯利在植株上涂抹果或采摘后浸果,进行人工催熟,可提早5～7天上市。

2. 苦瓜(或丝瓜)栽培技术

(1)品种选择　苦瓜选用华绿苦瓜、高优好3号;丝瓜选用长沙肉丝瓜、早杂2号等。

(2)催芽播种　种子先用55℃热水浸烫消毒10～15分钟,其间不断搅拌,待水温降至20℃～30℃丝瓜继续浸种10～12小时,苦瓜浸种24～36小时。催芽温度为25℃～30℃。当种子露白后,在大、中棚内两侧靠棚膜的畦边直播,每穴2粒,穴距1米。

(3)田间管理

①水肥管理　苦瓜(或丝瓜)幼苗3～6叶期,追施10%～20%腐熟人粪尿1～2次提苗;采收期每15～20天追施1次复合肥,每次追施5～10千克;生长期遇干旱及时浇水。

②引蔓上架　5月中旬气温较高,揭去棚膜,将苦瓜(或丝瓜)藤蔓引上棚架,一般采用绑扎引蔓。

③整枝、理蔓、摘叶　苦瓜(或丝瓜)蔓未上棚之前,将侧蔓摘除。上棚后前期注意整枝、理蔓,让其在棚架上均匀分布,后期摘除过密的老叶、黄叶和瘦弱的侧蔓。

(4)病虫害防治　丝瓜、苦瓜主要病害有白粉病、霜霉病、褐斑病、病毒病,主要害虫有蚜虫、黄守瓜。白粉病发病初期用20%三唑酮乳油2 000倍液喷雾防治;霜霉病发病初期用58%甲霜·锰锌600倍液喷雾防治;褐斑病发病初期用64%噁霜·锰锌可湿性粉剂500倍液,或75%百菌清600倍液喷雾防治;病毒病防治以治蚜虫为主,防止蚜虫传播病毒。用20%吡虫啉1 000倍液防治蚜虫。

(5)采收　丝瓜、苦瓜均食用嫩瓜,若采收过迟则品质差。当丝瓜果梗光滑变色、茸毛减少,果皮手触之有柔软感而无光滑感时采收,宜用剪刀齐果柄处剪断。当苦瓜幼瓜果皮瘤状突起膨大,果实顶端发亮时采收。

3. 延秋后莴苣栽培技术

（1）品种选择　宜选用高产、质优、耐寒的品种，如特耐寒二白皮、白尖叶等。

（2）播种育苗　提前30～40天翻耕苗床，增施有机肥。播前再次翻耕，整平苗床，用喷水壶浇足底水后撒播种子，播后覆营养土厚约0.5厘米。遇高温天气晴天覆盖遮阳网降温，阴天及夜晚揭遮阳网，降大雨或暴雨用遮阳网防雨。

（3）整地施肥　苦瓜或丝瓜采收结束后，及时翻耕田块，每667米^{2}施有机肥3000千克、优质复合肥75千克，按1.25米包沟开厢做畦，覆盖地膜。

（4）定植　当幼苗具4～5片叶、苗龄25～35天时，按35厘米见方定植，每667米^{2}定植5000株左右。

（5）田间管理

①水肥管理　定植成活后，用10%～20%腐熟人粪尿追肥1次，以后每15～20天叶面喷施1%尿素或0.3%磷酸二氢钾1次。水分不宜过多，因棚内湿度大易发病，但若干旱则应浇水，以促进生长。

②温度管理　10月下旬外界气温较低，应盖棚膜增温，棚温高于20℃时，开棚通风。遇严冬冰冻天气应盖小拱棚防冻。

（6）病虫害防治　莴苣主要病害有霜霉病、菌核病，主要害虫有蚜虫。霜霉病的防治重点是降低棚内湿度，因此要加强通风，发病初期用58%甲霜·锰锌600倍液，或40%三乙膦酸铝300倍液喷雾。菌核病发病初期用40%菌核净500倍液喷雾防治。蚜虫用20%吡虫啉1000倍液喷雾防治。

（7）采收　当植株肉质茎膨大、心叶与外叶长平时采收。

4. 间套过程应注意的问题　番茄与苦瓜（或丝瓜）的共生期不宜过长，丝瓜播种不宜过早。共生期一般控制在45～60天，过长则苦瓜（或丝瓜）蔓生长量大，易与番茄植株缠绕，引蔓上棚困难。

苦瓜(或丝瓜)、莴苣应及时罢园翻耕,以争取较多的炕地时间。推迟罢园翻耕导致炕地时间过短,不利于后茬作物生长及获得高产。

(七)番茄、瓜类(丝瓜、南瓜)、大白菜间套周年栽培技术

据江苏省丹阳市农业局蔬菜办公室眭辉金、王辉琼等报道,番茄、瓜类(丝瓜、南瓜)、大白菜周年无公害栽培模式在丹阳市横塘镇及周边地区辐射推广种植已达 333.5 公顷。每 667 米^2 早熟番茄产量 5 000～7 500 千克,产值 10 000 元;丝瓜、南瓜产量各为 2 000 千克,产值分别为 1 000 元和 2 000 元;大白菜产量 4 000 千克,产值 2 000 元。每 667 米^2 周年四茬总产量 13 000 千克,合计毛收入 15 000 元,净收益达 9 000 元左右。经济效益比常规番茄、瓜、菜三熟种植模式提高 40%以上。

1. 茬口安排　9 月下旬至 10 月上旬进行早熟番茄育苗,11 月下旬至 12 月上旬定植,翌年 3 月中旬上市,5 月中旬腾茬。3 月初在大棚棚架的两侧套种丝瓜,3 月中旬在大棚边畦的番茄行间套种南瓜,番茄收获后,丝瓜拉蔓上架,形成棚上丝瓜、棚下南瓜的间作方式。丝瓜 5 月中旬开始采收,9 月上旬拉秧。老熟南瓜 5 月下旬至 6 月上旬采收,到 7 月上旬腾茬。在南瓜腾茬后施肥整地,于 7 月下旬至 8 月上旬定植大白菜,9 月中下旬采收。

2. 栽培要点

(1)番　茄

①品种选择　早熟番茄选用前期抗病毒病、抗逆性强,后期适应低温弱光环境的丰产型品种,如金棚 1 号、东圣、906 等。

②育苗定植　选在 2 年内没有种过茄科作物的田块上取土育苗。育苗前用多菌灵等进行床土消毒,用辛硫磷喷床面杀灭地下害虫。播种后,畦面盖遮阳网或草帘保湿。苗期做好病虫害防治

工作。后期气温下降,采用“三棚五膜”覆盖技术,将蔬菜大棚小气候环境优化调控,加盖棚膜并适当炼苗,苗龄60天左右可定植。移栽大田在定植前7～10天扣大棚提温,棚内施足基肥,做成1.2米宽的长畦,中间留约50厘米宽操作行。全畦面用地膜封严,不留空隙。每畦栽2行,株行距为50厘米×45厘米,每667米^{2}栽3000株。

③水肥管理　番茄栽后浇水活棵,整个生长期内要保持土壤湿润。定植后1周即开始用腐熟粪肥施第一次“催苗肥”,促幼苗生长;第一穗果开始膨大后追第二次肥;第一穗果将熟第二穗果相当大时,需肥很多,要施第三次速效肥;到第一、二穗果采收,第三、四穗果正在迅速生长又要施第四次、第五次肥。追肥用腐熟粪肥,初期追施时宜稀些,后期要浓些。在第一、二次追肥时,每667米^{2}可加过磷酸钙10千克。如果在生长前期发现叶色淡黄,可追1次硫酸铵,每667米^{2}施15～20千克,也可用尿素。

④植株调整　一般采用单秆整枝或连续摘心整枝。

单秆整枝:每株留4～5穗果打顶,每穗留3～4个果,把多余的幼果和晚花全部去掉。

连续摘心整枝:在主枝结2穗果后留2片叶摘心封顶,在第一果穗下第一片叶叶腋间留一侧枝,侧枝同样结2穗果后留2片叶摘心封顶,又在侧枝的第一穗下面第一片叶叶腋间留一侧枝,侧枝同样在2台果穗后封顶……如此连续下去,每株共留10穗果。这种整枝方法,可矮化植株,促进茎叶增加和根群发达,提高坐果数和坐果率,促进果实膨大。试验数据表明,采用连续摘心整枝可使大型果增加10%～25%,产量增加23%～50%。

⑤病虫害防治　春提早栽培的番茄,虫害较轻,病害往往较严重。主要病害有疫病、褐斑病、青枯病、苗期猝倒病及病毒病,防治除采取与非茄科作物轮作、选用抗病品种外,可在疫病及褐斑病发病初期用65%代森锌可湿性粉剂500倍液喷雾防治,猝倒病用

25%甲霜灵可湿性粉剂1 000倍液，或72.2%霜霉威水剂600倍液喷雾防治，青枯病用10%农用链霉素7 000倍液灌根，病毒病用20%盐酸吗啉胍·铜500倍液，或病毒K 1 000倍液喷雾防治。

主要害虫有潜叶蝇、蚜虫等。可采用植物源农药苦参烟碱及物理防治如频振式诱虫杀虫灯、黄色粘虫胶纸（板）等方法防治。化学药物防治：潜叶蝇用50%亚胺硫磷可湿性粉剂1 000倍液，或48%毒死蜱乳油1 500倍液喷雾；蚜虫用10%吡虫啉2 500倍液喷雾。

⑥采收　当番茄果实由白转红时，及时分批采收，以减轻植株负担，促进后期果实膨大。

（2）丝瓜、南瓜

①品种选择　丝瓜选用品质优、产量高的品种，如上海香丝瓜、江蔬1号等；南瓜选用优质丰产、口感佳的西洋品种如东升、栗子香，以及地方品种小可爱等。

②育苗定植　采用大棚保温育苗。当苗龄2～3片真叶时定植最好。丝瓜一般3月初套种栽于大棚棚架的两内侧边缘，3月中旬在大棚边畦的番茄行间套种南瓜，待番茄收获后，形成棚上丝瓜、棚下南瓜的间作方式。

③水肥管理　均在活棵后浇施2～3次腐熟稀粪水作提苗肥，促进生长。苗期勤浇水，视苗情适当施氮肥或根外追肥。在基肥足的情况下，第一个瓜坐稳后，每667米^{2}施复合肥30千克，每次采收后可施充分腐熟人畜粪或适当追施氮素化肥。丝瓜喜湿，后期应及时供水。

④整枝理蔓　丝瓜在上棚以前仅留主蔓，在大棚揭膜后（江苏省丹阳市为4月底5月初）要及时引主蔓上架，上棚后只有在过密的情况下才将瘦弱的侧蔓打掉一部分。南瓜以主蔓结瓜为主，不留侧蔓，主蔓第八节以上开始留瓜，每株留果2～3个，根瓜及时摘除。生长期间要多次理蔓、理侧枝，并结合整枝理蔓疏花疏果、打

老叶。

⑤病虫害防治　丝瓜枯萎病发病初期用10%混合氨基酸铜（双效灵）水剂200倍液，或12.5%增效多菌灵溶剂200～300倍液灌根；绵腐病用72.2%霜霉威水剂600倍液，或64%噁霜·锰锌可湿性粉剂500倍液，或47%春雷·王铜可湿性粉剂1 000倍液防治；丝瓜炭疽病用50%甲基硫菌灵可湿性粉剂700倍液加75%百菌清可湿性粉剂700倍液。

美洲斑潜蝇用48%毒死蜱800倍液，或5%氟啶脲乳油2 000倍液喷雾防治。南瓜病毒病在发病初期用20%盐酸吗啉胍·铜800倍液喷雾防治；白粉病用15%三唑酮1 000倍液喷雾防治；灰霉病用50%腐霉利1 500倍液防治；蚜虫用10%吡虫啉2 000倍液喷雾防治。

⑥人工授粉，适时采收　早熟栽培的南瓜、丝瓜每天上午8时左右进行人工授粉。丝瓜在雌花开放后约12天采收嫩瓜，1～2天采收1次，一般每667米^{2}产量2 000千克。南瓜老嫩均可采收，嫩南瓜可在谢花后15天开始采收，老南瓜一般在谢花后约35天采收，每667米^{2}产量2 000～2 500千克。南瓜要选在上午阴凉时采收，果柄上留一段蔓一起剪下，以利贮藏。

（3）大白菜

①品种选择　选用生长期短、耐热、抗病虫、抗逆性强、优质丰产、商品性好的夏季大白菜品种，如皇冠、夏冠等。

②育苗定植　7月上中旬播种育苗，可用营养钵护根点播，每钵单粒播。时值盛夏高温强光，用防虫网、遮阳网全程覆盖育苗，10～15天便可进行大田定植。栽前整地施基肥，每667米^{2}施腐熟优质有机肥2 000～3 000千克和生物菌肥5千克，充分拌匀，加45%氮磷钾复合肥40千克，结合耕翻整地与耕层土壤充分混匀。选择晴天上午或傍晚前移栽，每垄栽2行，行距45厘米，株距30～35厘米，每667米^{2}栽3 200～3 500株，栽后及时浇定根水。

此时，棚上丝瓜正值盛蔓采收期，可利用丝瓜蔓遮荫约 20 天，能有效促进大白菜活棵。

③田间管理　定植活棵后及时补苗、间苗，中耕除草，生长中后期采用人工除草。整个生长期内要保持田间土壤湿润，做到不旱不涝。大白菜结球期每 667 米^2 沟施或穴施 45%氮磷钾复合肥 15 千克，收获前 20 天内不再施速效氮肥。

④病虫害防治　除了用频振式诱虫杀虫灯、黄色粘虫胶板诱蚜、防虫网全程覆盖等物理防治方法外，药物防治可利用苦参烟碱。白菜软腐病可用 72%农用链霉素 2 000 倍液，或 47%春雷·王铜 700 倍液；霜霉病用 58%甲霜·锰锌 800 倍液，或 64%噁霜·锰锌可湿性粉剂 700 倍液，7～10 天 1 次，连防 2～3 次；病毒病用 20%盐酸吗啉胍·铜可湿性粉剂 600 倍液防治。

害虫药物防治：菜蚜用 10%吡虫啉 1 500 倍液喷雾；黄曲条跳甲可用 47%毒死蜱 800～1 000 倍液，或 4.5%高效氯氰菊酯 1 500～2 000 倍液喷雾；小菜蛾、菜青虫和夜蛾类害虫可用 5%氟啶脲乳油 2 500 倍液，或 5%氟虫脲乳油 1 500 倍液，或 2.5%多杀霉素悬浮液 1 000 倍液交替使用防治。

⑤采收　当大白菜结球紧实后，表明已生长成熟，就可采收了，可一次性收完或分批采收。

(八)番茄、扁豆、小白菜、芹菜、莴苣间套周年栽培技术

江苏省东台市蔬菜研究所冯咏芳、沐向阳报道，总结了东台镇长青村菜农在长期生产实践中摸索出的番茄、扁豆、小白菜、芹菜、莴苣间套周年高效栽培模式，每 667 米^2 年收入 1.2 万～1.5 万元。

1. 种植茬口及种植模式　见表 2-1。

表 2-1 种植茬口及种植模式

茬口	播种期	播种方式	播种量（克/667米²）	定植期	株行距（厘米×厘米）	采收期	产量（千克/667米²）	收入（元/667米²）
番茄	10月下旬	撒播	45	2月上旬	30×50	4月下旬至7月上旬	5500	7000
套栽扁豆	1月中旬	穴播	500	3月上旬	100×100	5月上旬至7月下旬	750	2000
小白菜	7月中旬	撒播	1000	8月上旬			1500	1000
套栽芹菜	7月中旬	撒播	2000			9月下旬至10月上旬	3000	2000
莴苣	8月下旬	撒播	40	10月上旬	40×40	1月份	3500	2000

2. 栽培要点

(1)番　茄

①品种选择　选早熟、大果型、耐低温弱光、无限生长型品种，如中杂101、金棚、东圣1号等。

②育苗　采用冷床营养钵育苗，干籽播种，每穴播种2～3粒，播后盖土1厘米厚，覆盖地膜、搭小拱棚保温保湿促出苗。齐苗后及时揭去地膜，1片真叶时间苗，每穴留1株健壮苗，2叶1心时假植，7～8叶时定植。

③定植　定植前，每667米² 施腐熟农家肥2 000千克，深翻25～30厘米，耙平后平铺地膜，按30厘米×50厘米株行距开塘(穴)移栽，每667米² 栽4 000株左右。

④大田管理　一是温度调控。定植后闭棚1周保温促活棵，以后白天保持在25℃～30℃，夜间14℃～15℃；花期白天22℃～25℃，夜间15℃；坐果后白天25℃，夜间保持12℃以上，坐果期以20℃～25℃为佳。二是肥水管理。施足基肥，追肥要勤施、早施。

定植时浇足底水，坐果后开始浇水追肥，每667米^{2}追施硫酸钾复合肥25～30千克，隔10～15天再追1次，结合治虫喷施叶面肥。三是整枝疏果。及时搭架绑蔓，单秆整枝。坐果前清除全部侧枝，及时去除下部老叶、黄叶、病叶。每果穗坐果4～5个，其余疏掉。四是喷施防落素。开花时及时应用40～50毫克/升防落素液喷花，注意不可喷到嫩叶和生长点上。

(2)扁　豆

①品种选择　选用市场适销的红扁豆品种。

②播种及育苗　1月中旬于大棚内营养钵育苗，3月上中旬定植于大棚中间走道两侧的番茄行间，每667米^{2}套栽360穴。

③大田管理　扁豆甩蔓后及时用塑料绳吊蔓。开花期喷花蕾宝4 000～5 000倍液、复硝酚钠或豆类丰产宝1 000倍液等，每5～7天喷1次，连喷3～4次。对豆荚蛾，要掌握在发蛾高峰期、产卵盛期和幼虫钻蛀前，即现蕾期、开花期，用高效、低毒类农药百草枯1 000倍液喷雾防治，每3～4天喷药1遍，收获前10天停止用药。

(3)小白菜套芹菜

①品种选择　小白菜选用耐热品种，如上海青等；芹菜选用玻璃脆等。

②播种　7月中下旬前茬番茄收获后，整地施肥、浇足底水，将小白菜种子拌干细土撒播，盖种后再播种芹菜种子，最后用耙子轻轻耙平盖种。注意小白菜与芹菜分别播种，不要混合一起播，否则芹菜种子入土深，难以出苗。

③覆盖遮阳网　由于播种时正值高温雷雨季节，必须及时覆盖遮阳网。小白菜与芹菜播种盖土后，先浮面覆盖，待3～4天出苗后将遮阳网移至大棚架上。

④大田管理　小白菜出苗后及时浇施腐熟稀粪水和速效性肥料，要求勤施、少施，以水带肥，以肥浇水。小白菜、芹菜齐苗后浇

1次腐熟稀粪水,7～10天追肥1次。小白菜和芹菜共生期20～25天,待小白菜收获后,立即浇水追肥,以后看苗追肥,上市前7～10天喷施一遍南国春叶面肥或喷施宝,10月上旬收获结束。

(4)莴 苣

①品种选择 选用耐热、不易抽薹、优质高产品种,如澳立3号、郑兴圆叶等。

②育苗 播种前种子须进行低温处理,将种子用纱布袋包好,放在凉水中浸泡5小时左右,然后将纱布袋吊在井内水面上方20～30厘米处催芽,每天取出洗去黏液,3～5天种子露白时即可播种。播种前精细整地,做好苗床、浇足底水,撒播。每米^{2}苗床播种子2.25克,播后浮面覆盖遮阳网。出苗后搭小拱棚覆盖遮阳网,出苗前要全天覆盖,出苗以后晴天上午10时盖、下午4时揭,移栽前要注意炼苗,做到迟盖早揭,待苗龄25～30天、2叶1心时即可定植。

③大田管理 一是肥水管理。定植前1周,每667米^{2}施腐熟人畜粪2 500～3 000千克、饼肥30～40千克。定植活棵后,每667米^{2}及时追施腐熟稀粪水300千克,每塘穴施硫酸钾型氮磷钾复合肥20～30千克。二是喷施植物生长调节剂。为防止抽薹,可在莲座期末喷施0.1%矮壮素,肉眼可见小花蕾时,要及时摘除。三是防止病虫害。病害主要有霜霉病等,应及时选用75%百菌清可湿性粉剂600～800倍液,或甲霜·锰锌500～600倍液防治。害虫主要有烟粉虱、蚜虫,可选用10%吡虫啉1 000倍液,或0.5%阿维菌素乳油1 000倍液等药剂防治。

(九)拱圆形大棚番茄、冬瓜间套双孢蘑菇栽培技术

湖北省十堰市蔬菜科学研究所刘丹、郑化雷、詹云端报道,经过2年多的试种研究,摸索出拱圆形大棚番茄、冬瓜、双孢蘑菇高产高效栽培模式,取得了较高的经济效益。且利用棚吊冬瓜为番

茄适当遮荫，有效防止了番茄裂果。每667米^{2}产春番茄5000千克，产值10000元；产冬瓜5000千克，产值5000元；产双孢蘑菇3335千克，产值33350元。

1. 茬口安排 春番茄于11月中下旬在大棚内育苗，2月中旬小拱棚定植，5月下旬开始采收，7月上旬拉秧；冬瓜1月中旬育苗，3月中旬定植，6月底7月初开始采收，8月上旬拉秧；双孢蘑菇7月份以前进料，8月份堆料发酵，9月份播种，10月份开始采收，12月底或翌年1月中旬采收完毕。

2. 栽培要点

(1)番 茄

①品种选择 春番茄选择高产、优质、中早熟、抗病性强并适合当地消费习惯的品种，如合作系列或美国新世纪、皖粉1号、毛粉系列等。

②培育壮苗 11月中下旬进行温床育苗，每667米^{2}用种量45～50克。先用40℃～45℃温水浸种30分钟，然后置于28℃温度条件下催芽，每天用温水淘洗1次，种子露白后即可套小拱棚播种，播后轻盖细土厚约1厘米。待苗2叶1心时选晴天分苗于直径10厘米的塑料营养钵中，并注意保温保湿。定植时要求苗高20～25厘米，具有8～9片真叶，第一花序现蕾，茎粗壮，叶色浓绿、肥厚，根系发达。

③定植 定植前20天左右扣棚，以提高棚内地温，有利于番茄定植后缓苗。定植前15天，每667米^{2}施优质腐熟农家肥8000千克、复合肥50千克，深翻30厘米，铺设地膜并进行化学除草。整地筑畦，套小拱棚，浇足底水。定植行株距40厘米×30厘米，每667米^{2}栽3000～3200株。定植后用细土封严定植孔，立即密封大棚，尽快提高温度，促进缓苗。当天晚上用草帘将小拱棚四周围严，一般5～7天内不通风，闭棚增温；活棵后棚温白天保持在20℃～25℃、夜间10℃～15℃，白天去除草帘，增光提温；结果

期白天适宜温度为26℃左右，夜间为16℃，昼夜温差以保持在10℃为宜。要注意防止徒长，定植水要适量。第一花序坐果后于晴天上午浇1次水，以后6～7天浇1次水，浇水后闭棚提温，次日及时通风排湿。膨果期结合浇水追施尿素2次，每667米^{2}施尿素20千克。

④摘心打顶，早浇坐果水　开花前5天至开花后3天保持棚温高于30℃，最低不低于15℃，否则影响开花和授粉。第一花序坐果后在主秆上部留1～2叶及时打顶，以减少营养向新生器官输送和消耗。坐果后及时灌水，以保证果实膨大对水分的需求。

⑤整枝搭架，防止倒伏　当植株下部叶腋处开始萌生侧枝时，应及时整枝搭架。用单秆整枝法保留主秆，摘除其余枝条。无限生长型的品种，出现4～5穗花后打顶。整枝搭架均应在晴天下午进行，及时插好架材，每株插一立杆并于坐果部位绑蔓即可。

⑥保花保果，疏花疏果　坐果期需用浓度为20～50毫克/升防落素保花保果。番茄花序上的第一朵花与其他花往往差别较大，而且多发育为畸形果，故要及早摘除，使整个花序上的果实发育均衡，生长整齐。一般每株以留3～4个果为宜，要及时摘除老叶、裂果和畸形果。

⑦防虫防病，及时采收　主要病害有灰霉病、枯萎病、早疫病等。发生灰霉病时，及时摘除病叶、病果和花瓣，可用50%异菌脲1000倍液，或50%腐霉利1500倍液防治。发现枯萎病病株，应及早拔除并带出田外烧毁，病穴用生石灰杀菌。早疫病可用75%百菌清1000倍液，或80%代森锌800倍液喷雾防治。坐果白熟期用乙烯利800倍液一次性喷施催熟，可使番茄自然成熟，提早上市1周左右。

(2)冬　瓜

①品种选择　选择适合本地消费习惯的大型、中熟、高产优质品种，如广东产杂交黑皮冬瓜或青皮冬瓜等。

②培育壮苗　冬瓜种子发芽慢，发芽势也较低，应进行催芽处理。催芽适温为25℃～30℃。催芽前用40℃～45℃温水烫种30分钟，注意不断搅拌。将翻晒好并掺足腐熟有机肥的培养土，装入直径为10厘米的营养钵并浇足底水，每个营养钵播1粒种子，覆盖1厘米厚细土，3～4天即可萌发。播种前翻晒床土，以利于提高地温。出苗期注意保温保湿。苗期要控制浇水，并注意疏松土壤，避免沤根倒苗。

③定植　定植前于每个大棚的钢管(竹竿或水泥固架)直伸至棚中央30厘米处，挖1个坑口为30厘米×40厘米、深30厘米的大坑，每个坑中施入15千克腐熟农家肥，上面用土覆平，将3叶1心的冬瓜苗去除营养钵，直接定植于坑内。

④单蔓整枝，适时摘心　瓜苗长至80厘米左右长时，可引蔓至钢管(竹竿或水泥固架)上(竹竿大棚要注意立支架防倒伏)，此后瓜苗将顺架生长，不需搭架。坐果前摘除全部侧蔓，坐果后任其生长。当主蔓长至13～16节时摘心，坐果节位在第九至第十二节，保证养分集中供应果实。

⑤适时留瓜定瓜，适时施肥灌溉　每株最多留2个果实，摘除多余的花、果，不留第一朵雌花，通常选留第二至第三朵雌花发育成的幼果。在摘心与定瓜之后，每棵冬瓜苗在离苗30厘米处挖1个小窝(穴)，施入150～200克复合肥，覆平表土即可，适量浇水，以小水淡肥为宜。

⑥适时采收　冬瓜长至10～15千克时即可采收，其特征为果面茸毛脱落、果皮青黑。采收时一并摘下果柄，以利于运输和贮藏。

(3)双孢蘑菇

①备料　7月份以前备料完毕，每667米^{2}准备生牛粪2 500千克、麦秸5 000千克、过磷酸钙100千克、石膏100千克、尿素50千克、生石灰50千克。将生牛粪晒干备用。

②建堆　麦秸用刀铡断并碾碎后使用。建堆时，1 层麦秸 1 层牛粪，边堆边浇水，将麦秸和牛粪充分浇湿，堆成宽 2 米、高 1.6 米、顶部呈龟背形的料堆，覆盖塑料薄膜进行保温保湿发酵，2 天后揭开换气。雨天盖稻草，防雨水淋湿。

③翻堆　建堆 1 周后，料堆内温度上升至 70℃～80℃，第一次翻堆。将上层料与下层料交换后重新建堆，水分不足时需补充，料堆宽度为 1.7 米，高度不变，每间隔 50 厘米在料堆中心线上插立 1 根粗木棒，翻好堆后拔出木棒，以利于通气发酵。覆盖塑料薄膜以保温保湿发酵，2 天后揭开换气。间隔 1 周进行第二次翻堆。此次料堆宽度为 1.5 米，高度不变，同时均匀加入所需过磷酸钙、尿素，仍覆盖塑料薄膜。2 天后揭开部分薄膜，同时卷起四周底部薄膜，进行通气发酵。第二次翻堆 10 天后进行第三次即最后一次翻堆。此次建堆宽度为 2 米，高度为 1 米，同时均匀加入所需石膏粉，在料堆顶部盖草帘防雨水淋湿，4 天后准备进棚。发酵好的培养料为暗黄色。

④搭建菇房，整地筑垄　第三次翻堆后即 8 月下旬开始搭建菇房，用无缝黑色塑料薄膜覆盖大棚，再覆盖草帘，于棚的两端各留 1 个通风口。整平地面后筑畦，畦宽 1.5 米。浇底水，水量以轻捏不成团为标准。每 667 米^2 施生石灰 50 千克，关好棚门消毒 24 小时。

⑤适时播种　培养料进棚要抖松散后均匀堆置在畦面上，厚度约为 30 厘米(轻压后则为 20 厘米)。当培养料的温度下降至 26℃时，选择阴天开始播菌种。将无病菌感染、无老化、菌丝生长旺盛的优质麦粒菌种，均匀地撒在培养料表面，轻翻料面让部分麦粒菌种落入料内，再轻压平整，在料面上覆盖旧报纸，关闭棚门，培养发菌。每 667 米^2 用种量为 400 瓶(每瓶 750 毫升)。

⑥播后管理　播种 1 周后，当菌丝与菌丝相连接时，覆盖土壤，土壤含水量以手捏能扁为宜，覆土厚度为 4 厘米，然后盖上草

帘，雨天和晚上草帘上还需盖塑料薄膜，保持温度22℃～25℃、空气相对湿度90%～95%。覆土10天后于晴天揭去塑料薄膜，但在雨天和晚上仍要盖好。覆土15天后，若土壤偏干发白时，要喷水，但1次不宜过多，做到少喷勤喷，以水刚好湿透土层而不到达料层为宜，切勿将水喷到培养料内。覆土20天后，及时喷洒1次水，喷水时移动速度要快，来回补水2～3次，连续喷2天。当气温下降至10℃以下时，做好保温管理，即在草帘上覆盖塑料薄膜。

⑦病虫害防治　病害主要有湿泡病、干泡病、褐斑病、软腐病，害虫主要有蛞蝓、螨虫等。病害出现后，要及时拔除病菇和清除土层上的菌落。湿泡病、褐斑病和软腐病发生时应立即停止喷水，并喷洒50%多菌灵500倍液防治；发现干泡病，可喷洒50%多菌灵1 000倍液防治。发酵料中有螨虫为害时，可喷洒90%敌百虫1 000倍液防治，并闭棚1天；有蛞蝓为害时，在菌床四周撒上10%食盐水或放上青草、菜叶诱食进行人工捕杀。

⑧采收　播种后约1个月，当双孢蘑菇子实体菌盖直径达到2～5厘米、菌膜尚未破裂时及时采收。采收时将草帘揭开放在邻近菌床上，边揭草帘边采菇，采菇结束后，立即盖上草帘。采菇时轻轻旋转摘下，采大留小。采收丛生菇时，用刀切下大菇，留下小菇继续生长。边摘菇边用小刀切去基部，轻拿轻放，防止碰伤。每采收1次，要重喷1次水，适宜即可。

（十）大棚番茄套种丝瓜、小白菜立体栽培技术

据陈素华报道，采用番茄套种丝瓜、小白菜立体种植技术，可以充分利用光能资源，实现大棚蔬菜高产高效栽培。一般每667米^{2}产番茄4 500千克，丝瓜1 500～1 800千克，小白菜800～1 000千克。

1. 培育壮苗

（1）番茄　选用合作903、906等优良品种，于10月下旬至11

月上中旬冷床育苗。苗床应选2～3年内未种过茄果类蔬菜的田块。播前用50℃温水浸种10～15分钟，不断搅拌，以杀死种子表面病菌。播种时浇足底水，每667米^{2}大田用种30～50克。播种后浅盖营养细土0.5～1厘米厚，再覆盖地膜。出苗前闭棚增温，白天温度保持25℃～30℃，夜间18℃～20℃。3～4叶期分苗，越冬采用大棚套小棚加草帘覆盖过夜。地温逐渐回升后，适当追施腐熟稀水粪，喷施0.2%～0.3%磷酸二氢钾液，促幼苗生长。

（2）丝瓜　选择棒状肉丝瓜品种，于3月上中旬应用大棚套小棚进行营养钵育苗。播前用温水浸种3小时，然后用纱布包裹好置于30℃环境中催芽，破嘴后每钵点播1粒。出苗前白天温度保持25℃～30℃，夜间18℃～20℃。

2. 合理套种

（1）番茄　番茄苗于3月下旬至4月初选择晴天上午定植于大棚内，每667米^{2}定植2400～3000株。定植前1周施足基肥，每667米^{2}施腐熟有机肥4000～5000千克、饼肥100千克、磷酸二铵50千克。定植后闭棚5～7天，保温保湿，促进缓苗。

（2）丝瓜　4月下旬将丝瓜苗套栽于番茄行间、且接近棚架下脚内侧20厘米处，每个大棚内栽2行，每667米^{2}栽220～250株。

（3）小白菜　7月中下旬番茄拉秧后，及时挖翻、整地、施肥，每667米^{2}施腐熟粪肥1500～2000千克，然后在丝瓜架下抢播小白菜。播种后地表用遮阳网覆盖，高温干旱天气坚持早晚喷水，保持土壤湿润，促进出苗。

3. 田间管理

（1）番茄　定植后2～3天开始追肥，至开花前追肥1～2次，追施0.3%～0.4%腐熟的稀薄人粪尿，以促进植株生长。开花期结合浇水追肥，追肥量为总追肥量的20%。果实膨大期追肥量为总追肥量的55%。

（2）丝瓜　丝瓜伸蔓初期，可先在棚架旁插矮竹引蔓爬上竹竿。5月下旬大棚膜撤去后，及时理蔓、绑蔓，适当浇施腐熟稀水粪，促进瓜蔓生长。开花结果期要适度浅中耕松土，摘除下部侧蔓。盛果期勤打老叶与摘弱蔓，勤施肥水，勤采瓜，防赘秧。待小白菜齐苗后，应逐步去瓜蔓，增加棚下光照，促进小白菜生长。

4. 病虫害防治

(1)番茄　青枯病早期可用77%氢氧化铜可湿性粉剂500倍液，枯萎病早期可用50%多菌灵可湿性粉剂800倍液。叶部病害可及早摘除病叶，并用50%腐霉利可湿性粉剂2 000倍液喷雾防治。

(2)丝瓜　前期注意应用乐果防治蚜虫，及早喷施盐酸吗啉胍·铜500倍液，预防病毒病。雨季则要用三乙膦酸铝300倍液防治霜霉病。后期应用敌敌畏1 500倍液加溴氰菊酯3 000倍液混喷防治瓜螟。

(3)小白菜　在小白菜1～2叶期，喷施残效期较长的高效药剂，如氟啶脲、氟虫脲等。整茬小白菜尽量只用药1次，第二次用药由于离小白菜采收上市期不远，药剂应选用生物性或植物性农药，如苏云金杆菌、烟碱等。

二、以辣椒、茄子为主的间作套种新模式

(一)辣椒套种甜瓜、莴苣栽培技术

武汉市农业科学研究所彭金光、孙玉宏、瞿玖红，武汉市蔬菜研究所宁斌、贺从安等报道，总结出了辣椒套种甜瓜、莴苣高产高效栽培技术模式，每667米^{2}产辣椒2 500千克、甜瓜1 000千克、莴苣2 600千克，按辣椒、甜瓜、莴苣市场批发价每千克分别为1.30元、3.00元、0.60元计算，折合每667米^{2}产值7 000余元，经济效益显著。

1. 搭配方式及季节安排 辣椒大中棚套小棚在2月下旬定植，小棚覆盖在3月上中旬定植，地膜覆盖在3月中下旬定植，按大田畦宽1.2米，辣椒行株距60厘米×28厘米，每667米^{2}栽4000株左右，定植于畦两侧。甜瓜间栽于辣椒行中央，株距为80厘米，每667米^{2}栽600株左右，大中棚套小棚在3月上旬定植，小棚在3月中下旬定植。秋莴苣可在8月中下旬播种育苗，9月上旬定植，行株距30厘米×25厘米，每667米^{2}栽6000株左右。辣椒4～8月份均可采收，甜瓜5～6月份采收，秋莴苣10月中下旬开始采收。

2. 栽培技术

(1)辣椒 宜选用早熟、优质、抗病、符合市场需求的品种，如汴椒1号、早杂2号等。利用大棚套小棚温床育苗，10月上旬播种，每667米^{2}用种量70克。2叶1心时，将幼苗移植1次，株距为2～3厘米。3～4叶时用直径6～8厘米的营养钵移苗，定植前1周开始炼苗。大田每667米^{2}施腐熟有机肥2500千克、复合肥100千克作基肥，覆盖地膜待栽。定植时用清水压根，活苗后每667米^{2}施腐熟人粪尿1500千克作提苗肥，每隔10天喷0.2%磷酸二氢钾进行根外追肥，4～8月份采收时，每采收2～3次，每667米^{2}施尿素15千克，开花结果前期用辣椒灵保花保果，并注意防治病虫害。其主要病害为炭疽病、疫病等，可用65%代森锌或50%百菌清700倍液，每隔7～10天喷1次。可用20%甲氰菊酯乳油1500倍液喷雾防治小地老虎，用50%辛硫磷乳油1000倍液防治烟青虫。

(2)甜瓜 主要以黄金瓜为主，目前市场推广较好的品种有武甜1号、丰甜1号、安生甜王1号、中甜1号等。根据不同的栽培设施条件，播种期可选择在1～3月份，每667米^{2}用种量70克，播前用55℃温水浸种15分钟，其间不断搅拌，待水温降低后再继续浸种6小时左右，然后置于28℃～30℃恒温条件下催芽，待苗出齐后播入备好的营养钵中。幼苗要求多见光，做好防寒保温工作，并注意通风防病毒。定植前7～10天开始炼苗。苗龄30～35天，3叶1心时带土定植。定植成活后，及时追施提苗肥，一般用20%的腐熟清粪水混合0.2%磷酸二氢钾追施1～2次。摘心后和坐果后可用45%的腐熟清粪水混合4%的进口复合肥于两株甜瓜的中间打洞施2～3次，以促连续结瓜。

甜瓜以孙蔓结瓜为主，宜采用多蔓整枝的方式。主蔓摘心一般在4～6片真叶时进行，当子蔓具有5～8片真叶时进行第二次摘心，孙蔓在不超过畦面时任其适度生长。采用人工授粉或者虫媒授粉，及时采收成熟瓜。

病虫害防治：可用40%乐果1000倍液防治蚜虫；用50%敌敌畏乳油1500～2000倍液防治黄守瓜成虫；用20%氰戊菊酯2000倍液灌根防治黄守瓜幼虫；用70%甲基硫菌灵可湿性粉剂1000倍液防治炭疽病；用70%敌磺钠喷雾或50%代森锌1000倍液灌根（每株灌0.2～0.5升）防治枯萎病；用75%百菌清600倍液，或代森锌600倍液防治疫病。

（3）莴苣　秋莴苣是秋季蔬菜淡季的接档蔬菜品种，种植时间短、投资少、收入高，播种至收获只需70天左右。品种宜选用耐高温不易抽薹的品种，如西宁莴苣等，适宜播种时间为8月中下旬。采用低温催芽，一般先将种子浸泡5～6小时，再置于冰箱冷藏室或其他阴凉环境中，保持湿润条件，温度15℃～20℃，2～3天便可出芽。苗床用土选用未种过莴苣的肥沃园田土，播种后用遮阳网或草垫子遮荫，一般苗龄20～25天。

大田每667米^{2}施腐熟农家肥2000～2500千克、复合肥75千克。畦宽200厘米，株行距25厘米×30厘米，每667米^{2}移栽6000株左右。定植成活后要及时追肥，在植株封行前施完，施肥过迟易引起抽薹。另外，生长前期需结合追肥适当浇水，但在采收前10天应停止水肥供应，以防治茎部裂口。

可用代森锰锌 600 倍液防治霜霉病，用 70% 甲基硫菌灵 800～1 000 倍液防治菌核病。

(二)大棚辣椒套种苦瓜、花菜栽培技术

据重庆市潼南县蔬菜办公室王保明、全海晏报道，潼南县桂林菜农普遍利用早春气温回升快的特点，采用大棚辣椒套种苦瓜、苦瓜收获后种植花菜的“一年三熟”高效种植模式，每 667 米^2 辣椒产值 3 500 元、苦瓜产值 4 000 元、花菜产值 2 500 元，年产值 1 万元左右。

1. 茬口安排

(1)早春辣椒　9 月下旬播种，11 月定植，翌年 4 月上中旬开始采收，比当地露地栽培提前 1 个月采收，6 月上旬采收完毕。

(2)苦瓜　立春前后播种，3 月上中旬定植，5 月中旬开始采收，比当地露地栽培提前 1 个月采收，8 月上中旬采收完毕。

(3)花菜　7 月中下旬播种，8 月中下旬定植，10 月下旬至 11 月上旬采收完毕。

2. 栽培技术

(1)辣　椒

①品种选择　选择耐弱光、耐低温、极早熟、高产(尤其前期产量高)、适销对路、抗病性强的品种，如苏椒 5 号、98191、种都 4 号等。

②苗床地的选择和处理　选择土质疏松肥沃、土层深厚、保水保肥力强且前茬为非茄果类蔬菜的地块，提前 2 周每 667 米^2 施入腐熟有机肥 1 500～2 000 千克、过磷酸钙 25 千克，深翻炕土。

③播种及管理　9 月下旬开始播种。播时先用腐熟清粪水浇湿苗床，整细耙平，做成瓦背形；同时用噁霉·福美双(绿亨三号)或多菌灵、苗菌敌等杀菌剂配成药土，其中 2/3 的药土先撒于苗床，然后在药土上撒播种子，最后用剩余的 1/3 药土撒于种子上

(即覆盖种子),同时覆盖地膜和小拱棚即可。待70%左右种子弓背时,去掉地膜。然后视苗情长势,酌情追肥;及时匀苗间苗、除草和防治苗期病虫害。

④整地施基肥和定植　9月下旬至10月上中旬搭建大棚,深翻炕土,按1.2米宽做畦,每畦中间开沟施入基肥。基肥每667米^{2}用量:腐熟有机肥3 000～4 000千克,磷酸二铵60千克,钾肥30千克,尿素20千克。最后将畦面做成瓦背形,覆地膜。11月上旬开始定植,用打孔器在每畦上按株行距43厘米×70厘米打孔,带土定植,定植后浇定根水,缓苗后通风排湿。

⑤管理　定植至立春缓苗后,轻追一次肥,以促进幼苗生长和根系发育。此段管理以增温和控湿为主。若温度过低,应在地膜上加小拱棚。立春后,以促为主,及时追施肥水,促进幼苗旺盛生长;适时降温排湿,若遇干旱,及时浇水。

⑥病虫害防治　辣椒主要病害有病毒病、疫病、灰霉病、猝倒病等。可选用20%盐酸吗啉胍·铜可湿性粉剂600倍液,或5%菌毒清水剂200倍液,或72%霜脲·锰锌可湿性粉剂600～700倍液,或64%噁霜·锰锌可湿性粉剂500倍液,或50%异菌脲可湿性粉剂1 500倍液,或50%腐霉利可湿性粉剂1 000倍液,或75%百菌清可湿性粉剂500倍液,或70%代森锰锌可湿性粉剂400倍液等药剂,喷雾防治,交替使用。

主要害虫有蚜虫、红蜘蛛、棉铃虫、烟青虫等。可选用1.8%阿维菌素可湿性粉剂2 000倍液,或0.3%印楝素乳油1 000倍液,或20%甲氰菊酯乳油2 000倍液,或90%敌百虫可溶性粉剂1 500倍液,或50%辛硫磷乳油1 500倍液,或10%吡虫啉可湿性粉剂1 000倍液,或20%哒螨灵可湿性粉剂3 000倍液等药剂,喷雾防治,交替使用。

⑦采收　4月上中旬即可开始采收。

(2)苦　瓜

①品种选择　选耐热、喜湿、耐肥、抗病力强、早熟的蓝山大白苦瓜,高优好2号、3号、5号等品种。

②催芽及播种　于立春至惊蛰开始催芽。采用温汤浸种,水量为种子量的5～6倍,浸种15～20分钟,并不断搅拌,使水温保持在50℃～55℃。处理完后,将种子取出用手搓洗2次,再用冷水浸泡40～48小时。将浸泡好的种子用干净的湿纱布或白布包好,同时用干净的干布3～5层盖在种子上,放入催芽箱中催芽。在催芽过程中,每天早晨用干净的冷水淘洗1次种子,3天即可发芽。发芽后,每天在清洗时将已发芽的种子选出,播于准备好的营养杯内,每杯1粒。播后,前期加强温度管理,促进迅速出苗,后期加强苗期病虫害防治和肥水管理。

③定植　3月上中旬在大棚辣椒的两边各栽1行苦瓜,窝(穴)距40～50厘米,栽后浇定根水,成活后保持土壤湿润即可。

④肥水管理　4月中旬大棚揭膜后,及时轻追一次速效氮肥提苗,全生育期追肥10～12次,每667米^{2}用复合肥40～50千克。

⑤整枝绑蔓　当蔓长到30厘米长时引蔓上架,同时绑第一道蔓,以后每隔4～5节绑一道蔓;及时将1米以下的侧枝全部打掉。中后期摘除下部衰老叶片及部分侧枝,以利于通风透光。

⑥疏花　进入盛果期,叶面喷施"植物营养宝",以有利于提高坐果率,同时摘除畸形花,控制单株挂果量。

⑦采收　5月中旬即可开始采收。结果初期,每隔5～6天采收1次;盛期2～3天采收1次。

(3)花　菜

①品种选择　选早熟、耐湿、抗病、高产、花形好的品种,如白玉、日本雪山、一代神良、金佛洁玉等。

②苗期管理　7月中下旬采用遮阳网播种育苗,注意防治病

虫害和加强肥水管理。

③大田管理　8月中下旬定植，行株距45厘米×45厘米。定植前施足基肥，定植后轻施一次肥水，以促进缓苗。缓苗后视长势酌情施肥。当花菜临近结球时，重施1～2次氮、磷、钾、硼等速效肥，促进花球生长。花球露出时束叶，以提高花球的外观品质。

④采收　10月份即可开始采收。

（三）辣椒套种丝瓜、秋延后莴笋栽培技术

安徽省六安市裕安区蔬菜技术推广站黄鸿、郭杰、王康等报道，通过多年的摸索和实践，总结出早熟辣椒、夏丝瓜、秋延后莴笋一年三熟栽培模式，在本地推广应用，有效地提高了单位面积产量和经济效益。

1. 茬口安排　早春辣椒于10月中下旬播种，翌年5月下旬采收结束；夏丝瓜于3月下旬用营养钵育苗，5月上旬定植于辣椒畦两边，9月中旬采收结束；秋延后莴笋9月下旬育苗，11月上旬定植，至春节前采收结束。

2. 栽培技术

（1）早熟辣椒

①品种选择　选择耐寒性强、生长期短的品种，如川椒B特早、汴椒1号、湘研11等。

②培育壮苗　于10月中下旬，将种子用55℃热水浸烫15分钟，不断搅拌，自然冷却后再浸8～12小时捞出。播种前苗床浇足水，待水渗下后撒一薄层过筛的药土，然后均匀播种，播后盖细土约1厘米厚，并覆盖地膜，以保持湿度和提高地温，加快出苗。出苗后及时揭去地膜，温度白天控制在25℃～28℃，夜间15℃～18℃。11月下旬幼苗2～3片真叶时，选择晴天及时分苗，移入口径8～10厘米已装上营养土的营养钵内。缓苗期气温白天保持在28℃～30℃，夜间从20℃降至16℃～17℃。定植前7～10天逐渐

降温，对幼苗进行锻炼，白天温度降至 20℃，夜间最低温度降至 12℃（不宜低于 10℃）。

③适时定植　定植前必须施足基肥，一般每 667 米^2 施腐熟的有机肥 5 000 千克、氮磷钾复合肥 50 千克，结合整地，深翻 2 遍做成宽 1 米的畦。2 月中旬按大小行定植，大行距 60 厘米、小行距 40 厘米，株距 25 厘米，每畦定植 2 行，每 667 米^2 定植 4 500 株。栽后及时浇定根水，覆盖地膜。

④田间管理　定植后 1 周内，为促进缓苗，棚内要保持高温高湿的环境，白天不通风，并适当提早盖苫时间。活棵后，白天最高温度以不超过 30℃、夜间最低温度以不低于 15℃为宜。当外界最低温度稳定在 15℃以上，揭开大棚底脚薄膜昼夜通风。整个生长期至少追肥 3 次，以氮磷钾复合肥为主，每 667 米^2 施 75 千克。在门椒长至 3 厘米左右时结合浇水进行 1 次追肥，每 667 米^2 施氮磷钾复合肥 30 千克，以后每采收 2～3 次后浇水追肥 1 次，一般不需要进行植株调整。

⑤病虫害防治　早熟辣椒病虫害主要是疫病、灰霉病和白粉虱。疫病和灰霉病可用三乙膦酸铝、77%氢氧化铜、50%腐霉利等防治，白粉虱可用 25%噻嗪酮、5%氟虫腈等防治，收获前 7 天停止用药。

（2）夏丝瓜

①品种选择　选耐热性强、抗病毒能力强、产量高、品质优的品种，如南京蛇形丝瓜、长沙肉丝瓜等。

②培育壮苗　3 月中下旬，用营养钵在大棚内育苗。播种前将选好的种子放入温水中浸泡，待吸足水分，放在 28℃～30℃温度条件下催芽，部分种子开口露芽时，立即播入口径为 8～10 厘米的营养钵内，每钵 2～3 粒，保持棚内温度在 30℃左右，齐苗后每钵留一健壮苗。

③适时定植　5 月上中旬，苗龄 45 天、约具 5 片真叶时，在辣

椒棚两边按60厘米的间距挖60厘米深的穴，每穴用1千克腐熟的饼肥拌土施入，将幼苗定植于穴内。

④田间管理 丝瓜属喜湿作物，缓苗后，白天棚内气温控制在22℃～28℃，追施1次腐熟稀人粪尿。在第一雌花(9～10片真叶时)授粉坐果后，结合浇水每667米^{2}施尿素15千克、氮磷钾复合肥10千克。盛果期要保证氮、磷、钾均衡供应。后期，根外喷施磷酸二氢钾，以防早衰。

⑤植株调整 丝瓜株高40厘米以后，及时插竹竿绑蔓上架，去除侧蔓，只留一根主蔓，摘除大部分雄花，减少养分消耗。5月下旬大棚撤膜后，及时绑蔓上架，生长中后期，剪夫下部叶和小侧蔓，增加通风透光。

⑥病虫害防治 丝瓜的病虫害主要为霜霉病和丝瓜螟，分别用霜脲·锰锌和阿维菌素防治。

(3)秋延后莴笋

①品种选择 选择适应性强、耐寒、抗病、丰产的莴笋品种，如种都1号、冬青莴笋等。

②培育壮苗 9月上中旬播种。苗床选择排水良好、结构疏松的沙壤土地块。播前育苗床浇足底水，水渗下后将种子均匀撒播，盖薄土，以不见种子为准。子叶展开后，进行间苗，留苗密度以叶与叶之间互不搭靠为准。2～3片真叶时再间一次苗，苗间距3～5厘米。育苗期适当控制浇水，以免幼苗徒长。

③适时定植 幼苗具4～5片真叶、苗龄30～35天时要及时定植。结合整地，每667米^{2}施充分腐熟的土杂肥3000千克、氮磷钾复合肥50千克，深翻细耙做畦。定植前1天将育苗畦浇水，以便起苗。定植行株距30厘米×25厘米。栽后及时浇定根水。

④田间管理 及时扣棚，进入11月上中旬，夜间温度偏低，植株生长缓慢，应抓紧扣棚覆膜，控制温度白天不超过25℃，夜间不低于8℃。后期天冷，要防植株受冻，气温在0℃以下时要多层覆

盖。在莴笋团棵期、茎肥大期及时追肥,配合浇水,各追施氮磷钾复合肥20～30千克。棚内往往湿度偏大,应注意通风散湿。为防止先期抽薹和延长收获,可在茎部肥大时,叶面喷施防抽薹增粗剂。

⑤病虫害防治　秋延后莴笋病虫害很少,但因棚内湿度偏大,易发生霜霉病和蚜虫,可分别用百菌清和吡虫啉及时防治。

⑥采收　秋延后莴笋在12月下旬已长成,可根据市场需要,随时收获上市。在运销过程中注意防冻。

(四)大棚辣椒、苋菜、丝瓜、香菜、西芹间套栽培技术

湖北省鄂州市蔬菜办公室詹斌等报道推广的大棚辣椒、苋菜、丝瓜、香菜、西芹高效栽培模式,栽培技术如下。

1. 周年茬口安排及效益　春辣椒于10月中旬播种育苗,翌年2月中下旬大棚定植,7月下旬采收完毕,每667米^{2}产量2 500千克,收入3 000元;苋菜于2月上旬在定植辣椒前直播,3月中下旬采收,每667米^{2}产量500千克,收入1 500元;丝瓜于2月下旬播种育苗,3月下旬定植于大棚架边内侧,8月上旬采收完毕,每667米^{2}产量1 000千克,收入1 000元;7月下旬撒播香菜,10月下旬采收完毕,每667米^{2}产量500千克,收入1 000元;西芹9月上旬播种育苗,11月初定植,翌年2月中旬采收完毕,每667米^{2}产量5 000千克,收入3 000元。每667米^{2}总收入9 500元。

2. 春辣椒栽培技术

(1)品种选择及用种量　选择早熟、抗病、丰产、商品性好、适合市场需求的品种,如湘研1号、湘研2号、早杂2号以及汴椒、苏椒、中椒系列早熟品种。每667米^{2}栽培用种量75～100克,需苗床10米^2。

(2)播种育苗

①营养土配制　营养土用无病虫园土50%～70%、优质腐熟

农家肥30%～50%、氮磷钾复合肥(15－15－15)0.1%配制。苗床和营养土消毒:用50%多菌灵可湿性粉剂与50%福美双可湿性粉剂按1∶1混合,或25%甲霜灵可湿性粉剂与70%代森锰锌可湿性粉剂按9∶1混合,每平方米苗床用药8～10克与15～30千克细土混合,播前用1/3铺苗床上,留2/3播种时盖种。

②催芽播种 将处理好的种子放入20℃～25℃温水中浸6～8小时,期间换水2～3次,再在28℃～30℃条件下催芽,有70%种子露白后可取出播种。播种前1天苗床浇足底水。播种前刮平畦面。播种时将已催芽种子加种子量5倍的干细土拌和后均匀撒播于苗床上,用喷壶或喷雾器喷水使种子落实,再在苗床上覆盖0.5～1厘米厚的培养土,盖膜扣棚。

③苗床管理 出苗前温度保持在24℃～25℃,出苗后保持在18℃～20℃,假植期保持在20℃～25℃,一般白天保持在25℃～28℃,夜间保持在15℃～18℃,温度达35℃以上时应及时通风降温。定植前7天应逐步揭去棚膜进行炼苗。出苗期苗床用喷壶或喷雾器喷水,保持床土湿润,一般不追肥。出苗后看苗浇水,晴天上午10时至下午3时幼苗叶轻度萎蔫即需浇水。幼苗长至3～4片真叶时,追施腐熟稀粪水。

(3)整地做畦 施入基肥,翻耕细耙,使肥土混合均匀。按1.2米开厢做畦,畦面宽0.9米,沟宽0.3米,双行定植。基肥每667米^{2}施腐熟农家肥2000～3000千克、过磷酸钙10～25千克、氯化钾10～15千克或氮磷钾复合肥50～75千克。

(4)定植 按行距45厘米、株距27～30厘米定植,每穴1株。定植时看天、看地、看苗,要抓“冷尾暖头”定植。

(5)田间管理

①追肥 秧苗成活后每667米^{2}施腐熟人粪尿1500千克提苗,进入花期后应少施氮肥,增施磷、钾肥。坐果后重施1次肥,每667米^{2}施腐熟人粪尿1000千克或磷酸二铵15～25千克,以后每

采收 2～3 次追施 1 次肥。后期每隔 10 天用 0.3%磷酸二氢钾或绿芬威 1 000 倍液根外追肥，共 3 次。

②灌溉　定植后应及时补水 1～2 次，促进秧苗早成活。春季雨后注意清沟排水。夏秋季遇干旱应及时浇水，防止忽干忽湿。早春和初冬视土壤墒情浇水。

③中耕　辣椒苗封行前中耕 2～3 次，先深后浅，并结合进行培土与除草。

④植株调整　根椒和门椒坐果后，可摘除主干基部侧枝侧芽，中后期剪去空果枝，摘除下部老叶、病叶。

⑤虫害防治　小地老虎每 667 米^2 用 90%敌百虫 100 克配成 400 倍液喷在鲜菜叶上制成毒饵于傍晚撒于田间诱杀，或用 48%毒死蜱 600 倍液沿植株地面喷雾防治。蚜虫用 50%抗蚜威可湿性粉剂 3 000～4 000 倍液，或 40%乐果乳油 1 000～1 500 倍液防治。烟青虫、棉铃虫用氟啶脲或虫螨腈或阿维菌素，在卵孵化高峰至幼虫三龄前喷雾防治。

⑥病害防治　出苗 3～4 天用 25%多菌灵可湿性粉剂喷雾防治猝倒病；疫病发病初期可用 45%百菌清烟雾剂闭棚熏蒸，或选用 58%甲霜·锰锌、64%噁霜·锰锌或 50%烯酰吗啉防治；灰霉病、褐斑病、叶枯病用 75%百菌清、50%甲霜灵或 50%腐霉利防治；炭疽病在开花结果初期喷 50%甲基硫菌灵可湿性粉剂或 1∶1∶240 波尔多液防治；青枯病应及时拔除中心病株，在病株穴内撒施石灰粉，发病初期用 0.01%～0.5%农用链霉素液灌根防治。

(6)采收　从开花至采收青椒约 25～35 天。春辣椒成熟后必须及时采收。辣椒采收前 20 天内严禁施用化学农药和试剂。

3. 苋菜栽培技术

(1)品种　大红袍、广州红苋等。

(2)播种及用种量　2 月上旬撒播，每 667 米^2 需种子 4 千克，播种后盖好地膜。

(3)田间管理　播种后，春季需15天左右出苗。出苗前保持土壤湿润，出苗后揭去地膜，并及时拔除杂草。每隔7～10天追肥1次，一般追3～4次，每次每667米² 用尿素5～10千克。天旱时，可进行浇水抗旱，也可轻肥多浇代替浇水，应经常保持田间湿润，这样才能获取高产优质。

(4)采收　3月中下旬采收，每667米² 产量500千克左右。

4. 丝瓜栽培技术

(1)品种　白玉霜、棒槌丝瓜、棱角丝瓜等。

(2)育苗　一般在2月下旬播种，用营养钵育苗。播前把丝瓜种子放在55℃温水中浸烫30分钟，不断搅拌，搓掉黏稠物，捞起后再用清水浸6～8小时，然后晾干待播。每钵播2粒种子，播后盖上0.5厘米厚的营养土，浇足水，盖上地膜和小拱棚。播后3～4天内棚温白天保持在30℃～32℃，夜间18℃～20℃。出苗后及时去掉地膜。齐苗后适当降低棚内温度，白天保持在25℃左右，夜间15℃～18℃。

(3)定植　秧苗苗龄30天左右、有2～3片真叶时即可定植。在棚内侧按50厘米株距定植，每棚栽2行，每667米² 栽220株。

(4)田间管理　定植后要保持较高的温度，促使早活棵、早发根，加快茎蔓生长。在开花结果前，适当降低温度，以防徒长而落花落果。开花结果后，以提高棚内温度为主。定植成活后，可用适量的尿素或碳酸氢铵追肥，以后随着秧苗的生长，每7～10天追肥1次，当开始结瓜后，要加大追肥量。同时，要经常保持土壤湿润。

丝瓜需要搭架，大棚内一般搭平棚架，搭架后及时进行人工引蔓、绑蔓。上棚前的侧枝一般要全部摘除，上棚后通常不再摘除。如果植株生长过旺，叶片繁茂，要适当打老叶、黄叶，以利于透光。幼瓜要垂挂在枝头上，这样才能长直，如发现有畸形瓜要及时摘除。

危害丝瓜的主要害虫有小地老虎、红蜘蛛，可用敌百虫、炔螨特等药剂防治；主要病害有白粉病、褐斑病、炭疽病、蔓枯病等，可用三唑酮、代森锌、多菌灵、百菌清等药剂防治。

（5）采收　一般5月中旬可开始采收，8月上旬收完。

5. 香菜栽培技术

（1）品种　选用耐热性好、抗病、抗逆性强的泰国四季大粒香菜等品种。

（2）种子处理　香菜种子在高温下发芽困难。因香菜种果为圆球形，内包2粒种子，故播种前须将果实搓开，以利出苗均匀。将种子用1%高锰酸钾液或50%多菌灵可湿性粉剂300倍液浸种30分钟后捞出洗净，再用清水浸种20小时左右，在温度20℃～25℃条件下催芽后播种。

（3）整地施肥　每667米^{2}施腐熟人粪尿2 000千克和饼肥150千克、磷肥50千克作基肥，精细整地。

（4）适时播种　在7月下旬播种香菜，既能收到较高产量，更能获得较高的市场价格。一般以撒播为宜。若以速生小苗上市供应的，应高度密植，每667米^{2}播种量为8～10千克。播后浇透水，覆盖1厘米厚稻草保墒促出苗。

（5）田间管理　当有80%香菜出苗时，应揭去稻草。利用瓜蔓荫棚下栽培，以利保湿降温。因香菜生长期短，宜早除草，早间苗、定苗，早追速效性氮肥。一般应在出齐苗后7天左右间苗，当长有2片真叶时定苗，苗距3～4厘米。一般8天左右浇1次水，苗高3厘米时开始，浇1次水后每667米^{2}追施尿素8～10千克和硼肥250克。以后每浇1次水后，进行1次叶面追肥。后期叶面施肥时添加适量磷酸二氢钾。

在采收前半个月，宜喷洒25毫克/升赤霉酸（九二〇）溶液，以促使叶柄伸长，叶数增多，产量提高。

（6）病虫害防治　因香菜具有辛香味，很少有虫害发生。病害主要有苗期猝倒病、成株期病毒病、炭疽病和斑枯病。出苗后5天，用3%多抗霉素800倍液喷雾1次，以后每隔7天用多抗霉素

600 倍液喷 2～3 次，既可防治猝倒病发生，又可防治炭疽病和斑枯病。一旦发生病毒病，可用高锰酸钾 800 倍液，或病毒 K 1 000 倍液喷雾防治。

6. 西芹栽培技术

(1)播种育苗　9 月上旬播种育苗，苗床应选择阴凉、排灌方便、土质肥沃疏松的沙壤土。播前深耕晒土，施入基肥，充分整细做畦，浇足底水。如果提早播种，应进行低温催芽处理，10 月份以后播种可不用催芽。出苗后揭去覆盖物，高温季节可在畦面上搭棚以利降温保湿，防止阳光直射及雨水的直接冲刷。注意浇水，保持土壤湿润。苗期 50～60 天，注意间苗，齐苗后加强肥水管理。

(2)定植　当幼苗长到 5～6 片真叶、苗高达 10 厘米左右时即可定植。定植应选通风、阳光充足、土质疏松肥沃的田块。定植前深翻晒白，施足基肥，一般每 667 米^2 施腐熟有机肥 3 000～4 000 千克、过磷酸钙 40～50 千克、硫酸钾 7～10 千克、硫酸铵 30～40 千克或复合肥 75 千克并配合施入一定量的磷、钾肥。施足基肥后翻耕，将肥与土充分混合均匀、平畦定植，畦宽 1.5～1.7 米(包沟)。

(3)肥水管理　西芹植株高大粗壮，产量高，生长期较长，需肥量多，充足的肥水供应是优质高产的保证。定植后 7～10 天，可施 1 次 10%左右腐熟的稀薄粪水或每 667 米^2 用尿素 5 千克进行淋施，促使幼苗形成良好的根系，恢复生长。以后每 667 米^2 可用尿素 10 千克或 30%～40%的腐熟人粪尿水进行淋施 1～2 次，促进心叶生长。定植后 50～70 天生长速度最快，是形成产量的关键时期，应重施追肥，并适当配施一定量的磷、钾肥以充分满足芹菜生长对磷、钾元素的需要，每 667 米^2 可用尿素 15 千克、复合肥 10 千克混合施用，以后每 667 米^2 可用尿素 10 千克、复合肥 5 千克施用 1～2 次，全期追肥 5～6 次。

(4)病虫害防治　西芹的侵染性病害主要有立枯病、叶斑病、黑腐病、软腐病等，生理性障碍病害有烧心、空心、茎裂等，主要害虫为蚜虫，应及时防治。

(5)采收　西芹具体的采收标准依栽培方式和市场而定，一般定植后90～120天可开始收获，以最外层叶片未枯黄、未凋萎时采收为宜。一般每667米^{2}产量可达5 000千克以上，高者可达10 000千克。

7. 间作过程中应注意的问题　①春季作物基肥要充足，以有机肥为主。②丝瓜沿大棚架内侧定植，密度不宜过大，沿大棚架生长后，保证棚内有花花太阳照射，避免影响香菜生长。③苋菜与辣椒共生时，苋菜可提早播种，提早收获。

(五)日光温室早辣椒、荠菜、丝瓜、黄瓜、苋菜间套栽培技术

湖北省十堰市蔬菜技术推广站王永慧等报道，推广应用日光温室早辣椒、荠菜、丝瓜、黄瓜、苋菜间套栽培技术如下。

1. 茬口安排　见表2-2。

表2-2　日光温室周年茬口安排

茬　口	播种期	定植期	收获期	换茬期	备　注
辣　椒	8月上中旬	9月中下旬	12月至翌年5月份	6月上旬	主茬(越冬)
荠　菜	9月上中旬		10月份		套种
丝　瓜	12月上中旬	2月上中旬	5～7月份		套种上棚
黄　瓜	6月上中旬		8月份	9月上旬	遮阳网
苋　菜	6月上中旬		7月份		套种

2. 主要栽培技术

(1)越冬辣椒

①品种选择　选择抗病、耐低温、抗逆性强的中晚熟品种，如洛椒908、开椒5号、砀椒1号等。

②播种育苗　8月上中旬播种育苗。播种前将种子在通风弱光处晾晒4～6天，再用55℃温水浸种15分钟，并不断搅拌，然后

用30℃温水浸种8小时。捞出种子后用10%磷酸三钠溶液处理20分钟。播种前还要用70%甲基硫菌灵可湿性粉剂和50%代森锰锌可湿性粉剂及80%敌敌畏乳油各2.5克拌制药土撒入苗床，使药土与10厘米厚土层土壤充分混匀，并浇足底水。种子均匀播下后覆0.7厘米厚的营养土，床面铺地膜保湿，盖草帘遮荫降温。当出苗达70%时，揭去覆盖物，插小拱棚，棚上盖遮阳网，以遮阳降温、防暴雨。待苗2叶1心时间苗，苗距6厘米。定植前5天，应对秧苗追施1次腐熟稀粪水，喷1次5%菌毒清水剂300倍液，做到带肥带药定植。苗龄35～40天。每667米^{2}用种量75～100克。

③整地定植　9月中下旬定植。由于越冬辣椒生育期长，必须施足基肥。定植前结合耕地，每667米^{2}施腐熟有机肥7 500千克、过磷酸钙25千克、腐熟饼肥150千克、硫酸钾50千克，与土壤充分混合均匀，按1.2米宽开厢，深沟高畦栽培。定植时膜上打孔，穴距30厘米，行距60厘米，双株定植，每667米^{2}定植3 500穴。定植后浇透水，以利缓苗。

④定植后田间管理

温湿度管理：辣椒生长的适宜温度为白天24℃～28℃，夜间15℃～18℃。当白天温度高于30℃时要注意通风，当外界气温下降到12℃时要及时加盖草苫。注意浇水和适当通风，防止室内湿度过大而发病。当外界气温低于8℃时，要注意在室内加盖棚膜。进入春季后，可适当将温度管理指标提高2℃～3℃，4月份以后天气转暖，逐渐加大通风量和延长通风时间，5月份以后大通风。

水肥管理：缓苗后，应在膜下暗灌1次水，以保持土壤湿润。坐果后，结合膜下暗灌，每667米^{2}追施磷酸二铵10～15千克。结果中后期，可用1%磷酸二氢钾加1%尿素进行叶面喷施。气温低时，应尽量少浇水或不浇水。如果植株生长过旺，要注意控制浇水与追肥，增强光照和通风。

植株管理：及时摘除门椒，以免影响上层辣椒生长。先抓早期产量，当收获两蔓果以后，再抓单株产量。每穴只留1株，主枝的侧枝上挂果后即除去顶芽。

⑤病虫害防治　温室越冬辣椒栽培湿度较大，常见病害为白粉病、灰霉病、疫病，要及时打掉病叶，清除病果及病残株，药剂防治可用百菌清、三唑酮、氟硅唑、甲霜·锰锌等，5～7天喷1次，轮换用药。害虫有蚜虫、烟青虫、红蜘蛛、茶黄螨等，温室通风口应设置防虫网，室内挂黄色黏虫胶板诱杀，药剂防治可分别选用22%敌敌畏烟雾剂（晚上闷棚熏杀）、25%抗蚜威、35%哒螨灵乳油等。

（2）荠菜　荠菜选用大叶荠或当地品种，于9月上中旬按辣椒定植要求，整好地后及时撒播荠菜。播种前先浸种催芽，播后加强管理，约1个月后就可间拔采收。

（3）丝瓜　丝瓜选用早熟、优质、抗病品种，如株洲春、十叶早等，于12月上中旬育苗，翌年2月上中旬4叶1心时定植室内四周，株距35厘米。定植后施提苗肥2～3次，采收期每隔7天左右追肥1次，以腐熟人粪尿为主。藤蔓伸长时及时吊蔓引蔓，使瓜蔓沿棚架伸长。5月份开始收获，至7月份收获完毕。

（4）黄　瓜

①品种选择　选耐热、抗病、节位密、优质高产、适应性强的品种，如夏丰1号、津研4号、津研7号、津优4号等。

②播种定苗　6月上中旬直播，每667米^{2}用种量300克。播种前将种子在阳光下晒2天，再用水浸4～6小时，然后用55℃温水浸泡15分钟，并不断搅拌。按1.2米宽开厢，深沟高畦栽培，株距23厘米，行距60厘米，每667米^{2}定植4 800株。

③田间管理　出苗前注意保持土壤湿度，以利出苗。出苗后结合浇水施提苗肥1～2次，每次每667米^{2}施腐熟稀人粪尿500千克左右。插架前每667米^{2}穴施腐熟人粪尿1 000千克。开花结果期需水量大，每采收2～3批果，随浇水每667米^{2}追施尿素5～10千克或复合肥10～15千克；每6～7天喷施0.3%磷酸二氢

钾1次，共3～4次。若遇干旱，要结合追肥及时浇跑马水，防止土壤龟裂而影响根系发育。

④病虫害防治　霜霉病、炭疽病用64%噁霜·锰锌500～600倍液，或25%甲霜灵600～800倍液，或65%代森锌300倍液，或77%氢氧化铜500～1 000倍液等药物防治，细菌性角斑病除用上述药物外，还可用50%琥胶肥酸铜及农用链霉素防治，枯萎病、疫病用25%甲霜灵、70%甲基硫菌灵或64%噁霜·锰锌等药剂灌根或喷雾。害虫有蚜虫、黄守瓜等，用40%乐果乳油、80%敌敌畏或20%氰戊菊酯防治。

(5)苋菜　苋菜选用青叶苋或红叶苋，6月上中旬直播，和黄瓜套种，7月份即可收获。

(六)大棚辣椒、荆芥、苦瓜、黄瓜、莴笋立体间套栽培技术

据湖北省十堰市张湾区蔬菜办公室段文英报道，十堰市张湾区的大棚辣椒、荆芥、苦瓜、黄瓜、莴笋立体套种栽培技术取得了较好的经济效益和社会效益，每667米^{2}收入在1万元以上，值得推广。

1. 茬口安排　见表2-3。

表2-3　周年茬口安排

茬　口	播种期	定植期	收获期	产量(千克/667米^2)	换　茬	备　注
辣　椒	10月中下旬	2月中下旬	4～7月份	2800	7月中旬	3层覆盖
荆　芥	2月上中旬		4～5月份	200		套　种
苦　瓜	1月上中旬	3月上旬	5～8月份	1000		套种上棚
黄　瓜	7月下旬		9～10月份	2500	10月下旬	苦瓜遮荫
莴　笋	9月下旬	10月下旬	2月份	3500	2月中旬	

2. 主要栽培技术

(1)辣　椒

①品种选择　选用早熟、丰产、抗病、结果集中的品种，如汴椒

1号、洛椒4号等。

②播种育苗　10月下旬播种育苗。播种前先用55℃左右温水进行温汤浸种，不断搅拌，捞出后再用10%磷酸三钠浸泡20分钟，沥干水后置于温度25℃～30℃处催芽，待80%种子露白后播种在口径10厘米、高10厘米的营养钵中，2叶1心时定苗，每667米^{2}用种量约50克。

③适时定植　2月中下旬定植，采用多层覆盖。定植前15天整地、筑畦、施基肥，每667米^{2}施腐熟有机肥5 000千克、复合肥50千克，用噁霉灵800～1 000倍液进行消毒。深沟高畦，铺好地膜，采用大小行种植。大行宽60厘米，小行宽40厘米，株距25厘米。选择冷尾暖头的晴天上午定植，浇足定根水。

④田间管理　定植后5～7天内不进行通风，白天最高温度不超过30℃，夜间尽量保温；缓苗后逐渐通风，白天温度维持在25℃～28℃，夜间15℃以上；进入结果期加大通风量，通风时间宁早勿晚，白天温度控制在20℃～25℃。

门椒见果前少追肥，对椒采收后适当增加施肥量，注意氮、磷、钾配合施用，也可用0.5%磷酸二氢钾叶面追肥。

浇水注意不要用大水漫灌，保持土壤湿润即可。结果中后期撤掉裙膜，雨后及时排涝，防渍水，避免“三落”。

⑤病虫害防治　病害主要有疫病、炭疽病、疮痂病等，可用霜脲·锰锌、多菌灵、农用链霉素等防治；害虫主要有蚜虫、烟青虫等，可用苏云金杆菌、乐果等药剂防治。

(2)荆芥　主要选用当地农家品种，套种于辣椒苗下，于2月上中旬按辣椒定植要求，整好地后及时撒播。播种前先浸种催芽，播后加强管理，45天左右就可采收。由于荆芥属野生菜类，病害较少，以主茬辣椒田间管理为主，加强农业防治。

(3)苦　瓜

①品种选择　选用早熟、抗病、丰产的苦瓜品种，如绿宝石、株

洲春、白玉1号等。

②播种育苗　1月上中旬播种育苗，每667米^{2}用种量250克。播种前用55℃的温水浸种15分钟，并不断搅拌，然后用清水浸种1天，洗净沥干，用湿棉布包裹置于30℃～35℃温度催芽，2～3天后播种于营养钵中。苗床管理，白天温度控制在20℃～25℃，夜间13℃以上。第一片真叶展开后喷1次赤霉素，浓度为20～40毫克/升，可使早期产量增加15%～20%，提早7～10天采收。

③适时定植　3月上旬定植，套栽于辣椒棚内四周，株距35厘米。

④田间管理　及时引蔓上棚、整枝，除去主蔓80厘米以下的所有小蔓，此后留2～3个健壮的侧蔓，再生出的侧蔓坐瓜后留2～4片真叶摘心。每采收一批苦瓜，适量追施复合肥1次。及时摘除下部黄叶和病叶，以利通风透光。

(4)延秋后黄瓜

①品种选择　选择抗逆性强、丰产稳产的品种，如津优5号、津绿4号、津春3号等。

②整地和播种　于7月下旬采用直播方式，每667米^{2}施腐熟有机肥5 000千克，将地深翻整平做成高畦，畦面宽60厘米。播种前用25%甲霜灵800～1 000倍液浸种4小时，然后清洗干净再催芽。播种时在高畦两侧开2～3厘米深的沟，每隔3厘米左右把种子同方向播入沟内，然后覆土按实，每667米^{2}用种250克。

③田间管理

保苗：播种后，子叶展开至1叶1心时，如果缺苗，应及时进行补苗；5～6片真叶时定苗。补苗、间苗和定苗后要及时浇水。定苗株距为20厘米，每667米^{2}留苗4 500株左右。

中耕：根瓜采收前适当蹲苗，促进根系生长，结合中耕，培土护根，并及时进行绑蔓。

肥水：根瓜采收前，控水蹲苗15天左右，一般1周浇1次肥水；秋分后10天浇1次水，两水一肥，也可用0.3%磷酸二氢钾叶面追肥。

温、湿度：9月上旬前昼夜通风，降温排湿；10月份以后要减少通风，以中午通风、夜间保温为主。

④病虫害防治　病害主要有霜霉病、疫病、细菌性角斑病等，发病初期可用霜脲·锰锌、噁酮·锰锌、农用链霉素等防治；害虫主要有黄守瓜、蚜虫等，可用氰戊菊酯乳油等防治。

(5)越冬莴笋

①品种选择　选用耐寒、抗病性强、丰产性好的品种，如成都二白皮等。

②播种育苗　9月下旬播种育苗，遮阳网覆盖降温保湿，并及时间苗，苗距3～4厘米，适当控制浇水，育出壮苗。

③适时定植　10月下旬幼苗有4～5片叶时定植。定植前施足基肥，每667米^{2}施腐熟有机肥5 000千克；做好棚内沟畦配套，防止田间渍水。定植密度：圆叶莴笋品种为45厘米×45厘米，尖叶莴笋品种为35厘米×35厘米。

④田间管理

肥水：浇足定根水后要蹲苗控水。心叶与莲座叶平头时，茎开始膨大，应及时浇水，由控转促。肉质茎膨大后期，需控水防裂茎。在莲座期，每667米^{2}追施尿素10千克；在肉质茎形成初期，每667米^{2}施尿素15千克、钾肥10千克。

棚温：初霜前3～4天上棚膜。莲座期以防冻为主，遇霜冻天气要闭棚保温，其余时间则要撩起裙膜和打开通风口。肉质茎形成初期开始闭棚保温，当白天棚温升至18℃～20℃时要开棚通风，遇严寒冰冻天气时两侧需加草帘保温，以防受冻。

⑤病虫害防治　病害主要有霜霉病、菌核病、软腐病、病毒病，在管理上除了采取农业防治措施，还要用农药防治，如霜脲·锰

锌、多菌灵、百菌清、甲霜灵等。害虫防治，主要是在苗期和定植后要注意防治蚜虫。

(七)大棚辣椒套种蕹菜栽培技术

据习再安、臧宪潭报道，早春利用塑料大棚种植早辣椒并套种蕹菜，丰富了度春淡蔬菜品种，经济效益显著。平均每 667 米^2 一季可产早辣椒 2 500 千克，蕹菜 2 000 千克。

1. 品种选择　大棚早辣椒栽培要选择耐低温、耐高湿、耐弱光、抗病性强、易坐果且挂果集中的早熟品种，如湘研 1 号、湘研 11 等；蕹菜应选用较耐寒又丰产性好的江西吉安大叶蕹菜等品种。

2. 培育辣椒壮苗　长江流域，辣椒育苗播期以 10 月中旬左右为宜。过早，苗龄太长；过迟，不能早熟上市。

播前先将种子在常温水中浸 30 分钟，后转入 55℃热水中烫种 15 分钟，注意不断搅拌，继而又在常温水中浸种 6～8 小时，再浸入 1%硫酸铜溶液中 5 分钟后，取出用清水洗净，置于 25℃～30℃温度下催芽，待 70%种子露白即可播种。

在大棚内用直径 8 厘米、高 10 厘米的营养钵育苗。营养土取中层菜园土加腐熟厩肥按 1∶1 比例配制，并在每 500 千克营养土中加 10 千克氮磷钾复合肥和 0.5 千克 50%多菌灵与 65%代森锌可湿性粉剂(1∶1)的混合药剂，混匀后堆闷 3～4 天即可装钵，浇足水，每钵播入 2～3 粒已催芽的种子，撒一层盖籽营养土。将营养钵放在有酿热物的苗床上，覆地膜，搭小拱棚。待 70%种子出苗顶膜时，揭去地膜。视天气和钵内表土情况适当补水，一般苗床上不“露白”不浇水，宁干勿湿。

当子叶展开时，用 75%百菌清可湿性粉剂 700 倍液喷雾防治猝倒病，以后每隔 10～15 天选用 65%代森锌可湿性粉剂 600 倍液，或 25%甲霜灵可湿性粉剂 800 倍液，或 50%立枯净 800 倍液防病,用5%吡虫啉可湿性粉剂2000倍液防治蚜虫。在辣椒2叶1心和4叶1心时,各喷1次1000倍液植物动力2003和250倍液复合二氢钾铵,以增强幼苗御寒抗病能力。苗期注意温、光、气、水的综合管理,尤其要注意保温防冻和降低棚内湿度。冬末初春加强大棚开闭管理和炼苗、间苗,每钵留2株壮苗。切记营养钵育苗不需假植,假植后伤根、病害重、产量低。

3. 适期定植辣椒,播种蕹菜 2月下旬至3月上旬在塑料大棚内定值辣椒。定植前施足基肥,每667米^{2}需氮磷钾复合肥80千克、腐熟有机肥5000千克、过磷酸钙100千克,其中2/3的基肥随深翻土地时施入,1/3的基肥用作穴施定植辣椒。畦宽1米,每畦2行,行距45厘米,株距30厘米,每穴2株,每667米^{2}定植4500株左右。然后整平土地,搭小拱棚。

3月上中旬撤去小拱棚膜,播种蕹菜。播种前用80倍磷酸二氢钾液或150倍复合二氢钾铵液浸种4～6小时,肥液量为种子量的3～4倍,温度保持25℃。经此浸种,出苗快而齐,苗壮,且能大大提高御寒和抗逆能力。种子浸后捞出稍晾干,均匀撒播于辣椒行间,每667米^{2}播种20千克。播后盖细土1厘米厚,用地膜覆盖,在地膜上再盖3厘米厚稻草保温,促发芽出苗。此时对辣椒苗喷一次辣椒植宝素4000倍液,以保花保果,防病治病。然后盖上小拱棚棚膜。

4. 田间管理 蕹菜播后7天左右齐苗时撤去稻草,揭去地膜,小拱棚昼揭夜盖,并加强大棚温、湿度管理,保持棚温白天在25℃左右,夜间在12℃以上。大棚早晚注意通风换气。

当外界气温稳定通过15℃时撤去小拱棚。蕹菜因生长期短,播种密度大,不定根发达,生长迅速,故生长期须保持肥水充足。出苗7天后,用20%腐熟清粪水或800倍活力素加0.5%尿素提苗助长。以后隔7～10天用200倍复合二氢钾铵液对辣椒、蕹菜进行叶面喷施,可使两种作物健壮生长,增强抗病、抗逆力,既可使蕹菜早熟丰产，又能使辣椒增加花蕾、果大肉厚。此期关键是要保持土壤湿润，适当高温闷棚，晴天中午不随意蔽棚，使棚内温度达32℃左右，促使蕹菜快速生长。

若辣椒封行后生长过旺，可先采收辣椒周围蕹菜，再用150～300毫克/升矮壮素液对辣椒顶部喷1次。当辣椒进入盛果期，适当疏枝，以便通风透光，集中养分，并减少病害。

病害主要有辣椒疫病、灰霉病、炭疽病及蕹菜白锈病等。可选用58%甲霜·锰锌可湿性粉剂600倍液，或50%腐霉利可湿性粉剂500倍液，或70%代森锌可湿性粉剂500倍液，或病毒K 800倍液喷雾防治。害虫有蚜虫、烟青虫、蕹菜卷叶虫等，蚜虫用5%吡虫啉2 000倍液防治；烟青虫等用1.8%阿维菌素乳油3 000倍液，或5%氟啶脲乳油2 000倍液，或5%氯氰菊酯乳油1 500倍液，在三龄幼虫前喷雾防治。

5. 适时采收　若辣椒生长过旺，可对距辣椒植株5～8厘米周围内的蕹菜整株提前采收上市，并对辣椒喷矮壮素。若辣椒生长正常，当蕹菜长到25厘米左右高时，将距辣椒根部5～8厘米范围内的蕹菜连根整株采收，间隙处刈割一次性采收。蕹菜刈割后及时间苑，按10厘米×15厘米留部分座苑发荪，及时追速效肥仍可采收数次。青椒按常规采收，一般早摘门椒、对椒，以利植株上部多结果。若全部采收红椒，每穴双株以结果600～700克为度，分次疏叶，最后一果坐稳后在果实上端留1～2片叶去顶整枝。待下部两层果呈老青色时，喷施200～250毫克/升乙烯利液，促进辣椒红熟后，即可采摘。

（八）辣椒—西芹＋菠菜—生菜—西兰花间套栽培技术

昆明市呈贡县蔬菜办公室李伟报道，总结出呈贡县冬春早辣椒—夏季西芹＋菠菜—夏秋季生菜—秋冬季西兰花一年四种五收栽培技术。

1. 种植茬口及效益 见表2-4。

表2-4 种植茬口及效益

茬 口	播 期	播种方式	播种量（克/667米²）	定植期	株行距（厘米×厘米）	采收期	产 量（千克/667米²）	收 入（元/667米²）	成 本（元/667米²）
辣 椒	9月下旬	撒播	100	12月上旬	40×50	4月至5月下旬	2500	12500	1650
西 芹	4月中旬	撒播，漂浮	30	6月上旬	28×45	8月中旬	3500	4750	1350
间作菠菜	6月上旬	撒播	2000		5×10	7月中旬	800	1760	350
生 菜	7月上旬	撒播，漂浮	20	8月下旬	30×30	10月上旬	1800	2950	950
西兰花	9月上旬	撒播，漂浮	25	10月中旬	45×50	12月份	650	1950	750

2. 栽培技术

(1)冬春早辣椒

①品种 以保加利亚尖椒、甜杂1号等为主。

②育苗 采用冷床土育苗，干籽撒播，播后盖土0.5厘米厚，再用稻草盖在苗床上，同时外罩小拱棚。出苗后及时揭去覆盖物，及时间苗，并注意通风炼苗，同时搞好病虫害防治，苗高10厘米左右、7～9片叶时定植。

③定植 定植前要深挖晒垡，施足基肥。每667米² 沟施腐熟农家肥3000千克、过磷酸钙50千克、硫酸钾30千克，然后覆土做畦，畦宽70厘米。每畦栽2行，株距30厘米，行距50厘米。栽后浇透水，定植前每667米² 用72%异丙甲草胺乳油80～100毫

升对水 50 升喷施畦面除草，然后覆盖地膜。

④大田管理　一是温、湿度的调控。保温非常重要，一般采用在大棚内套盖小拱棚保温。定植后闭棚 15 天保温促活苗，以后在晴天上午揭开下风头的膜通风透气，傍晚闭棚保温。二是肥水管理。定植后要控水控肥蹲苗，栽后 25 天结合施肥浇水 1 次，其他时间注意观察地膜上无水蒸气才浇水。开花盛期追肥 2 次，每 667 米^2 追施尿素 20～30 千克或复合肥 40～50 千克，结合防治病虫害，搞好叶面肥喷施。

⑤病害防治　晚疫病在发病前或发病初期可选用 70%代森锰锌 500 倍液，或 58%甲霜・锰锌 600 倍液，或 72%霜脲・锰锌 600 倍液，或 69%烯酰・锰锌 900 倍液喷雾防治 2～3 次。灰霉病可选用 50%异菌脲或 50%乙烯菌核利 1 500 倍液喷雾防治，或用 40%嘧霉胺可湿性粉剂 1 000 倍液喷雾防治。在挂果期易发生炭疽病，可选用苯醚甲环唑、咪鲜胺、福・福锌 500～1 000 倍液防治。细菌性软腐病主要危害果实，可选用噻菌铜、春雷霉素、硫酸链霉素等防治。

(2)西芹与菠菜混作

①品种　西芹品种以美国 PS、加州王、高优它、文图拉等为主。菠菜品种选用力友、益农、丰顺、新阪急等。

②西芹育苗　于 4 月中旬育苗，一般每 667 米^2 大田用种量 30 克，需苗床 20 米^2。播种前苗床浇透水，用细沙把种子拌匀播种，然后薄薄盖上一层细土，并用稻草等覆盖保水、保温，有利于出苗，用小拱棚和遮阳网防雨和防高温。出苗后及时揭去覆盖物。小苗有 1～2 片叶时间苗，苗距 2～3 厘米，结合间苗追施腐熟清粪水 2～3 次。苗长至 5～6 片叶时移栽，一般秋冬季移栽苗龄 60～65 天，春夏季移栽苗龄 35～45 天。

③菠菜播种及西芹定植　大田整理好后，先撒播菠菜种子，每 667 米^2 用种量 2 千克，撒播完后用齿耙疏理 1 遍，使种子混入土

中，然后可定植西芹。西芹起苗时苗床先浇 1 次透水，以减轻根系损伤。定植株距 28 厘米，行距 45 厘米，保证每 667 米^2 移栽 4 500 株。定植深度以埋住根系为宜，边定植边浇透水。

④大田管理及菠菜采收　西芹定植后要连续 3 天每天浇 1 次水，保持土壤湿润有利于西芹成活及菠菜发芽，以后视情况每周浇 1 次。当菠菜出齐苗后及时间苗，把西芹根部的和密的苗间除，留 8～10 厘米的距离。间苗后可每 667 米^2 追施尿素 30 千克，促进植株生长。菠菜播种后 40～50 天应及时采收上市。当菠菜采收后，为西芹追施第二次肥，一般每 667 米^2 追施复合肥 50～60 千克，为旺盛生长打基础。当西芹株高 40 厘米左右时，要加强病虫害防治及肥水管理。此期追肥以氮、钾肥为主，一般每 667 米^2 追施复合肥 50～60 千克，结合防治病虫害进行叶面追肥，水分管理干湿交替进行，大棚要注意通风降温。

⑤病害防治

西芹：斑枯病可选用 47%春雷·王铜 500 倍液，或 77%氢氧化铜 500 倍液，或 10%苯醚甲环唑 1 000 倍液，喷雾防治 2～3 次。干烧心用 0.3%～0.5%氯化钙＋72%农用链霉素 4 000 倍液喷雾防治 2～3 次。病毒病选用盐酸吗啉胍·铜(或宁南霉素 400 倍液或氨基寡糖素 1 500 倍液)＋0.3%硫酸锌＋叶面肥＋增效剂喷雾防治 2～3 次。软腐病是一种细菌性病害，引起叶柄腐烂，变黑发臭，从发病初期开始喷洒 72%农用链霉素 3 000～4 000 倍液，或 47%春雷·王铜 700 倍液，防治 2～3 次。

菠菜：霜霉病可选用 58%甲霜·锰锌 600 倍液，或 64%噁霜·锰锌 600 倍液，喷雾防治 1～2 次。

(3)生　菜

①品种　以 PS 生菜、太阳黑核生菜、百利黑核生菜、绿翡翠生菜、意大利生菜等为主。

②育苗　采用冷床土育苗，干籽撒播，播好后盖土 0.5 厘米

厚，再用稻草盖在苗床上，同时外罩小拱棚。出苗后及时揭去覆盖物，及时间苗，并注意通风炼苗，同时搞好病虫害防治，苗高 10 厘米左右时定植。

③定植　定植前要深挖晒垡，施足基肥，每 667 米^2 施腐熟的农家肥 2 000～3 000 千克，然后做畦，一般畦宽 1.7 米，每畦栽 5 行，按株行距 30 厘米×30 厘米打定植穴，浇透水覆盖地膜，然后破膜移栽，浇定根水并用土盖在根部。

④大田管理　生菜怕旱也怕涝，生长前期应保持土壤见干见湿，生长中期水分供应要充足，后期要注意控水。追肥应掌握“前促、中攻、后补”的原则。一般追肥 2 次。第一次在定植成活后，每 667 米^2 施尿素 20～30 千克。第二次在莲座期，视苗情每 667 米^2 施尿素 30～40 千克，同时可喷施叶面肥，如云大 120、动植宝、快大、美奇等。

⑤病害防治　霜霉病防治可用 58%甲霜·锰锌 600 倍液，或 64%噁霜·锰锌 600 倍液，或噁酮·锰锌、霜霉威、霜脲·锰锌、烯酰吗啉等喷雾防治 2～3 次。灰霉病可用 50%腐霉利 1 500 倍液，或 50%异菌脲 1 500 倍液，或 50%乙烯菌核利 1 500 倍液喷雾防治 2～3 次。软腐病可用 72%农用链霉素或硫酸链霉素 3 000～4 000 倍液喷雾防治。

(4)西 兰 花

①品种　适宜冬春季种植的品种有玉皇、玉伞、优美，适宜夏季种植的品种有玉冠、优秀等。

②育苗　采用冷床土育苗，干籽撒播，播好后盖土 0.5 厘米厚，再用稻草盖在苗床上，同时外罩小拱棚。出苗后及时揭去覆盖物，及时间苗，并注意通风炼苗，同时搞好病虫害防治。移栽苗龄：夏秋季 25～30 天，冬春季 40 天左右。

③定植　定植前深挖晒垡，施足基肥，一般每 667 米^2 施过磷酸钙 40～50 千克或硫酸钾复合肥 50 千克、硼砂 2～3 千克，施用

方法可采取沟施后做畦或做畦后穴施。一般畦宽70厘米,每畦栽2行,穴距40～50厘米,每667米^{2}栽2 200～2 400穴。

④大田管理　在植株封行前,要中耕除草1～2次。水分管理,一般成活后要适当减少浇水次数。西兰花需肥量较大,除施足基肥外,追肥一般应掌握"前促、中控、后攻"的原则。移栽成活后追肥1～2次,以追腐熟清粪水为最好,每隔15天左右追1次。花球形成初期重施1次攻球肥,每667米^{2}用尿素或者碳酸氢铵40千克、硼砂1千克,对水浇施。在主花球生长期宜选晴天中午摘除侧花。

⑤病害防治　根肿病:一是采用无菌土育苗,并在移栽前7～10天浇75%甲基硫菌灵500倍液或乙酸铜500倍液1次;二是定植后15～20天,每667米^{2}用50%多菌灵1.5千克和75%敌磺钠1千克对水100升浇根,连续1～2次。霜霉病可选用72%霜脲·锰锌600倍液,或58%甲霜·锰锌600倍液,或64%噁霜·锰锌500倍液喷雾,7～10天1次,连续2～3次。黑斑病可选用50%异菌脲或10%多抗霉素1 000倍液防治,7～10天1次,防治2～3次。黑腐病可用20%噻菌铜600倍液,或2%春雷霉素500倍液,或24%农用链霉素5～10克/米^{2}对水100升,喷雾防治1～2次。

(九)大棚茄子、苦瓜、热水萝卜、秋延后辣椒间套栽培技术

湖北省黄石市蔬菜办公室陆家林、梅红飚、梅再胜报道,总结推广茄子间套种苦瓜、热水萝卜、秋延后辣椒栽培技术如下。

1. 周年茬口安排和效益　茄子10月中旬播种育苗,翌年2月下旬定植,6月上旬采收完毕,每667米^{2}产量2 460千克,收入2 300元;苦瓜2月上旬播种,3月中旬定植,8月下旬采收完毕,每667米^{2}产量1 500千克,收入2 300元;热水萝卜6月中旬直播,8月中旬采收完毕,每667米^{2}产量1 650千克,收入1 660元;秋延后辣椒7月中下旬播种育苗,8月中下旬定植,12月上旬采收完

毕，每 667 米^2 产量 1 750 千克，收入 2 826 元。合计每 667 米^2 收入 9 086 元。

2. 早茄子栽培技术

(1)品种选择　选用鄂茄 1 号、墨龙长茄等。

(2)播种育苗

①营养土配制　7 月初将 70%菜园土、30%腐熟有机肥或猪粪和谷壳灰，分别加入 0.5%复合肥和过磷酸钙，加入人粪尿进行堆制，用塑料薄膜覆盖，隔 1 个月后翻堆 1 次，共翻 2 次。经堆制发酵后的营养土，疏松肥沃。

②浸种催芽、播种　用 55℃温水浸种 15～30 分钟，不断搅拌，自然冷却后浸 24 小时，搓洗干净后催芽，发芽温度 25℃～30℃，胚根外露即可冷床播种。每 667 米^2 用种量 25～50 克。将营养土铺 3～5 厘米厚，浇足底水，稀播，干土盖种，土厚 0.5～1 厘米，播后盖地膜保温保湿。

③苗期管理

水肥管理：播后至出苗不揭膜，待 70%出苗后，揭去地膜，看天、看地、看苗浇水。晴天每隔 5～7 天浇水 1 次，并用 10%腐熟人粪尿追肥。在寒冷天浇水不宜过多，保持床土下湿上干，过湿时适当撒施干细土，过干时选晴天中午适当浇水，防止局部积水。忌雨雪天浇水。

移苗：选苗龄 2 叶 1 心的健壮株，于晴天移入营养钵。移苗时，浇足底水起苗。移苗后采用双层膜覆盖。

温光管理：从移苗至定植用大棚＋地膜＋小拱棚＋草帘四层覆盖物，据天气情况进行温光管理。白天棚温控制在 20℃～25℃，夜间保持在 12℃～13℃。通风换气，调整温度，控制湿度，促进根系发育。

炼苗：幼苗长到 9～10 片叶现蕾时，约定植前半个月，降低棚内温度，减少浇水数量和次数，进行炼苗。

(3)整地施基肥　建大棚选用地势高燥、排水方便、1～2 年未种过茄果类蔬菜的地块，每 667 米^2 施饼肥 150 千克或腐熟厩肥 2 500 千克、过磷酸钙 30 千克、氯化钾 10 千克。撒施基肥后，深耕细耙，使土壤和肥料混匀。

(4)盖棚膜做畦　大棚在定植前 10～15 天做好盖棚膜工作，提高棚内气温和地温，并按 1.2～1.3 米宽开厢做高畦，土壤保持 60％湿度(手捏土壤指缝有水不滴)。开好棚外围沟，防止渍水。

(5)定植　早茄子采用大中棚套小棚＋地膜＋草帘覆盖栽培，于 1 月下旬定植，每畦种 2 行，株距 40 厘米，每 667 米^2 定植 3 000 株左右。定植后及时浇定根水，封好定植口。

(6)田间管理

①水肥管理　定植成活后，每 667 米^2 施 10～15 千克尿素加水 1 000 升或施 10％腐熟的人粪尿 1 000 千克，作提苗肥。提苗后每隔 10 天左右追施 1 次。采收期每采收 2～3 次追 1 次肥，追肥用磷酸二铵 20 千克对水 1 000 升穴施，或氮磷钾复合肥 10 千克对水 1 000 升穴施。遇长期干旱棚内蒸发量大时，适时浇跑马水，随浇随排。

②温湿度管理　定植成活后要闭棚保温保湿，促进缓苗活棵。定植初期白天温度稍高，但不能高于 30℃，夜间不低于 10℃，后期大气温度回升，白天不超过 35℃，夜间 25℃，保持棚内空气相对湿度在 70％，土壤含水量为田间持水量的 60％。若棚内湿度大，要适当通风换气，防止病害发生和蔓延。

③保花保果　夜间温度低于 15℃、白天温度高于 35℃时会引起落花，可用 10～15 毫克/升防落素喷花，注意掌握使用浓度随温度升高而降低。

④整枝打老叶　待定植成活、植株发棵后，根茄以下萌发的侧枝要及时摘除，基部的老叶要打去，防止田间郁闭。根据植株生长情况进行整枝。

⑤病虫害防治　苗期发生猝倒病、灰霉病、疫病，可用50%甲基硫菌灵800倍液和50%腐霉利2000倍液交替使用防治。开花结果期疫病、绵疫病、褐纹病用70%甲基硫菌灵1000倍液，或72%霜脲·锰锌1000倍液防治。或用百菌清和腐霉利烟雾剂防治。

(7)采收　当茄子萼片与果实相连处的白色或淡绿色的环状不明显时，及时采收。开花至采收一般为20～25天。

3. 苦瓜栽培技术

(1)品种选择　选用大麻子苦瓜、长白苦瓜等。

(2)播种育苗　播种前用55℃温水浸种15分钟，不断搅拌，待水温降至自然温度后继续浸泡3天，然后置于25℃温度下催芽，待60%～70%种子露白后播于已摆放好的营养钵中，棚内育苗，加强温度、光照、水分的管理。苗龄25～35天，3叶1心时定植。定植前7～10天开始炼苗。

(3)整地、定植　将大棚两侧土壤翻松，施足基肥。3月中旬选晴天定植于大棚两边的棚架留出的瓜畦上，每667米^{2}定植480株，株距50厘米。

(4)田间管理

①水肥管理　定植成活后随茄子的管理追肥浇水。在盛瓜期每667米^{2}施磷酸二铵0.1千克，穴施于根系周围。后期随热水萝卜施肥浇水。

②搭架引蔓，调整植株　主蔓长至0.5～0.6米长时开始整蔓，基部1米以下的侧蔓一律剪去，引主蔓上棚骨架。第一雌花未开花时就要摘除，第二雌花让其生长。主蔓上架后，看侧蔓有无雌花，有则将雌花前面的蔓条剪去，无则从其发生的基部剪除。如果1根侧蔓上有几朵雌花，则应留离主蔓最近的1朵。随时除掉卷须、多余雌花、花蕾和下部黄叶。

③病虫害防治　病害主要有幼瓜灰霉病，可用50%腐霉利

2 000 倍液喷幼瓜。害虫有黄守瓜、瓜野螟、蚜虫，用 48%毒死蜱 2 000 倍液，或 10%氯氰菊酯 2 000 倍液，或 2.5%溴氰菊酯 2 000 倍液防治。

④采收　当瓜瘤突状明显，果皮呈现有光泽，果顶颜色开始由青转白时采收。

4. 热水萝卜栽培技术

(1)品种选择及用种量　选择夏抗 40、夏白玉 50、短叶 13 等。每 667 米^2 用种量 1 千克。

(2)整地做畦　茄子及时退茬，清洁田园，深耕炕晒 10 天左右，三犁三耙，在犁耙最后 1 次时施入基肥，每 667 米^2 施腐熟的厩肥 3 000 千克，按 1.5 米宽做畦，6 米宽大棚做 4 畦。将复合肥 30 千克、菜籽饼 100 千克粉碎后混合施在畦的中央，与土拌匀。

(3)播种　夏季播种萝卜，气温高，暴雨多，易造成土壤板结，不易出苗，或暴雨伤苗，要选择 3～4 天内无暴雨的时间抢播。每畦播种 3 行，行距 40 厘米，株距 17～19 厘米。穴播的每 667 米^2 用种量 1 千克，条播的每 667 米^2 用种量 3 千克。播后用腐熟渣肥和菜园土各 50%拌匀盖种。

(4)田间管理

①合理浇水　夏萝卜生长季节光照强，高温干旱，管理以浇水最为重要，注意“少吃多餐”。播种后，浇好出苗水，晴天在下午进行小水浸灌，水不能上畦面，待畦面回潮后，将水放掉；水没有浸到的地方，挑水补浇，直至出苗整齐为止。出苗后，只要晴天下午植株有萎蔫现象，就必须浇水，浇水应在下午 5 时后进行。浇水量因苗大小而异，小苗少量，大苗多量。防止土壤太潮湿，以防高温高湿造成倒苗。

夏秋萝卜生育期短，从破白至露肩是叶部生长盛期，这一时期根部也逐渐肥大，需水渐多，因此要适量浇水，以保证肉质根的发育。这时应浇跑马水，采用大水快浇、快排，掌握三凉（天凉、地凉、水凉），使浇的水在夜间回潮，均匀散布，有利于萝卜生长。肉质根生长期每 667 米^2 施 1 500 千克腐熟人粪尿，促进肉质根膨大。

②及时间苗　第一片真叶出现时，进行第一次间苗，每穴留 3～4 株苗，5～6 片真叶时进行间苗、定苗。定苗与浇水、中耕、追肥结合起来，先中耕后间苗。幼苗期中耕要浅，以免松动根系。中耕间苗后及时浇腐熟清粪水，以利幼苗生长。

③病虫害防治　夏萝卜虫害主要有黄曲条跳甲、蚜虫和斜纹夜蛾等，要以预防为主，每隔 7～10 天喷药 1 次。预防萝卜黑腐病、黑心病以加强田间管理为主，特别注意不能施未腐熟的农家肥，化肥颗粒不能接触萝卜根系。

（5）采收　夏萝卜单根长到 250 克需 40～50 天。采收期仅为 10 天左右，生长到期要及时采收，否则会使品质下降。

5. 秋延后辣椒栽培技术

（1）品种选择　选择适宜秋延后栽培的辣椒品种，如超汴椒 1 号、砀椒 1 号等。

（2）播种育苗

①营养土配置　选用肥沃园土 7 份，腐熟厩肥 3 份，加入 0.2%～0.7%钙磷肥、0.8%草木灰、0.1%氯化钾，充分拌匀堆制。使用前每立方米培养土加 50%甲基硫菌灵或 50%多菌灵 10～15 克，充分拌匀密封 7 天待用。

②催芽播种　用 55℃温水浸种 10 分钟，注意不断搅拌，再用常温水浸种 6～10 小时，滤去清水，用湿布包好，在室温条件下催芽，每天用清水冲洗、翻动 1 次，3～4 天可出芽。适宜播期为 7 月中下旬。将营养土装入营养钵，浇透水，每钵播种 2 粒种子，盖土 1 厘米厚，上面铺地膜或草帘，再盖遮阳网降温保湿。

③苗期管理　播种 3～5 天后及时揭掉草帘或地膜，防止苗徒长。育苗场地一定要用遮阳网扣顶棚防暴雨强光。晴天每隔 1～2 天浇水 1 次，隔 3～5 天施 1 次腐熟带色稀粪。及时揭盖遮阳

网，上午 10 时至下午 3 时盖，其他时间揭除，以利见光。及时间苗、移苗、补苗保全苗，注意中耕、除草、施肥保壮苗。苗龄 25～30 天，株高 20～25 厘米，10～12 片真叶，现蕾即可定植。

(3)整地、施基肥与做畦　萝卜退茬后，炕地 15 天左右，每 667 米^2 施腐熟猪粪或有机肥 4 000 千克、过磷酸钙 25～30 千克、氯化钾 15 千克、氮磷钾复合肥 50 千克，与土充分拌匀，按 1.5 米或 1.2 米开厢做畦，浇足水后盖地膜待栽。

(4)定植　定植时间为 8 月中旬至 9 月上旬。1.2 米开厢的每畦栽 2 行，株距 25 厘米，1.5 米开厢的每畦栽 5 行，株距 30 厘米，每 667 米^2 定植 5 000 株左右。注意选晴天傍晚定植，浇足定根水，封好膜口。

(5)田间管理

①水肥管理　做好苗期水肥、定植期水肥和果实膨大期水肥的管理。整个苗期用 0.1%氮磷钾复合肥浇施，保证苗壮，增强抗性。定植后每 667 米^2 施腐熟人粪尿 2 000 千克加尿素 10 千克。隔 7～10 天结合喷药用 0.3%磷酸二氢钾根外追肥，促进生长健壮，根系发达，叶片大。当 2～5 薹果坐稳后，每 667 米^2 施氮磷钾复合肥 30 千克加尿素 10 千克，施后结合浇水促进果实迅速膨大。整个生长期间要保持土壤湿润，根据土壤水分状况，结合追肥浇水，切忌大水漫灌，应随灌随排。

②喷施植物生长调节剂　8 月下旬开始开花至 10 月中下旬可采用辣椒灵喷花，每克对水 6～8 升，每 667 米^2 用量 6～8 克，可防落花落果。

③大棚管理　从 7 月中旬育苗开始至 10 月上旬扣顶棚，防强光和暴雨。10 月中旬盖边膜，在棚两边跨地面 70～80 厘米处加盖裙膜，以利入冬后遇高温时掀边膜通风降温。避免低层低温棚边辣椒受冻。采收前可浮面覆盖 2 米宽的棚膜保温，延迟采收期。

④整枝和贮存采收　一般10月1日前后开始采收。秋延后辣椒的根椒和门椒及根椒下侧枝要早摘，促进第三薹、第四薹花坐果，力争每株挂果20～25个。一般于11月底果实都坐好了，可不采摘而随植株留在棚内，采取多层覆盖，挂树贮藏越冬，延长至翌年1月上市。

⑤病虫害防治　病害主要有病毒病、疫病、菌核病、灰霉病、炭疽病，害虫主要有蚜虫和烟青虫、螨类、红蜘蛛。病毒病主要采用扣顶棚、防蚜虫、加强肥水管理等综合防治技术。发病初期用1.5%烷醇·硫酸钠(植病灵)800倍液，或盐酸吗啉胍·铜600倍液喷雾，连喷3次。菌核病、灰霉病可用48%灰力克可湿粉剂500倍液，或50%灰克可湿性粉剂1 000～1 500倍液，或50%腐霉利2 000倍液喷施，每隔5～7天喷1次，连喷3次。疫病和炭疽病可选用0.5%波尔多液、50%百菌清或噁酮·霜脲氰1 500倍液防治，每隔5～7天1次，连喷3次。蚜虫可用2.5%阿维菌素2 000倍液喷叶正、背面及嫩叶芽。螨类和红蜘蛛用73%炔螨特乳油1 000～2 000倍液喷雾，或用5%氟虫脲乳油2 000倍液喷叶背面和叶芽，烟青虫、甜菜夜蛾用10%虫螨腈乳油1 500倍液防治。

(十)早春大棚茄子、丝瓜套种技术

河南省濮阳市农业科学研究所张雪平、濮阳市高新区王助乡农业服务中心张凤仙等报道，濮阳市菜农充分利用大棚茄子和丝瓜各自的生长特性，采用在大棚内早春茬茄子行间套种丝瓜的高效生产模式，不仅能有效利用土地，而且能使经济效益大幅度提高，每667米^{2}茄子收入1.5万元、丝瓜收入3 000元，总收入1.8万元，已成为濮阳市王助乡大棚早春种植的主要模式之一。其种植技术如下。

1. 茄　子

(1)品种选择　选择抗寒、早熟、丰产优质的新乡糙青茄、北京六叶茄、西安绿茄等品种。

(2)育苗　10月上中旬采用塑料棚或温室育茄子苗。播种前先用55℃的温水浸种15分钟,不断搅拌,然后用清水浸种24小时,在28℃～30℃温度条件下催芽,3～5天后,30%～50%的种子萌芽时即可播种。

①营养土配制　用近3年未种过茄科蔬菜的田园土6份与腐熟有机肥4份混合,并在每立方米床土中掺入2千克氮磷钾复合肥配制成营养土,做成厚10～12厘米的苗床,或直接装入直径10厘米、高10厘米的营养钵内,将营养钵紧密码放在苗床内。

②床土消毒　用50%多菌灵可湿性粉剂与50%福美双可湿性粉剂按体积比1∶1混合或25%甲霜灵可湿性粉剂与70%代森锰锌可湿性粉剂按体积比9∶1混合,每平方米苗床用药8～10克与4～5千克细土混合,播种时部分铺在床面、部分覆盖在种子上。

③苗期管理　播种后,白天温度控制在30℃～33℃,夜间20℃～22℃。苗出齐后,可适当降温。当幼苗长到2叶1心或3叶1心时,选晴天将幼苗按8厘米×8厘米行株距分到苗床内。分苗前7～10天,对分苗床也要消毒,方法同上。如不采用嫁接育苗,也可将幼苗直接分苗于育苗容器中,摆入苗床。若采取嫁接育苗的,砧木可采用托鲁巴姆、不死鸟,接穗为栽培茄子,砧木4～5片真叶、接穗3～4片真叶时进行插接。将嫁接好的苗移栽到直径10厘米、高10厘米的营养钵中,并浇透水。嫁接后应提高棚温,增加湿度,以利伤口愈合。接口愈合期白天温度保持在25℃～28℃,夜间16℃～18℃,空气相对湿度为90%～95%,并喷1次75%百菌清500倍液,4天后逐渐见光,6～7天后小量通风降温,10天伤口愈合后进入正常管理。

④壮苗标准　株高15～20厘米,茎粗0.6厘米以上,5～7片叶,叶色浓绿,根系发达,幼苗长势强而敦实,无病虫害。

(3)整地施肥　定植前每 667 米^2 施充分腐熟的有机肥 5 000 千克、磷肥 30 千克、氮磷钾复合肥 25 千克。深翻 30～40 厘米将土肥混匀，整平耙细，按宽行距 80 厘米、窄行距 50 厘米起小垄。

(4)定植　2 月中旬选择晴天，按株距 35 厘米定植。定植时浅栽高培土，最后形成 25～30 厘米高的高垄，浇足定植水。

(5)定植后管理

①覆盖地膜　为提高地温、降低棚内空气湿度、增加光照强度，定植后要覆盖地膜。在相邻的小行间盖上地膜，扯紧压实，用刀片在薄膜上纵开口引苗出膜。

②温度调控　茄子定植后温室密闭增温 1 周左右；缓苗后棚温白天保持在 25℃左右，夜间保持在 15℃以上；开花坐果期，棚温白天保持在 25℃～30℃，夜间保持在 15℃以上。

③肥水管理　茄子缓苗后浅浇 1 次水，当门茄直径达到 3～4 厘米时，结合浇水每 667 米^2 追施尿素 15 千克、硫酸钾 15 千克，以后大约每 15 天浇水追肥 1 次。盛果期可用 0.3%～0.4%磷酸二氢钾液叶面喷肥 4～5 次。

④保花保果　早春低温寡照，茄子灰霉病较重，易引起落花落果。因此，须用植物生长调节剂保果。实践证明，效果较好的配方是 20～30 毫克/升 2,4-滴加 0.1%的 50%腐霉利可湿性粉剂(或 50%多菌灵可湿性粉剂)，既能提高坐果率，又能促进果实生长。茄子老叶、黄叶、病叶应及时除去，既可改善通风透光条件，又可使养分相对集中，果实着色快、膨大快，病害少，产量高。

⑤病虫害防治　茄子主要病害有灰霉病、绵疫病、褐纹病、黄萎病等，用 5%腐霉利可湿性粉剂 1 500 倍液，或 75%百菌清可湿性粉剂 600 倍液喷雾防治，每隔 7～10 天 1 次，连续 2～3 次。发现黄萎病病株要及时拔除。主要害虫有螨类和蚜虫、白粉虱等，用 2.5%溴氰菊酯 2 000 倍液，或 40%乐果 1 000 倍液喷洒，每 7 天喷 1 次，共喷 2～3 次。

⑥及时采收　采收时应掌握“时间稍早、果实稍嫩”的原则，具体看萼片与果实相连处的白色环状带（茄眼睛）的宽窄变化而定，以白色环状带较宽时采收为宜。这样，不仅能早上市，品质嫩，增加早期产量和经济效益，而且有利于后来各批幼果的生长，提高全期产量。这茬茄子一般每 667 米^2 产量 5 000 千克，效益可达 1.5 万元。

2. 丝　瓜

(1)品种选择　选用商品性好又丰产的肉丝瓜、白玉霜、香丝瓜、棒槌瓜等品种。

(2)育苗　一般在 1 月上旬播种，播前用 50℃～60℃温水浸种 10 分钟，不断搅拌，冷却后浸泡 24 小时，取出用布包好放置温度 28℃～32℃处催芽，每天用清水冲洗 1 次，待种子大部分露芽时即可播种。

(3)移栽　2 月中下旬，当茄子定植后，在大棚的两边定植 2 行丝瓜，然后在大棚的中柱两边再定植 2 行丝瓜。移栽丝瓜幼苗时要带土坨，并浇足定根水。

(4)定植后的管理

①温度管理　丝瓜在整个生长期都要求有较高的温度，生长最适温度为 20℃～24℃，果实发育最适温度为 24℃～28℃；15℃左右生长缓慢，低于 10℃生长受抑制。定植以后，白天大棚内温度保持在 25℃～30℃，夜间保持在 18℃左右。在丝瓜抽蔓前，可利用草苫适当控制日照时间，以促进茎叶生长和雌花分化。在开花结果期，要适时敞开草苫，充分利用阳光提高温度。

随着外界温度逐渐升高，茎蔓伸长以后，用尼龙绳吊线，并进行人工引蔓，引蔓后及时固定。到 5 月上中旬气温回升，棚膜去除后，茎蔓爬到棚架上部时，不再绑蔓和引蔓。

当丝瓜进入结果期后，及时拔除茄秧。结合中耕除草 1 次。

②水肥管理　丝瓜苗期需水量不大，可视墒情浇小水 1～2

次，当蔓长到5厘米左右长时，结合再次培土，每667米^{2}追施磷酸二氢钾30千克，浇大水1次。开花结果以后，一般7～8天浇1次水，同时每667米^{2}追施15千克尿素。

丝瓜的茎蔓最长可达7～8米，当蔓长到25厘米左右长时需搭架。为减少架杆占据空间和遮阳，一般用铁丝或尼龙绳等直接系在大棚支架上，使其形成单行立式架，顶部不交叉，按原种植行距和密度垂直向上引蔓。蔓上架后，每增长4～5片叶绑1次蔓，可采用"S"形绑法。

③保花保果　用2,4-滴涂花，可减少落花，显著提高坐果率。气温较高时浓度为20毫克/升，较低时用30毫克/升，既可用毛笔蘸药液涂于雌花柱头及花冠基部，也可直接把花在药液中浸蘸一下。涂抹时间应在上午8时左右。

④病虫害防治　丝瓜的主要病害有炭疽病、疫病、灰霉病，可用多菌灵、百菌清等农药防治。害虫主要有瓜蚜和白粉虱等，可用吡虫啉等防治。

⑤适时采收　丝瓜一般在6月份进入盛果期。前期气温低，生长缓慢。花后10～12天即可采收，果实发育期稍长的，花后20天左右可采收。到盛果期宜勤采收，隔1～2天采收1次。这茬丝瓜每667米^{2}产量2000千克，可收入3000元。

三、以黄瓜、苦瓜、丝瓜、西瓜为主的间作套种新模式

(一)春黄瓜套种生菜—青菜—茼蒿—菠菜与香菜混播周年间套栽培技术

上海市宝山区蔬菜技术推广站郝春燕、毛明华、张峰豪，上海市农业技术推广服务中心丁国强，宝山镇农业公司王利春、王志良等报道，为进一步提高设施蔬菜的生产效益和产品质量，不断促进

设施的周年合理利用，根据当地的栽培习惯，结合市场需要，围绕合理安排茬口进行了一些探索研究和生产实践，其中春黄瓜套种生菜—青菜—茼蒿—菠菜混播香菜的茬口栽培模式表现较好。

1. 茬口安排 春黄瓜于1月下旬播种育苗，3月上旬大棚内定植，4月上中旬至6月上旬收获；套种生菜于1月下旬播种，3月上旬定植，4月中旬采收；青菜于6月中旬播种，7月上旬至8月下旬采收；茼蒿于8月下旬直播，9月下旬至11月上旬收获；菠菜于11月中旬播种，12月下旬至翌年1月下旬采收。菠菜播种时混播香菜，香菜于1月中旬开始采收(表2-5)。

表2-5 春黄瓜套种生菜—青菜—茼蒿—菠菜混播香菜栽培茬口安排

茬口	播种期	定植期	采收期（始收至终收）	产量（千克/667米²）
春黄瓜	1月下旬	3月上旬	4月上中旬至6月上旬	3000
套生菜	1月下旬	3月上旬	4月上旬至4月中旬	1000
青菜	6月中旬	直播	7月上旬至8月下旬	1500
茼蒿	8月下旬	直播	9月下旬至11月上旬	2000
菠菜	11月中旬	直播	12月下旬至翌年1月下旬	2000
混香菜	11月中旬	直播	1月中旬至1月下旬	450

2. 栽培要点

(1)春黄瓜

①品种选择　春黄瓜大棚栽培，应选择耐低温、耐弱光、早熟丰产、抗病性强、商品性好、适应市场需求的优良品种，如宝杂2号、宝杂7号、津春系列及津研系列黄瓜品种。

②播种育苗　1月下旬播种，采用大棚内电加温育苗。每667米² 用种量50～100克。播种前配制好营养土，准备好苗床。营养土配制成分的体积比为：菜园土6份、腐熟筛细的干猪厩肥(或

商品有机肥)3份、砻糠灰1份,并且每平方米加入1千克左右的氮磷钾复合肥(15—15—15,总养分45%)和少量50%多菌灵可湿性粉剂,充分混合拌匀后晾开堆放待用。选择3年以上未种过葫芦科蔬菜的大棚地块做苗床,深翻晒白,先挖去10～15厘米深的床土,整平后铺设电热加温线。将营养土装入直径约8厘米的营养钵内,排列于已铺电热加温线的苗床上。播种前1天,营养钵浇足底水。播种前需进行种子处理:先将黄瓜种子浸于55℃温水中15分钟,不断搅拌至水温与室温相同,捞起后用清水冲洗,去除杂籽、劣籽和瘪籽。将处理好的种子播于营养钵内,每钵1粒,播种后浇少量水,用营养土盖籽,厚度0.5～1厘米。然后盖地膜,搭小拱棚,夜间加盖无纺布,保温保湿,防霜冻。播种至出苗,小拱棚内温度白天保持28℃～30℃,夜间25℃。出苗后揭去营养钵上的地膜,温度白天保持25℃～28℃,夜间20℃,不低于15℃。

整个苗期以防寒保暖为主,晴天气温高时可揭去小拱棚上的覆盖物,让秧苗多照阳光,夜间再盖好,白天温度20℃～25℃,夜间温度13℃～15℃。苗期不宜多浇水,因苗床湿度过高将加重病害发生。若秧苗叶色黄、长势弱,可适当追施叶面肥。追肥宜在晴天中午进行,浓度要低,以免造成肥害。定植前1天炼苗,逐渐降低苗床温度,白天15℃,夜间8℃～10℃。

③整地施肥　选不重茬的大棚,每667米^{2}施腐熟有机肥3 000千克、氮磷钾复合肥50千克作基肥,翻入土中,旋耕并平整土地。标准大棚筑4畦,深沟高畦,畦面铺地膜,将膜绷紧铺平后四周嵌入泥土中,以利保温、保湿。

④定植　于3月上旬定植,苗龄35～40天,每畦栽2行,株距33厘米,每667米^{2}栽2 500株左右。定植要选在晴天进行,用打洞器或移栽刀开挖定植穴,脱去钵体起苗,将苗放入定植穴内,用土壅根,密封地膜定植口,浇定根水。同时搭好小拱棚、盖薄膜,夜间覆盖保暖物。定植最好在下午3时前结束,以利缓苗。

⑤田间管理　定植后3天内不通风，白天保持棚温25℃～28℃，夜间不低于15℃。缓苗后，白天不超过25℃、夜间维持在10℃～12℃，超过30℃应立刻通风降温。进入采收期后，白天温度以25℃最为适宜。施肥应掌握先轻后重的原则。定植后7～10天施提苗肥，每667米^{2}追尿素2.5千克左右；抽蔓至开花，每667米^{2}追氮磷钾复合肥5千克；采收后视生长和采收情况追肥2～3次，每次每667米^{2}施氮磷钾复合肥5千克，逐步增加到15千克。黄瓜前期需水量小，进入开花结果期后需水量大增，应采用滴灌、浇灌等方式及时补充水分。黄瓜抽蔓后及时搭架、绑蔓，第一次绑蔓在植株高30厘米左右，以后每3～4节绑1次蔓，下午进行，避免发生断蔓。及早摘除第十节以下的全部侧枝，主蔓满架后及时打顶。病害主要有霜霉病、疫病、白粉病、病毒病等，可选用噁酮·霜脲氰、霜脲·锰锌、霜霉威、宁南霉素等药剂适时防治。害虫主要有蚜虫、瓜绢螟、美洲斑潜蝇等，可选用吡虫啉、苏云金杆菌、灭蝇胺等高效、低毒、低残留农药防治。

⑥采收　前期要适当早采收，根瓜应及早采收，以免影响蔓叶和后续瓜的生长。结果初期每隔3～4天采收1次，盛果期1～2天采收1次，勤于采收有利于延长结果期和提高产量。后期瓜根据市场需求可适当留大、留老。

(2)套生菜

①品种选择　应选择耐寒性好的品种，如萨林娜斯结球生菜、3801生菜等。

②播种育苗　播种育苗需在大棚内进行，苗床床土要细碎，畦面平整，为疏松床土、增加养分，可加入适量精制有机肥。播前1天浇足底水，均匀撒播后覆盖1层盖籽土，喷水，苗床上搭小环棚覆盖保温，苗床温度控制在15℃～25℃，同时注意通风透光，控制苗床湿度。

③定植　当秧苗有4～5片叶时就可定植。定植前1周适当

降温炼苗。苗床浇足底水起苗。生菜苗需定植在黄瓜畦两边，定植后浇搭根水。

④田间管理　以黄瓜管理为主。主要防治蚜虫和霜霉病、灰霉病等。

⑤采收　定植1个月后陆续采收。采时用刀从根基部截断，装入塑料箱中上市。

(3)青　菜

①品种选择　可选择耐热性好、生长快、商品性好的青菜品种，如华王青菜、东洋青1号、锦夏18等。

②整地施肥　黄瓜出地后，每667米^{2}施氮磷钾复合肥50千克作基肥，翻耕土地，耙细整平，筑宽2米(连沟)的高畦，每标准棚筑3畦。

③播种　青菜采用防虫网大棚覆盖栽培，四周用土块压紧，网上用压网线压牢。播种前用辛硫磷处理土壤，可有效防治黄条跳甲。播种前1天，土地要浇透水。撒播，每667米^{2}用种量0.8～1千克。播种后浅耙畦面，畦面覆盖遮阳网，出苗之前要保持畦面湿润，出苗后揭去遮阳网。

④田间管理　根据天气情况，一般2～3天浇1次水。浇水宜在上午8时以前或下午5时以后进行，防止烂菜。追肥以氮肥为主，每次每667米^{2}施用尿素7千克，溶于水后泼施，一般施1～2次，如出现缺肥现象时可用叶面肥喷施。青菜生长期间，进出大棚需随手关好防虫网门帘，防止害虫迁入为害。只要操作得当，一般不会受到害虫的威胁。

⑤采收　采收时可选挑鸡毛菜(青菜秧)上市，后以小棵菜上市。

(4)茼　蒿

①品种选择　可选择本地大叶茼蒿、华赣809茼蒿等。

②整地施肥　青菜采收完毕后，清理田园，每667米^{2}施氮磷钾

复合肥 50 千克作基肥，耕翻后筑畦，标准大棚筑 2 畦，整平耙细。

③播种　高温季节，茼蒿播种前要浸种催芽，将种子放入清水中浸 10～12 小时，捞出滤干水分，摊放在阴凉处催芽，每隔 3～4 小时喷凉水 1 次，3 天后种子萌芽即可播种，每 667 米^2 用种量 4 千克左右。播后畦面覆盖遮阳网。

④田间管理　出苗后，天气干旱应每天早或晚天气凉爽时浇水。生长期间追肥 2～3 次，每次每 667 米^2 追施氮磷钾复合肥 7 千克左右，溶于水后浇施。生长期间害虫主要是蚜虫，可选用吡虫啉等药剂防治；病害主要是霜霉病，除加强通风、降低湿度外，可选用霜脲·锰锌等药剂防治。

⑤采收　播种后 30 天左右开始挑稀采收，至 11 月上旬采收结束。

(5)菠菜、香菜混种

①品种选择　菠菜可选用耐寒、优质的上海圆叶菠菜、宁夏菠菜等；香菜可选择耐寒性好、香味浓的小叶香菜、严选 306 香菜等。

②整地施肥　茼蒿收获后，每 667 米^2 施腐熟有机肥 1 500 千克、氮磷钾复合肥 40 千克作基肥，耕翻后筑畦，标准大棚筑 3 畦，平整畦面。

③播种　采用撒播方式。香菜种子需轻搓处理，去除外果皮。混播须严格控制种子用量，一般每 667 米^2 菠菜籽用量 8.5 千克左右，香菜籽用量 2 千克左右。播后轻搂一遍，并在畦面均匀喷洒除草剂。

④田间管理　根据天气情况及时盖好大棚膜，出苗后注意通风，后期加强保温。适时补水，结合浇水追施速效氮肥 1～2 次，每次每 667 米^2 施尿素 5～10 千克。也可采用天缘、赐保康等叶面肥喷施。生长期间注意防治蚜虫和霜霉病。

⑤采收　采用间拔采收，菠菜应挑大早采，香菜稍晚采收。

（二）大棚春黄瓜间套夏豇豆、秋黄瓜—冬菠菜一年四作四收栽培技术

据浙江省瑞安市农业局蒋义彩报道，在瑞安市农科所农业高新技术示范园区大棚内，进行了不同种植模式的试验，摸索出大棚春黄瓜间套夏豇豆、秋黄瓜—冬菠菜一年四作四收栽培模式在瑞安市飞云镇进行推广。每667米^{2}春黄瓜平均产量4 500千克，产值4 000元；夏豇豆产量1 400千克，产值1 200元；秋黄瓜产量3 000千克，产值4 500元；冬菠菜产量1 500千克，产值1 500元。总产值超万元，纯收益达6 000余元。

1. 茬口安排　春黄瓜于1月上旬播种育苗，2月下旬定植，4月中旬开始上市，采收期30天左右，采用大棚三膜覆盖栽培。夏豇豆于5月上中旬套种于黄瓜根旁，7月初开始采收嫩荚，与春黄瓜共生期约10天。秋黄瓜于8月上旬直播在夏豇豆根旁，10月上中旬上市。秋黄瓜收获完后及时整地施肥，直播冬菠菜于春节前后上市。

2. 品种选择　春黄瓜选用津春4号、津优30、温超1号、中农5号等耐低温、耐弱光、生长势强的早熟品种，夏豇豆选用早熟、抗病、耐高温的之豇28-2、头王特长、丰收3号等，秋黄瓜选用津春5号、津骄7号、津优1号等，菠菜用全能菠菜。

3. 栽培要点

（1）春黄瓜

①育苗及苗期管理　春黄瓜在1月上旬播种，苗龄40～50天。在大棚中心处设置苗床，宽度1.5米。营养土用水稻田土和腐熟厩肥按6∶4的比例配制，混掺均匀过筛后装入直径8厘米、高8厘米营养钵，装好后紧密排列于苗床内。播种前1天浇足底水后覆膜保温。选择饱满的黄瓜种子用55℃温水浸种，不断搅拌降至30℃时，继续浸泡3～4小时，捞出沥干水分后用干净的湿毛

巾包好，置于28℃环境中催芽，当80%以上种子开始露白时，逐粒播入营养钵，播后盖上地膜，搭好小拱棚，加强保温管理。出苗后白天温度保持25℃，夜间15℃～20℃。秧苗3叶1心时炼苗1周，并喷1次75%代森锌500倍液防病，随后定植。

②整地施肥与定植　每667米^{2}施腐熟农家肥2 000～3 000千克或商品生物有机肥100～150千克、过磷酸钙30千克、氮磷钾复合肥50千克作基肥。整地时将基肥开沟深入土中30厘米。畦面宽1.6米(连沟)，8米宽大棚筑5畦，每畦定植2行，株距30～35厘米。定植后浇足定根水，盖上地膜，盖好小拱棚。

③田间管理　一是缓苗管理。定植后闷棚，白天温度保持30℃，夜间温度保持15℃，缓苗时可适当通风降温，但大棚与小拱棚应交替通风。二是绑蔓。4月上中旬撤掉小拱棚，搭好竹篱架，绑蔓上架，一般每隔30厘米左右绑蔓1次。三是追施肥水。根瓜坐住后及时追施1～2次肥，如用滴灌追施0.8%复合肥溶液。四是结瓜期温、湿度管理。白天温度保持25℃～30℃，夜间温度保持15℃～18℃，空气相对湿度控制在80%以下，晴天通风时间应安排在上午10时至下午3时，如果温度太低，要减少通风量和次数，避免冷风对植株的伤害以及长期5℃以下的冻害。五是肥水管理。结瓜期保持土壤湿润，浇水掌握少浇勤浇的原则。一般每5～7天浇水1次，结合浇水进行追肥，薄肥勤施，每采收1次追1次肥，每次每667米^{2}施氮磷钾复合肥8～10千克。为防止后期脱肥，也可叶面喷施0.5%尿素和0.3%磷酸二氢钾溶液。六是合理调整植株。及时绑蔓，摘除卷须、老叶、残病叶。当主蔓长到架顶、具25～26片叶时打顶，以利于结回头瓜。七是收获。谢花后10～15天即可采收。根瓜须及时采收，以免影响蔓叶及后续瓜生长。

④病虫害防治　一是物理防治，即设置黄板诱杀粉虱、蚜虫、美洲斑潜蝇成虫等；二是化学生物防治，黄瓜霜霉病可用72%霜

脲·锰锌 600 倍液喷雾防治，蚜虫、白粉虱等可用 20%吡虫啉制剂 3 000 倍液防治。

(2)夏豇豆

①适时播种　5 月上旬春黄瓜收获后期，距黄瓜根茎旁 15 厘米处开穴直播，每穴播 3～4 粒，留苗 2 株。豇豆和黄瓜共生期约 10 天。

②田间管理　黄瓜拉秧后，保留竹篱架，结合浇水每 667 米^2 施复合肥 20 千克，豇豆苗具有 5～6 片真叶时及时引蔓上架。由于夏季多雨，肥料易流失，因此结荚期应采取少量多次的施肥方法，有条件的最好采用滴灌施肥。第一次采收高峰后，常有发育减退、停止开花歇伏现象，应结合浇水每 667 米^2 及时追施氮磷钾复合肥 15 千克，促使尽快形成第二次结荚高峰。

③病虫害防治　主要病害有叶斑病、锈病，可于发病初期用 70%代森猛锌可湿性粉剂 1 000 倍夜喷雾防治，每隔 7 天喷 1 次，连续 2 次。害虫有豆荚螟、蚜虫等，可用市场上常见的高效、低毒农药防治。

④收获　由于夏季温度高，豆荚老化快，因此要及时采收，不能迟摘漏摘。

(3)秋黄瓜

①间作套播　豇豆拉秧前 7 天左右，在离豇豆根部 10 厘米处挖穴，穴深 2～3 厘米，每穴播 2 粒黄瓜种子。清除豆秧后，在黄瓜行间小垄上开沟，补施基肥，每 667 米^2 施商品生物有机肥 100 千克、复合肥 30 千克、过磷酸钙 30 千克后，浇 1 遍大水。

②田间管理　一是幼苗期管理。幼苗出土后用 40%辛硫磷 300 倍液喷洒地面(不要直接喷到幼苗)，防治地老虎等地下害虫。为增加雌花量，可在幼苗 2 叶 1 心期用 40%乙烯利 100 倍液喷洒幼苗 1 次。3 叶 1 心期定苗，每穴留 1 株。二是植株调整。幼苗具 6 片叶时要及时引蔓上架，并随时摘卷须、去老叶，使黄瓜叶和

茎蔓分布合理，以利于通风，减少营养物质消耗。三是肥水管理。干旱时才浇水，5～6 片叶时可浇 1 次大水。根瓜坐稳后加强肥水管理，结合浇水每 667 米^2 追施复合肥 10 千克。进入盛果期后，每采收 2 次浇 1 次肥水。浇水宜在早晨或傍晚进行。四是病虫害防治。主要病害有霜霉病、角斑病等，可用霜脲·锰锌、甲霜·锰锌等专用药剂交替喷雾防治。另外，要及时防治蚜虫和潜叶蝇。

③采收　秋黄瓜须及时采收，采收应在早晨进行。

(4)冬菠菜

①整地施肥　11 月中旬黄瓜收完后，及时拉秧撤架。整地前施足基肥，每 667 米^2 施腐熟农家肥 3 000～4 000 千克。深翻筑平畦，8 米宽大棚筑 4 畦。整地后覆盖大棚膜增温。

②播种　在冬季低温条件下，种子可用温水浸泡 10～12 小时或冷水浸泡 20～24 小时。播前浇足底水，均匀撒播种子，再覆盖 1 层疏松营养土。

③田间管理　一是播后注意保温保湿。要覆盖地膜，保持白天温度 15℃～20℃，夜间不低于 10℃，待出苗后去掉地膜，换成小拱棚。二是除草间苗。及时拔除田间杂草，在幼苗具有 3 片真叶时间苗，最后苗距以 10 厘米见方为宜。如果作火锅菜用，以幼小植株上市，可增加密度，大约以 5 厘米见方为宜。三是肥水管理。前期需肥量不大，只需保持土壤湿润即可，生长中后期要提高追肥量和次数，以追施尿素为主。四是病虫害防治。大棚菠菜主要的病虫害有霜霉病、炭疽病、疫霉病以及蚜虫，应注意预防，一旦发现应及时采取措施防治。

④采收　冬菠菜一般长到 6～8 片叶时，即可根据当地的市场行情陆续采收上市。

(三)早春黄瓜套种夏豇豆—秋延后番茄栽培技术

据湖北省黄冈市蔬菜办公室赵国华、熊玉峰报道,在黄冈地区3年的试验、示范与推广,早春黄瓜套种夏豇豆—秋延后番茄高效栽培模式,每667米^{2}年收入达1万元以上,值得推广。

1. 茬口安排 早春黄瓜12月至翌年1月上旬播种,2月上中旬定植,5月中旬采收完毕。夏豇豆在早春黄瓜罢园前7天于5月上旬大田直播,8月上旬采收完毕。秋延后番茄7月中旬播种,8月中旬定植,翌年1月底采收完毕。

2. 栽培技术

(1)早春黄瓜

①播种育苗 选用津优1号、津春4号等品种。大棚内营养钵育苗,每667米^{2}大田用种量50～100克。播前用55℃温水浸种15分钟,不断搅拌,待水温降低后再继续浸泡8～12小时,捞出沥干,然后置于25℃～30℃的恒温条件下催芽12小时,待芽出齐后播入营养钵中。苗期注意多见光,保持良好的土壤湿度,做好防寒保温工作。定植前7～10天开始炼苗,苗龄35～40天、3叶1心时带土定植。

②整地做畦施基肥 前茬收获后,及时翻耕20～25厘米深,每667米^{2}施腐熟猪粪2 000～3 000千克或腐熟人粪尿1 000～1 500千克,加腐熟饼肥100～125千克、过磷酸钙20～30千克,然后做成畦高20厘米、畦宽80厘米、沟宽40厘米的深沟高畦,再铺地膜待栽。

③定植 采用大棚保温栽培,定植前5～7天晒地增温。每畦栽2行,行距50厘米,株距27厘米,每667米^{2}栽4 000～4 200株。

④管理 定植后闭棚7天,促进幼苗迅速成活缓苗,其后视天气变化适时通风换气、见光。白天温度控制在20℃～25℃,夜间15℃～18℃。若遇寒潮要多层覆盖保温,气温回升后可适当掀开

裙膜通风。当气温稳定在25℃左右时,可完全揭棚管理。

追肥采用薄肥勤施的原则。定植后施提苗肥1～2次,每次每667米^{2}施腐熟稀人粪尿500～700千克,促进根系生长,插架引蔓前每667米^{2}穴施腐熟人粪尿1000千克,开花结果期每采收2～3批果,每667米^{2}施尿素5～10千克或进口复合肥10～15千克,还可结合防病喷0.3%磷酸二氢钾3～4次。

植株吐须时,及时搭架,并根据植株长势随时绑蔓。春季雨水多,应注意清沟排渍,减轻水涝影响,降低发病率。若遇干旱,则要结合追肥及时浇水或灌跑马水,防止土壤干旱影响根系发育。

⑤病虫害防治　危害黄瓜的病害主要有枯萎病、疫病、霜霉病、炭疽病、细菌性角斑病等。在防治措施上以农业防治为主,采用高畦地膜覆盖栽培,及时清沟排渍,增施磷、钾肥等措施减轻病害发生。在发病初期及时用药剂防治,枯萎病、疫病用500～600倍液的甲霜灵、甲基硫菌灵、噁霜·锰锌或1000倍液的敌磺钠灌根或喷雾;霜霉病、炭疽病用500倍液的噁霜·锰锌、甲霜灵、代森锰锌或1：0.5：240波尔多液喷雾防治;细菌性角斑病除使用上述药剂外,还可用800万～1000万单位农用链霉素100～200毫克/升液喷雾防治。

危害黄瓜的害虫主要有蚜虫和黄守瓜,可分别用40%乐果乳油1000倍液和50%敌敌畏乳油800～1000倍液防治。

(2)夏豇豆

①播种　选用夏宝2号、白沙7号等品种,在黄瓜罢园前7天左右大田直播,按黄瓜株行距播种,每穴播3粒,播后覆土浇水。每667米^{2}用种量3千克。

②追肥与灌溉　因没有施基肥,故应加大第一次追肥量,出苗后5～7天每667米^{2}穴施发酵饼肥100千克、进口复合肥50千克。第二次追肥在抽蔓期上架前穴施1次速效肥。上架以后由于根部施肥比较困难,一般采用0.2%磷酸二氢钾加0.1%尿素叶面

喷施 2～3 次，以减少落花落果。水分管理采取少量多次的办法，同时防止因暴雨引起的涝渍。

③病虫害防治 病害主要有细菌性疫病、炭疽病、锈病。在发病初期及时用药防治。细菌性疫病、炭疽病可用 64%噁霜·锰锌 500 倍液，或 25%甲霜灵 500 倍液，或 77%氢氧化铜 500 倍液喷雾防治。锈病用 25%三唑铜 1 000 倍液防治。

害虫主要有灯蛾、豆野螟、红蜘蛛。灯蛾、豆野螟可用 2.5%溴氰菊酯或 2.5%高效氯氟氰菊酯 2 000 倍液喷雾防治。红蜘蛛可用 73%炔螨特 2 000 倍液防治。

(3)秋延后番茄

①播种育苗 选用美国红王、拖拉机番茄大王等品种。播种前选晴天将种子翻晒 2～3 天，浸种催芽后播种，每营养钵播种 2～3 粒，播后覆土，在营养钵上加盖遮阳网以降温保湿，2～3 天即可出苗。在出苗时必须迅速揭去覆盖物，以后用冷凉纱搭荫棚，防高温和暴雨，晴天上午 10 时左右盖，下午 4 时左右揭。出苗 3～5 天后间苗，同时浇 4%～5%复合肥水，一般在傍晚时进行。苗期注意防治蚜虫和斜纹夜蛾。苗龄 30 天左右。

②整地做畦施基肥 深耕细作，结合整地每 667 米^2 施饼肥 150 千克、复合肥 30 千克，然后做成畦高 20 厘米、畦宽 80 厘米、沟宽 40 厘米的深沟高畦。

③定植 一般下午 4 时以后定植，行距 50 厘米，株距 25 厘米，每 667 米^2 栽 4 500 株。

④田间管理 定植时浇 3%复合肥水或腐熟清粪水定根。定植 10 天后，结合中耕追施 3%复合肥水，整个生长期按植株的生长势，追肥 4～5 次，早期注意控氮，到第一穗果有核桃大时，每 667 米^2 施尿素 10 千克，第三穗果坐稳后再施 10 千克。当表土发白时及时浇水，一般在下午 4 时后进行，同时注意防止渍害。

秋番茄中耕次数不宜过多，一般结合除草进行。宜浅耕，尽量不伤根系，结合中耕培土，以防倒伏。杂草要及时清除。

整枝一般采取单秆或一秆半整枝，当侧枝长到5厘米长时进行，以后见杈就打，同时打掉下部的病叶，以利通风降湿、透光，减轻病害。

秋番茄在开花期间上午用20～30毫克/升防落素点花或喷花，增加坐果率，使用浓度随气温降低而逐渐加大。

定植后即可覆顶膜。9月中下旬以后，根据天气变化，适时覆裙膜。

⑤病虫害防治　秋番茄整个生长期间以早疫病、叶霉病、褐斑病、病毒病为主，应采取综合防治措施，平时注意及时清沟排渍，坚持雨前防、雨后治的原则，控制发病中心，及时摘除病叶。早疫病、叶霉病、褐斑病可用80%代森锰锌800倍液，或64%噁霜·锰锌500倍液交替使用进行防治，视病害轻重间隔7～10天喷1次。从苗期起注意防治病毒病，可用1.5%烷醇·硫酸铜(植病灵)800～1 200倍液，或20%盐酸吗啉胍·铜500～700倍液防治。对于初期病毒病可用5%高锰酸钾液喷雾，严重植株应予拔掉，以免传染。

害虫主要有蚜虫和烟青虫，尽量做到早治。蚜虫用40%乐果1 000倍液防治，烟青虫用20%氰戊菊酯2 000倍液，或10%甲氰菊酯2 000倍液防治。

⑥采收　当果皮开始发白时，用40%乙烯利2 000毫克/升涂抹果实催熟，果刚转红就采收，以利于运输。在重霜来临前，将发白果采回室内用40%乙烯利2 000毫克/升进行处理后，覆盖薄膜让其后熟，可延续到元旦至春节上市。

(四)春黄瓜套种丝瓜—秋芹菜栽培技术

据江苏省灌南县农业局蔬菜办公室贾金川、卢成苗、范育明报道，春黄瓜套种丝瓜、秋芹菜栽培模式的技术要点如下。

1. 茬口安排　春黄瓜套种丝瓜、秋芹菜栽培模式茬口安排及预期效果见表2-6。

表2-6　春黄瓜套种丝瓜、秋芹菜栽培模式茬口安排及预期效益

茬　口	播种期	定植期	采收期（始收至终收）	预期效益（元/667米^2）
春黄瓜	1月下旬	3月中旬	4月中旬至7月上旬	6000
丝　瓜	1月下旬	3月中旬	5月下旬至8月上旬	2000
秋芹菜	9月上旬	11月中旬	翌年1～2月份	3000

2. 栽培要点

（1）春黄瓜　选用津优10号、津优20等早熟、抗病、耐低温品种。1月上旬播种，采用大棚加小棚加草帘育苗，培育壮苗。定植前施足基肥。幼苗有3～5片真叶时移栽，株行距30厘米×50厘米，每667米^{2}定植3000～3500株。栽后覆地膜。定植1周后开始绑蔓，温度控制白天不高于30℃，夜间不低于15℃。进入开花结果期需水量大，应及时补充水分。及时摘除第十节以下的全部侧枝，主蔓满架后及时打顶。病害主要以疫病和病毒病为主，可用嗯霜·锰锌和盐酸吗啉胍·铜防治。根瓜应及早采收，以免影响蔓叶和后续瓜的生长。盛果期1～2天采收1次，每采收2～3次后追肥1次。

（2）丝瓜　选用江蔬1号杂交品种等。播种育苗同黄瓜。3月下旬将丝瓜定植在大棚的脚下，每棚种2行，株距1.5米左右。当蔓长50厘米时开始引蔓，及时补充肥水。病害主要以霜霉病和病毒病为主，可用盐酸吗啉胍·铜和霜脲·锰锌防治。雌花开放后10天即可采收，每隔1～2天采收1次。

（3）秋芹菜　选择美国西芹或玻璃脆实芹品种等。播种前低温催芽，发芽后播种，每667米^{2}用种量150克。出苗后及时搭建小拱棚遮阳。定植前耕翻晒白，并施足基肥。秧苗地充分浇水，按秧苗大小分级定植。定植缓苗后追肥 1 次，以后每隔 7～10 天追肥 1 次，以氮肥为主，每次每 667 米^2 施 5～8 千克。越冬阶段如遇寒流可覆盖无纺布，以减轻冻害。病害主要有斑枯病和软腐病等，可用代森锰锌或农用链霉素等防治；害虫主要有蚜虫等，可用吡虫啉等防治。适时分批采收，采后去根和外层老叶并去叶鞘。

（五）大棚苦瓜套种毛豆、秋莴苣栽培技术

湖北省武汉市江夏区农业局冯国民、鲁明诚和江夏区纸坊农业服务中心张良兴等报道，通过不断实践，摸索出大棚苦瓜套种毛豆、秋莴苣栽培模式，不仅毛豆上市早、大棚利用率高，而且产量、经济效益显著。

1. 茬口安排及经济效益 毛豆 2 月上旬播种，5 月上中旬上市；苦瓜 2 月中下旬至 3 月初播种，5 月上中旬开始采收，10 月上旬拉蔓；秋莴苣 8 月中下旬播种，10 月上中旬移栽，11 月中下旬即可上市。按每 667 米^2 计：春毛豆平均产量 450 千克，产值 2 700 元；苦瓜平均产量 5 000 千克，产值 8 000 元；莴苣平均产量 3 500 千克，产值 4 500 元。全年平均产值可达 1.5 万元以上，扣除生产资料成本，全年平均纯收入 1.2 万元以上。

2. 栽培技术

（1）毛　豆

①品种选择　选择早熟、丰产性好、抗寒性强、适应性广、品质优良的 K 新早、景丰 2 号、辽鲜 1 号等品种。

②整地、除草与施肥　在播前 7～10 天，每 667 米^2 施 45%氮磷钾复合肥 50 千克、腐熟有机肥 2 500 千克，深翻整地做畦，畦宽 1 米，沟宽 0.2 米，整好后每 667 米^2 用 48%氟乐灵除草剂 120 毫升，对水 30 升喷洒地面，浅耙土层，然后覆盖地膜，以提高地温。

③播种与定苗　当棚内 5 厘米深处的地温达到 10℃以上时，选冷尾暖头抢时播种。一般株距 15～20 厘米、行距 25 厘米，每

667米²保苗2万株左右。每667米²播种5～6千克,每穴3～4粒。播后盖2～3厘米厚细土,然后在畦面上盖层地膜,并将棚四周压紧,增温保湿,促进出苗。

④田间管理　幼苗子叶顶土后,用手帮其破膜,当棚内温度高于25℃时,注意通风换气。开花期保持棚内白天温度25℃～29℃,夜间16℃～22℃,空气相对湿度75%左右。初花期应及时追施腐熟人畜尿或速效氮肥2～3次。在结荚鼓粒期喷施磷酸二氢钾叶面肥,促使籽粒膨大,提高单粒质量。

⑤病虫害防治　毛豆的主要病害有大豆锈病、褐斑病、菌核病等,可在发病初期用75%百菌清可湿性粉剂1 000倍液加70%代森锰锌可湿性粉剂1 000倍液防治,菌核病严重的可拔掉病株集中焚毁,病穴用生石灰掩埋。毛豆的主要害虫有豆荚螟、黄曲条跳甲等,可选用氟啶脲、氰戊菊酯、毒死蜱等药剂防治。

⑥采收　为提早上市,毛豆进入鼓粒期后就可陆续采收。但也不能一味贪早,否则豆粒瘪小、商品性差、产量低,反而降低了经济效益。可分2～3次采收,这样可以提高产量,增加效益。采收后应放在阴凉处,以保持新鲜。

(2)苦　瓜

①品种选择　选绿秀等适合大棚种植的苦瓜良种。

②培育壮苗　苦瓜种壳硬,需用55℃温水浸泡并不断搅拌10分钟后,置室温浸泡24小时,洗净包好,在30℃～35℃温度条件下催芽7～10天,待胚芽露白后即可播于营养钵中育苗。

③定植　幼苗4～5片叶时在畦两侧进行定植,株距60～80厘米,每667米²定植800～1 100株。缓苗期用10%腐熟稀粪水喷施即可。

④田间管理　由于苦瓜植株分枝力强,从下部选2～3条粗蔓绑蔓上架,其余的侧蔓全部打掉。由于苦瓜早熟栽培气温低,空气流动少,可采用人工辅助授粉,用20～40毫克/升2,4-滴涂抹

花梗。

⑤病虫害防治　苦瓜后期易发生叶霉病、白粉病，一般采用50%甲基硫菌灵可湿性粉剂1 000倍液，或10%三唑酮1 500倍液喷雾防治；疫病、炭疽病可选用甲霜铜、霜霉威、霜脲·锰锌等农药防治。注意防治红蜘蛛、黄守瓜、瓜实蝇等害虫。

⑥适时采收　定植后40～50天，花后12～15天就要及时采收商品瓜。进入收瓜期，在无雨情况下，每隔7～10天通过浇水施尿素及喷叶面肥，在盛果期追施2～3次磷肥，每次每667米^{2}施过磷酸钙10～15千克。在保证充足肥水供应的条件下，采摘期可延长至10月份。

(3)秋莴苣

①品种选择　选择适合本地生长的耐寒、抗逆性强、品质佳、产量高的大株型品种，一般选用“种都”系列。

②育苗　播种期处于高温时期，最好采取催芽措施，60%以上种子露白即可播种，播后覆盖遮阳网，有利于出苗及生长。每667米^{2}播种量为1千克左右。

③定植　定植前深翻整地，每667米^{2}施腐熟猪粪2 000千克或45%复合肥30千克左右。待苗龄30～35天、4～5片真叶时，选用生长健壮、根系好、子叶完整的壮苗定植，株行距25厘米×35厘米，每667米^{2}栽4 500株左右。

④田间管理　定植活棵后施1次肥，莲座期和基部膨大期各追施尿素1次，每次每667米^{2}用尿素10千克左右。

⑤病虫害防治　主要有霜霉病、菌核病和蚜虫。采取清沟排渍、降低土壤湿度、摘除老叶及病叶等措施预防。菌核病发病初期可用40%菌核净1 000倍液，或50%甲基硫菌灵500倍液喷雾防治，后期将病株带到田外销毁，病穴用生石灰处理。霜霉病可用72%霜脲·锰锌500倍液，或64%噁霜·锰锌500倍液，或72%霜霉威800倍液喷雾防治，每隔7天喷1次，连续2～3次。蚜虫

可用10%吡虫啉等农药喷雾防治。

⑥及时采收　当莴苣主茎顶端与植株最高叶片的叶尖相平时（即心叶与外叶平）为最佳采收期。

（六）连栋大棚苦瓜、番茄、娃娃菜间套种—秋黄瓜—冬芹菜周年栽培技术

浙江省金华市蔬菜技术推广站王惠娟、金东区特产站尹志萱、金东区含香精品园徐福军等报道，在含香精品园蔬菜基地连栋大棚内开展了蔬菜间套栽培及周年生产模式试验研究，其中连栋大棚苦瓜、番茄、娃娃菜间套—秋黄瓜—冬芹菜周年生产模式，每667 米^2 苦瓜产量 5 200 千克，产值 12 500 元；娃娃菜（小棵大白菜）产量 1 100 千克，产值 1 100 元；番茄产量 3 200 千克，产值 4 500 元；秋黄瓜产量 4 000 千克，产值 5 000 元；冬芹菜 3 500 千克，产值 6 000 元。每 667 米^2 总产值达 29 100 元。其主要栽培技术如下。

1. 茬口安排　苦瓜、番茄、娃娃菜间套种见图 2-1。

*	#	+	+	*	#	+	+
*	#	+	+	*	#	+	+
*	#	+	+	*	#	+	+
*	#	+	+	*	#	+	+
*	#	+	+	*	#	+	+
*	#	+	+	*	#	+	+
*	#	+	+	*	#	+	+
*	#	+	+	*	#	+	+
*	#	+	+	*	#	+	+
*	#	+	+	*	#	+	+

图 2-1　苦瓜、番茄、娃娃菜间套种示意

* 苦瓜　# 娃娃菜　+ 番茄

（1）苦瓜　每 667 米^2 植 450 株，株距 50 厘米。1 月 1 日播

种，采用电热线加温育苗，3 月 7 日定植，5 月 1 日开始采收上市，8 月 20 日采收结束。

(2)娃娃菜(小棵大白菜) 每 667 米^2 植 900 株，株距 25 厘米。2 月 13 日播种，营养钵育苗，3 月 16 日定植，5 月 6 日采收上市，5 月 20 日采收结束。

(3)番茄 每 667 米^2 植 1 400 株，株距 33 厘米。11 月 20 日播种，营养钵育苗，2 月 13 日定植，5 月 14 日开始采收，6 月 10 日采收结束。

(4)秋黄瓜 8 月 20 日播种，穴盘育苗，苗龄 5～7 天定植，10 月上旬始收，10 月下旬采收完毕。

(5)冬芹菜 在黄瓜采收后，9 月上旬播种，苗龄 55～60 天，11 月上旬定植，翌年 1 月中旬采收上市，2 月上旬采收完毕。

2. 栽培技术

(1)苦瓜栽培技术

①品种选择 宜选抗病、丰产、商品性佳、适应市场需求的苦瓜品种，如高优 1 号、碧绿等。

②种子处理 即浸种和催芽。

浸种：浸种方法有常温浸种、温汤浸种和药物浸种。常温浸种：把种子放入常温水清洗干净，再换水浸种 10～12 小时。温汤浸种：把种子放入 50℃～55℃温水中，不断搅拌保持水温浸泡种子 10～15 分钟取出洗净，再放入常温水中浸 3～5 小时，以杀死种皮表面的病菌。药物浸种：先用清水浸种 1～2 小时，再放入 50%多菌灵 800 倍水溶液中浸泡 10 分钟，捞出洗净，然后放入常温水中浸种 8～10 小时。主要防治苦瓜枯萎病和炭疽病。

催芽：种子消毒浸种后，捞出用清水洗净，用干净纱布或毛巾包裹好，置于 25℃～30℃温度下催芽。在种子尚未发芽前，必须注意每天用 30℃～40℃清水擦洗种子，除去种子表面黏液，以防种子发霉腐烂，并可促进种子早发芽。

③播种育苗　采用大棚电热线加温育苗。营养土选用无病虫源的肥沃田土过筛后与腐熟农家肥、谷壳灰按体积比 7∶3 混合而成，可加入 0.2%～0.3%氮磷钾复合肥充分混合均匀。要求营养土 pH 值为 6～7，且应达到疏松、保肥、保水、营养完全的要求。把配制好的营养土装入营养钵内，装入量达营养钵容积的 2/3 即可。整理好苗床，铺上电热线，覆上 1 层薄土。把发芽的种子平放入营养钵中，覆一层薄土，轻松压实。把播好种的营养钵移至铺好电热线的苗床上，盖上干草或遮阳网，浇透底水，盖上小拱棚。

④苗期管理　温度：苗期温度通过电热线调节，白天 20℃～30℃，夜间 15℃～20℃。光照：利用自然光照进行光合作用，出苗后白天可掀起遮阳网、小棚薄膜，增加光照。水分：苗期水分保持土壤湿润即可。施肥：苗期施肥次数不宜过多，浓度不宜过高，一般施薄肥 1～2 次，用 0.5%氮磷钾复合肥水浇施。病虫害防治：苗期用 75%百菌清或 80%代森锰锌 600 倍液喷 2～3 次，防治猝倒病、炭疽病和疫病；用 10%吡虫啉 3 000 倍液防治蚜虫。

⑤定植　定植前 15 天施基肥整地，每 667 米^2 施腐熟牛粪 5 000 千克、尿素 15 千克、氯化钾 15 千克、钙镁磷肥 100 千克、硼砂 2 千克，结合耕地，撒施深翻。整地后筑畦，畦宽（连沟）140～160 厘米，天气晴朗的上午 9 时至下午 3 时前定植，浇足定根水。采用单行定植，株距 50 厘米，每 667 米^2 植 450 株。

⑥田间管理　一是肥水管理。重施基肥，前期根部不追肥，抽蔓后以叶面追肥为主，如叶面喷细胞分裂素等，结瓜期由于需肥量大，采收 2～3 批果后，采取根基部挖孔盖土深埋追肥法，每 667 米^2 施尿素 20 千克、氯化钾 15 千克、磷肥 50 千克。苦瓜结果期需供给充足水分，但又忌湿度过大引起病害，故以浇水最好，沟灌以浅水为宜，并随灌随排，雨天注意及时排除渍水。二是搭架及植株调整。当幼苗长到 20 厘米左右高时，需进行搭架引蔓，采用单排每株插 1 根竹竿，上部用拉绳固定，离地高 2.2 米处架设水平网，

网孔 35 厘米。采用三蔓整枝，其余侧枝全部剪除，引蔓上竿。第一批瓜坐住后，留主枝，侧枝剪除，主枝引上水平网架。三是病虫害防治。主要病虫害有夜蛾、瓜螟、白粉病、根结线虫病。夜蛾、瓜螟可用虫螨腈、氟虫腈等防治，白粉病可用 10%苯醚甲环唑、石硫合剂防治，根结线虫病可用 48%毒死蜱乳油 800～1 200 倍液灌根防治。

⑦适时采收　苦瓜谢花后 12～15 天、瘤状突起饱满、果皮光滑、顶端发亮时为商品果采收适期，应及时采收。采收时应小心轻放，避免擦伤瓜皮影响商品外观和耐贮性。

(2)娃娃菜栽培技术　娃娃菜是一种袖珍型小株白菜，菜帮薄、甜、嫩，味道鲜美，又因其小巧可食率高，深受市场的欢迎。

①品种选择　选用整齐度好、品质优良、抗病性强的品种，如高丽贝贝、高丽金娃娃、玲珑等。

②播种育苗　采用营养钵育苗。选用无病虫源的肥沃田土，过筛后与适量的腐熟农家肥、氮磷钾复合肥混合均匀，装入营养钵内，种子经消毒处理后，直接播在营养钵中，每钵点播 1～2 粒，加强温度和肥水管理。

③移栽定植　当苗长至 3 叶 1 心，苗龄约 1 个月，即可移栽定植。娃娃菜与苦瓜同畦，单行种植，株距 25 厘米，每 667 米^2 植 900 株。

④植株管理　娃娃菜的管理较为简单，保持土壤湿润，但不要积水，在植株迅速膨大期(结球期)每 667 米^2 追施尿素 10 千克。娃娃菜生育期短，抗性较强，一般无病虫害。如果发现病虫害，可参照普通大白菜病虫害防治。

⑤采收上市　当全株高 30～35 厘米，包球紧实后，便可采收。采收时应全株拔起，去除多余外叶，削平基部，用保鲜膜打包后即可上市。

(3)番茄栽培技术

①品种选择　选产量高、品质好、耐寒、商品性好的优良番茄品种,如有限生长型番茄浙杂809、浙杂205等。

②播种育苗　苗床土要选择含有丰富有机质的疏松土壤或施足有机肥,以保证根系的发育,同时用54.5%噁霉灵苗床消毒。播前进行种子消毒,用1.5%甲醛(福尔马林)泡30分钟,用湿毛巾闷30分钟,洗净药液后用52℃温水泡20分钟,不断搅拌,然后用常温水浸泡4～5小时,晾干后播种。播种后,苗床上覆盖小拱棚,保温保湿。第二片真叶出现时即可分苗到苗床或营养钵。一般施肥与浇水结合进行,在分苗和定植前,用腐熟清水粪肥或0.3%尿素和0.2%磷酸二氢钾各追肥1次,以达到壮苗要求。

③移栽定植　番茄与苦瓜、娃娃菜间套种,双行定植,行距50厘米,株距33厘米,每667米^{2}植1400株。

④田间管理　番茄定植后加盖小拱棚,以利保温,白天棚内温度保持20℃～25℃,夜间不低于8℃。单秆整枝或1.5秆整枝,及时除去侧枝。由于气温过高或过低(早春气温低于15℃,盛夏气温高于30℃)易引起落花,因而花期在人工辅助授粉的基础上使用30～40毫克/升防落素处理花序,保花保果效果较好。适当追施果实膨大肥,第一穗果实开始膨大时,结合浇水追催果肥,每667米^{2}施腐熟人粪尿1000千克或尿素15千克或硝铵20千克。在番茄盛果期,结合喷药进行叶面喷肥,用0.3%～0.5%尿素和0.5%～1%磷酸二氢钾混合喷施2～3次,每667米^{2}追施氮磷钾复合肥50～60千克。

⑤病虫害防治　主要病害有立枯病、猝倒病、灰霉病、青枯病、早疫病、晚疫病,害虫有红蜘蛛、蚜虫、潜叶蝇等。立枯病、猝倒病除苗床撒药土外,用氢氧化铜、噁霉灵等药剂防治;灰霉病用50%异菌脲可湿性粉剂1000倍液,或40%嘧霉胺1000倍液喷雾防治;早疫病、晚疫病用72%霜脲·锰锌可湿性粉剂500～600倍

液,或64%噁霜·锰锌500倍液喷雾防治;青枯病可通过抗病品种嫁接预防,发病初期用72%农用链霉素4 000倍液灌根防治。红蜘蛛用炔螨特防治,蚜虫用10%吡虫啉1 000倍液喷雾防治,斑潜蝇可用75%灭蝇胺2 500倍液喷雾防治。

(4)秋黄瓜栽培技术

①品种选择　根据秋黄瓜生长期的气候特点,应选择抗热、耐涝、抗病、高产、生长势强的品种,如秋丰、碧绿等。

②育苗移栽　可以直播也可育苗移栽。采用穴盘育苗移栽,定植前1周播种育苗。播种前先将种子进行浸种催芽,即用55℃左右的温水浸泡10～20分钟,此过程要不断搅拌,之后降温至28℃～30℃浸种5～6小时,在28℃温度下催芽,一般15小时左右可出齐芽。穴盘装好营养土,有80%种子露白即可播种,每穴1粒。注意苗期的温度控制,苗龄5～7天就可移栽定植。苦瓜、夏白菜收获后适度深耕土壤,施入基肥,整地筑畦。栽培畦筑成排水良好的小高畦,双行种植。

③田间管理　要根据黄瓜不同生育时期的特点,及时采取不同的施肥、浇水与中耕措施,进行促和控的调节,使营养生长与生殖生长平衡发展,延长生长期,以获高产。

一是肥水管理与中耕。移栽初期重点注意水分管理,活棵后,每667米^{2}追施氮肥15～20千克;抽蔓期、开花结果期每667米^{2}重施磷钾肥20～25千克,注意采收1次应追施1次肥,可喷施0.1%～0.2%磷酸二氢钾或复合肥液。除施肥外,还要注意浇水促长。根瓜采收前后,应控制浇水,结合除草浅耕保墒,并注意排水防涝。进入盛瓜期,一般每隔3～4天浇1次水;进入结瓜后期,浇水次数相应减少。

二是支架绑蔓整枝。支架在开始抽蔓后进行;用长2米以上的竹竿或枝条搭人字架,及时绑蔓。整枝时保留主蔓,侧蔓结1～2个瓜后摘心,并注意打掉下部老叶、黄叶。

三是病虫害防治。危害秋黄瓜的病害主要有霜霉病、疫病、细菌性角斑病等，预防方法是在病害容易发生的时候，利用广谱性杀菌剂每隔 7～10 天喷雾 1 次，连续喷 3 次。如果已经发病，可利用霜脲·锰锌、甲霜·锰锌等药剂喷雾，连防 3～4 次。害虫主要有蚜虫、红蜘蛛、蓟马等，可用吡虫啉或毒死蜱等防治。黄瓜开始采摘后，不能喷施任何农药。

④适时采摘　植株基部第一批瓜宜早采摘，有利于植株进入生殖生长旺期。当进入生殖生长旺期，应尽可能采摘嫩瓜，一般应在品种所特有的长度和最大的限度时采摘，这样既可保证质量又可提高产量，且上市销售价格高。

(5)冬芹菜栽培技术

①品种选择　选择生长速度快、高产抗病、耐寒性强、品质优的品种，如杭州三叶黄心芹、上农玉芹、金华农家芹菜等。

②播种育苗　一是浸种催芽。催芽前应将种子消毒和低温处理，一般用清水浸湿经擦种后，用 0.5%高锰酸钾 55℃温水溶液浸 10 分钟，不断搅拌，取出用清水洗净，放入冰箱冷藏室底层 5℃冷水浸 15～18 小时，取出放在透光好、凉爽通风处保湿催芽，每天用冷水洗 2 次，7～10 天种子露白播种。二是播种。播种前先准备好苗床，苗床选择土质肥沃、有机质含量丰富、前茬不是叶菜的田，犁翻晒透后打碎，撒上一定量腐熟猪粪和少量复合肥后，浅翻耙碎，整平筑畦，浇透水后播种，播后覆 1 层薄土压实，盖上遮阳网保墒。三是苗床管理。播种后，每天要浇水，保持畦面湿润。出苗后，遮阳网改用拱棚覆盖，遮阳降温。幼苗长至 2 片叶时开始追肥，最好用腐熟粪水淋施，或用 0.5%～0.6%尿素加少量过磷酸钙、钾肥淋施，苗龄 50 天左右、幼苗长至 10～12 厘米高时移栽定植。

③移栽定植　移栽前，苗床喷洒 1 次防病、防虫药。移栽最好选择阴天，苗床先淋足水，用铁铲挖移，大小苗分开种，株行距 15

厘米×15 厘米，每穴 8～10 株，并要浅植。定植后盖上遮阳网，以利缓苗。

④田间管理　一是肥水管理。基肥一定要充足，一般每 667 米^2 施腐熟粪水 1 250～1 500 千克、粪灰肥 300 千克作基肥。追肥主要用速效氮肥，配合增施钾肥。定植后 1 周，幼苗已长出新根，要及时淋施第一次腐熟肥粪水或浓度 0.6%尿素水。以后掌握每隔 7～10 天追施 1 次肥，并根据芹菜需吸收氮、磷、钾的比例，合理配施。二是水分管理。根据芹菜生长喜欢湿润不耐干旱的特点，要经常保持畦面湿润。后期气温下降，蒸发量减少，淋水量和次数应相对减少，收获前 5～7 天停止淋水。三是病虫害防治。芹菜主要病害有斑枯病（又称晚疫病）和叶斑病（又称早疫病），它们主要危害芹菜叶片，苗期注意防涝，发病初期可用 75%百菌清可湿性粉剂、50%多菌灵可湿性粉剂或 70%代森锰锌可湿性粉剂 600 倍液喷洒防治，每 7 天喷 1 次，连续用药 2～3 次，并注意交替用药。芹菜主要害虫为蚜虫，在芹菜整个生长发育期均可发生，最初发生主要集中在叶心处吸食叶片汁液，使叶片生长不良而发生皱缩，叶柄不能伸展，受害严重时整株芹菜萎缩，可用 50%抗蚜威可湿性粉剂或 10%吡虫啉 2 000 倍液喷洒防治，并注意交替用药。

⑤采收　一般芹菜定植后 60～70 天就可根据市场行情采收上市。每 667 米^2 产量 3 500～4 000 千克。

（七）早春大棚丝瓜间套黄瓜、辣椒、蕹菜栽培技术

据湖南省长沙市蔬菜研究所唐术江报道，早春利用塑料大棚提供的小气候条件栽培丝瓜间套作黄瓜、辣椒和蕹菜，既能提高土地利用率和单位面积蔬菜产量，又能提早上市，丰富春淡季蔬菜花色品种，经济效益十分显著。主要栽培技术如下。

1. 品种选择　丝瓜选用适应性强的早熟丰产品种，如早优 1 号、早优 2 号等；黄瓜要选用耐低温、耐弱光、早熟、丰产、抗病品

种，长江流域一般选用津优2号和湘黄瓜2号等；辣椒选用抗寒、耐热、早熟、高产品种，如平椒5号、湘研15等；蕹菜选抗寒性较强的泰国蕹菜等。

2. 整地做畦　结合深翻晒土，重施基肥，一般每667米^{2}施腐熟人畜粪肥5 000千克、菜籽饼80～100千克、复合肥50～80千克。棚内做4个畦，中间2个宽畦，畦宽1.8米（包沟）；两边各1个窄畦，畦宽1.4米（包沟）。

3. 培育壮苗　长江流域大棚覆盖栽培，黄瓜和丝瓜一般于1月下旬至2月上旬播种，辣椒于12月中下旬播种，电热线加温育苗，播前种子用55℃～60℃温水浸种15分钟，注意不断搅拌，再在常温下浸4～6小时，后用清水冲洗、晾干、播种于苗床，三膜覆盖（地膜＋拱棚＋大棚），出苗70％左右时及时揭去地膜，此期间注意保温防湿。当黄瓜和丝瓜幼苗长到2叶1心、辣椒长出4片真叶时，抢冷尾暖头晴天无风天气，适时进行移苗假植。当幼苗活棵后，结合浇水施1％腐熟稀粪水追肥，保持幼苗健壮生长。

4. 适时播种蕹菜，定植黄瓜、丝瓜、辣椒　2月下旬播种蕹菜，每棚用种量7千克左右，播后撒上一层0.5厘米厚的细土，用地膜覆盖，保温保湿，然后盖上小拱棚，7天左右齐苗时揭去地膜，出苗3～5天后，喷洒甲基硫菌灵或噁霜·锰锌预防猝倒病。

3月上中旬定植黄瓜、丝瓜、辣椒于大棚内，中间2个宽畦定植黄瓜，双行栽植，株距40厘米，每穴栽2株。2个边畦的内侧定植丝瓜，每穴栽2株，株距50～60厘米，每畦栽1行；2个边畦的外侧定植辣椒，单株栽植，株距30厘米，每畦栽1行。栽植后盖上小拱棚。

5. 田间管理

（1）蕹菜　蕹菜出苗7天后，选晴天用20％腐熟稀粪水或0.5％尿素液提苗助长。以后每隔7～10天结合浇水追施尿素，浇水后适当延长通风时间。蕹菜害虫主要有蚜虫和花叶虫，可采用溴氰菊酯、虫螨腈等农药防治，同时采用甲霜灵等防治病害。

(2)丝瓜　定植缓苗后及时施腐熟稀粪水提苗，蔓长 40 厘米左右时及时搭架引蔓，以大棚作天然棚架，在棚上横向、纵向再分别用竹竿和塑料绳拉结成“网”架，丝瓜放蔓后及时引蔓、绑蔓，辅助上架，使蔓叶在架上分布均匀。为避免侧蔓过多而影响主蔓生长结果，上棚以前摘除侧蔓。丝瓜生长前期由于温度低、阴雨天多、昆虫活动少，不利于丝瓜坐果，需人工辅助授粉。授粉一般于早晨进行，摘取雄花去掉花瓣后，将花粉涂在雌花柱头上。一般 1 朵雄花可授粉 2～3 朵雌花。丝瓜生长期间病害较少，常见的霜霉病、白粉病可用百菌清、霜脲·锰锌等防治；害虫主要有蚜虫、青菜虫等，可用乐果、虫螨腈等防治。

(3)黄瓜　定植缓苗后及时施腐熟稀粪水提苗，茎长 0.3 米时采用“一条龙”架式引蔓。生长前期采用人工辅助授粉，可提高黄瓜商品性和产量。结果盛期，每采收 1～2 次追施 1 次浓度为 20%～30%腐熟稀粪水作壮果肥。早黄瓜害虫有蚜虫、黄守瓜等，可用乐果、虫螨腈防治。病害主要有疫病、枯萎病、霜霉病、白粉病。大田发现疫病、枯萎病，立即拔除病株带到田外销毁，病穴撒上石灰。霜霉病用甲霜·锰锌或霜脲·锰锌喷施叶背面防治，白粉病用多菌灵、甲基硫菌灵喷施叶正反两面，可收到良好的防治效果。

(4)辣椒　定植后抢晴天追施提苗肥，每次用量不能过多或过浓。植株封行前进行中耕，结合进行除草和培土。当一二层坐果后，重施追肥，促果实生长，以后每采收一次青果施一次追肥，以促进分枝及开花结果。

6. 及时采收　蕹菜高 20 厘米左右时，将丝瓜、辣椒、黄瓜根际 8～10 厘米范围的蕹菜连根整株采收，其他蕹菜在采收时根据疏密程度合理删采，经追肥后可采收多次。黄瓜、丝瓜和辣椒应适时采收，不及时采收将影响高节位果和正在发育的花的发育，从而影响产量。

(八)大棚丝瓜套种蕹菜栽培技术

福建省泉州市农业科学研究所林涛、钟向荣报道，探索总结出冬春大棚丝瓜套种蕹菜经济效益明显，每667米^{2}产值6 000～8 500元。主要栽培技术如下。

1. 品种选择　丝瓜采用本地优良品种延陵丝瓜，蕹菜为泰国蕹或台湾蕹。台湾蕹耐低温，产量一般，但品质好，后期市场价格高。

2. 整地做畦　结合耕翻晒土，施足基肥，每个标准大棚(长30米，宽6米)施土杂肥500千克、复合肥30～40千克或腐熟鸡粪50千克。大棚中间做3个宽畦，畦宽1.5米(包沟)，两边做2个窄畦，畦宽60厘米，播种前浇透水，覆棚膜。

3. 播种育苗　11月上中旬，蕹菜浸种催芽后直播，每棚用种量3千克，播后撒上一层0.5厘米厚的细土，覆遮阳网，保持畦面湿润。幼苗出土3～5天后喷1次70%甲基硫菌灵可湿性粉剂800倍液或噁霜·锰锌，预防猝倒病。12月中下旬丝瓜育苗，浸种24小时，催芽3～5天，露芽后播于营养钵中。营养土配方为：火烧土1份，未种过瓜类作物的田土2份，草木灰1份。播种前2天，每立方米营养土加钙镁磷肥5千克、尿素0.25千克混合翻拌均匀，装钵后用50%多菌灵可湿性粉剂600倍液浇透。营养钵排列要紧密，覆地膜保温保湿，50%幼苗出土后揭膜，转入苗期管理。

4. 田间管理

(1)蕹菜　大棚蕹菜一般于晴天中午浇水，以免土温下降。收获2茬后，结合浇水追施尿素(每棚每茬次2千克)，浇水后适当延长通风时间。寒流前2～3天或寒流后，交替使用77%氢氧化铜和58%甲霜·锰锌可湿性粉剂500倍液以及3%百菌清烟雾剂防治蕹菜白锈病、褐斑病等。

(2)丝瓜　窄畦上的蕹菜2月上中旬可整株采收上市，将畦面平整后覆地膜,定植丝瓜,株距35厘米。此时若遇上低温天气,要搭小拱棚保温,确保成活发棵。3月上中旬蔓长60～70厘米时,用塑料绳引蔓,4月上中旬温度迅速回升,揭去棚膜。蕹菜价格降到0.8元/千克时清茬,丝瓜开始追肥培土和整枝理蔓。每棚追施复合肥20千克、尿素5千克。丝瓜第一次摘心后留3～4个瓜,留1条强壮侧蔓代替主蔓,其他瘦弱侧蔓摘除。4月中下旬第一批瓜采收后,主蔓再伸长1米左右时,留4～5个瓜再次摘心,摘除多余的雄花和侧蔓及部分老叶。4月下旬至5月下旬,瓜实蝇和斑潜蝇发生初期,喷施10%吡虫啉可湿性粉剂2500倍液,或52.25%氯氰·毒死蜱乳油1000倍液,每5天1次,连续2～3次。中后期管理同露地栽培。为提高丝瓜商品性,可在花谢后残留花萼处吊上装有少量泥土的塑料袋,利用重力拉直丝瓜伸长。7月中下旬拉秧清茬。

(九)西瓜、辣椒、秋冬菜(菠菜、小油菜等)大棚间套种植技术

扬州大学农学院园艺系成玉富,江苏省沛县科技局燕超元、张旭东、毛传生等报道,与沛县朱王庄乡农技站合作,推广西瓜、辣椒、秋冬菜间套模式及栽培技术。

1. 间套模式

(1)越冬菜、西瓜、辣椒、秋冬菜间套　秋季播种冬菜(菠菜或小油菜),翌年3月初收完冬菜,3月中旬施肥并耕翻整地、建大棚。3米一带,棚距50厘米,棚宽2.5米、高1.2～1.5米,棚内筑2畦,底宽90厘米,顶宽80厘米,中间流水沟宽40厘米。2月上中旬,西瓜、辣椒采用小型加温日光温室育苗;西瓜搞好嫁接换根,砧木采用日本西瓜专用砧木品种(新士佐),嫁接方法采用营养钵直播苗靠接法。3月中旬,西瓜、辣椒同时移栽在畦面上,西瓜株距50厘米,行距1.3米,每667米^{2}栽889株;辣椒栽在西瓜内侧20厘米处,每隔2棵西瓜栽1穴(株)辣椒,再于大棚内侧15厘米

处西瓜外侧定植 2 行辣椒，适当缩小株距，行距 40 厘米，株距 25 厘米，每畦 3 行，每 667 米^2 栽 3 000 株左右。西瓜、辣椒定植后，地膜平铺，搭小拱棚，形成三膜覆盖。秋季西瓜、辣椒收获结束后，播种一茬秋季蔬菜如白菜、萝卜、甘蓝、菠菜等。应用效果：一般西瓜 5 月中旬上市，6 月底收获结束，两茬西瓜每 667 米^2 产量 5 000 千克，收入 3 000 元；辣椒每 667 米^2 产量 3 000 千克，收入 1 500 元；秋冬菜每 667 米^2 产量 3 500 千克，收入 1 000 元。合计每 667 米^2 产量 11 500 千克，产值 5 500 元，去除成本 1 300 元，纯收入 4 200 元左右。

(2)麦套椒、椒套瓜、瓜后秋包菜　3 米一带放线做畦，靠一边种 4 行小麦，占地宽 80 厘米，留空幅 2.2 米，同时种上冬菜。翌年 2 月中旬，西瓜采用加温日光温室育苗，嫁接换根(方法同上)，3 月初收完冬菜，施肥整地，3 月中旬建棚，棚宽 2 米、高 1.2 米。棚内筑 2 畦，底宽 80 厘米，顶宽 70 厘米，中间灌水沟宽 30 厘米。畦上栽 2 行西瓜，平均行距 1.5 米，株距 45 厘米，每 667 米^2 栽 980 株；同时在棚内西瓜外侧定植 2 行辣椒，行距 40 厘米，株距 25 厘米。6 月初收小麦，6 月底西瓜收获结束后，清茬、施肥、整地，栽 2 行秋包菜，平均行距 1.5 米，株距 30 厘米，每 667 米^2 栽 1 500 株。应用效果：小麦每 667 米^2 产量 165 千克，收入 260 元左右；西瓜 5 月中下旬上市，每 667 米^2 产量 5 000 千克，收入 3000 元；辣椒每 667 米^2 产量 2 000 千克，收入 1 500 元；包菜中秋节前上市，每 667 米^2 产量 800 千克，收入 960 元。总计，每 667 米^2 去除成本 1 350 元，纯收入 4 370 元。

(3)冬菜、西瓜套辣椒　秋季播种冬菜，翌年 2 月上中旬，西瓜采用加温日光温室育苗，嫁接换根。3 月初收完冬菜，施肥整地，3 月中旬按 2.1 米放线做畦建棚，棚间距 50 厘米，棚宽 1.6 米，棚内栽 1 行西瓜，行距 2.1 米，株距 40 厘米，每 667 米^2 栽 794 株。3 月下旬棚内侧西瓜两边定植 2 行辣椒，行距 40 厘米，株距 25 厘米。应用效果,每667米^{2}产量和收入分别为:冬菜500千克,收入200元;西瓜3 500千克,收入1 800元;辣椒2 000千克,收入1 500元。总计每667米^{2}产量6 000千克,收入3 500元,去除成本700元,纯收入2 800元。

2. 栽培技术要点

(1)选用抗病良种,尽量缩短共生期　西瓜以特早佳龙、京欣1号、抗病京欣等为主。此类品种结瓜早,成熟早(开花至成熟25天),个大,产量高,瓜形正,品质好,含糖量高达12%以上,耐贮运。此外,小型礼品西瓜也很受欢迎。辣椒以苏椒系列、新丰系列等为主。

(2)合理的肥水管理　每667米^{2}施有机肥4 000千克,或腐熟鸡粪2 000千克,尿素30千克,磷肥或磷酸二铵50千克,硫酸钾40～50千克。各作物生长期间,视苗情分次施肥,每次施肥量不要太大,逐步补充肥料。西瓜、辣椒或包菜定植后,每667米^{2}追施尿素5千克,垄沟浇跑马水1次,以后视墒情采取小水勤浇的办法,及时测墒浇水。当西瓜第一个瓜膨大时,正是辣椒四门斗结果期,每667米^{2}追施尿素10～15千克。6～7月份汛期到来时,注意排涝防渍。

(3)培育壮苗　培育西瓜、辣椒等作物的早壮苗,并搞好西瓜嫁接换根,有利于提高抗病能力和产量。西瓜育苗采用加温小型日光温室,面积与大田之比为1∶8～10。选用日本西瓜专用砧木品种新士佐。该品种抗逆性强,抗病、耐低温,嫁接苗生长势强,与西瓜亲和性好,对坐瓜及品质影响不大。嫁接方法采用营养钵直播苗靠接法,以缩短缓苗期,提高成活率。坚持采用大棚、小棚、地膜三膜覆盖。移栽定植后,西瓜出现第二个雌花时(一般第一雌花结瓜小、产量低,不留),要搞好人工授粉,并做好结瓜早晚的标记,以利分批采收。

(4)坚持抗灾,落实应变措施　①搞好田间水利工程;及时抗旱排涝。要沟渠配套，内外三沟畅通，做到大雨以后无积水、连续降雨不受渍。②搞好病虫害综合防治。各作物播种前要进行药剂浸种，苗期喷施杀菌剂，防治立枯病、猝倒病等病害。5月中旬拆棚后，遇到阴雨天气喷施代森锰锌或炭疽灵，防治西瓜炭疽病。夏季注意防治辣椒病毒病等病害。

瓜菜间套，在其共生期间，为防止农药对瓜菜污染，要做到"三个结合"，即：病虫害预测预报与施用高效低毒拟除虫菊酯类及阿维菌素类复配农药相结合；杀虫剂、杀菌剂与激素微肥相结合；化学防治与农业防治相结合。各作物成熟后要及时采收，及时清理前茬，这样既可缓解互争的矛盾，又可减轻病虫害。

四、以萝卜、韭菜、苋菜、落葵、马铃薯、薯尖(甘薯尖)、草莓为主作间作套种新模式

(一)萝卜、辣椒套种丝瓜、青蒜周年栽培技术

安徽省铜陵市农科所丁祖明报道，在铜陵专业菜地老洲乡光辉村研究总结出春萝卜、辣椒套种丝瓜、青蒜立体栽培模式。其栽培技术如下。

1. 茬口安排及效益　见表2-7。

表2-7　春萝卜、辣椒、丝瓜、青蒜茬口安排及产量和效益

茬　口	播种期	播种量(克/667米²)	播种方式	定植期	行株距(厘米×厘米)	采收期	平均产量(千克/667米²)	产　值(元/667米²)
春萝卜	12月上旬	100	穴播		35×20	3月上旬	4624	2774
辣　椒	10月上旬	50	撒播	3月中旬	33×33	5～7月份	2850	2850
丝　瓜	3月初	200	撒播	4月初	500×35	6～9月份	3650	2190
青　蒜	8月上旬	130000	条播		12×3	10～11月份	2200	2640

2. 栽培要点

(1)春萝卜

①品种选择　选产量高、品质好、耐寒、耐抽薹的优良萝卜品种,如韩国的特新白玉春、天鸿春萝卜等。

②整地施肥　选择土层深厚、肥沃疏松的地块,同时要精细耕作并施足基肥,每667米^{2}施腐熟人畜粪尿等优质农家肥2 000千克、氮磷钾复合肥30千克,或饼肥150千克、氮磷钾复合肥50千克,然后整地做畦,畦面宽1.2～1.5米,沟深30厘米,沟宽35厘米。

③播种　采用点播方式,每穴播1～2粒种子,播后覆盖地膜,并扣大棚。

④田间管理　子叶平展就进行破膜露苗,3～4片真叶时间苗、补苗,每穴留1株。在3月以前密闭大棚,保持较高温度,必要时加盖一些防寒物防冻害,3月以后,随温度升高,适当通风。在间苗时用腐熟稀人粪尿加2%尿素追肥1次,萝卜露肩时每667米^{2}追氮磷钾复合肥10～15千克,肉质根膨大盛期追复合肥20千克,对水浇施。保持畦面湿润,有充足水分供应。

⑤病虫害防治　冬季萝卜病虫害较少。害虫主要有蚜虫、菜青虫、黄曲条跳甲,可分别用10%吡虫啉1 500倍液、48%毒死蜱乳油1 000倍液喷雾防治。病害主要有黑斑病、霜霉病,可用64%噁霜·锰锌可湿性粉剂600倍液喷雾防治。

(2)辣　椒

①品种选择　选早熟、抗病、优质的大果型辣椒品种,如洛椒98A等。

②播种育苗　采用大棚育苗。播种前,苗床用50%多菌灵400倍液泼浇消毒,苗床土用菜园土和土火灰以3∶1的比例混合,每10米^{2}施氮磷钾复合肥1～2千克、腐熟菜籽饼10千克。播前将种子用10%磷酸三钠药水浸15分钟,再用55℃温水浸泡

20～30分钟，不断搅拌。播种时，将种子均匀撒入苗床或播入营养钵中。

③整地施肥　萝卜收完后，结合整地施足基肥，每667米^{2}施腐熟人粪尿3 000千克、磷酸二铵50千克、菜籽饼150千克。

④定植　每667米^{2}栽4 000株左右，定植时在地膜上开孔移栽，定植后立即在大棚内盖上拱棚，实行地膜、小拱棚和大棚3层覆盖。

⑤棚内温、湿度调节　白天气温要求在25℃～28℃，空气相对湿度50%～60%。移栽后暂不要通风，使棚内保持高温高湿，促使早活棵。成活后开始通风，坚持每天通风，一般早上8时通风，下午4时盖棚。阴雨天气也要适当通风换气，降低湿度。

⑥根外追肥　成活后喷0.1%磷酸二氢钾液作叶面肥，5～7天喷1次。追肥在花蕾期或采收1～2次后在植株中间破膜施尿素，每667米^{2}追10～15千克。

⑦病虫害防治　害虫主要有蚜虫、红蜘蛛、棉铃虫和烟青虫，可分别用10%吡虫啉1 500倍液、12%哒螨酮2 000倍液、5%氟啶脲500倍液喷雾防治。病害主要有炭疽病、病毒病、灰霉病、疫病，可分别用50%福美双可湿性粉剂500倍液、20%盐酸吗啉胍·铜500倍液、50%腐霉利1 200倍液、80%代森锰锌600倍液灌根和400倍液喷雾防治。

(3)丝　瓜

①品种选择　选用瓜条粗细均匀、色绿、肉厚、质优的品种，如铜陵丝瓜等。

②育苗　利用大棚和营养钵育苗。

③定植　当苗长至4～5片真叶时定植在辣椒地的沟畦旁，每667米^{2}450～500株。移栽时应浇足活棵水，再覆盖地膜封口。

④搭架引蔓　当丝瓜主蔓长50～60厘米时搭架，一般搭成棚架，架高2米左右，每667米^{2}需桩柱60根，隔5米一排，桩距2～

2.5 米，柱间拉铁丝作主筋，次筋用草绳或塑料绳拉成网目 0.5 米左右见方的网状。搭架后，每株插 1 根竹竿，人工引蔓、绑蔓以辅助瓜蔓上架，同时整蔓，每株选留 1～2 条壮蔓上架，其他侧蔓摘去。上架后一般不再摘蔓，但在丝瓜生长中后期，须调整主、侧蔓位置，剪去部分老叶和小杈枝，以保证通风透气，提高坐瓜率。

⑤肥水管理　叶蔓生长期需水量大，尤其在高温干旱季节，坐瓜后结合施肥勤浇水，以保证土壤湿润。移栽成活后及时追肥，每 667 米^2 施腐熟人粪尿 2 000 千克。开花后每 7 天追肥 1 次，连续 2～3 次，每 667 米^2 用氮磷钾复合肥 50 千克，加腐熟清水粪浇施。结瓜后，每 667 米^2 浇施尿素 15 千克，以满足大批丝瓜生长的需要，促进丝瓜果实膨大。

⑥病虫害防治　主要病害有病毒病、霜霉病和白粉病。病毒病主要防治蚜虫为害，并喷施盐酸吗啉胍·铜可湿性粉剂。霜霉病用 58%甲霜·锰锌 800 倍液喷雾防治，白粉病用 15%三唑酮 1 000 倍液喷雾防治。

害虫主要有瓜蚜、黄曲条跳甲、瓜绢螟、斜纹夜蛾。用 10%吡虫啉 2 000 倍液防治瓜蚜，用 5%氟啶脲 500 倍液，或 5%氟虫脲乳油 1 000～2 000 倍液喷雾防治斜纹夜蛾、黄曲条跳甲、瓜绢螟。

(4)青　蒜

①品种选择　选用成都二水早等。

②整地施肥　辣椒采收后，立即深翻整地并筑畦，畦宽 1.6 米，沟宽 35 厘米。结合整地，每 667 米^2 施磷酸二铵或氮磷钾复合肥 60 千克、腐熟人粪尿 2 000 千克作基肥。

③播种　在丝瓜架遮荫条件下播种，有利于出苗。播后轻盖草木灰 2 厘米厚，并及时灌水。

④肥水管理　出苗前，如土壤较干，应补水，促进早出苗。生长期若遇干旱，应灌水，保持土壤湿润。同时要追肥 2～3 次，每次每 667 米^2 浇施腐熟粪水 2 000 千克或尿素 15～20 千克。

⑤病虫害防治　大蒜害虫主要有根蛆，可用90%敌百虫1 000倍液浇根。病害主要有叶枯病，可用10%苯醚甲环唑1 500倍喷雾防治。

(二)春萝卜、夏小白菜套种丝瓜、秋莴苣周年栽培技术

浙江省海宁市硖石街道农技服务中心徐李庆、董伟明，海宁市农作站陈琦、硖石街道群利村徐其明等报道，通过几年的生产实践，总结出春萝卜、夏小白菜、丝瓜、秋莴苣周年高效栽培模式。在海宁市城郊设施蔬菜种植，每667米^{2}春萝卜产量3 000千克，产值4 000元；夏小白菜产量2 000～2 500千克，产值不低于4 000元；丝瓜产量在1 000千克以上，产值超过2 000元；秋莴苣产量2 000～2 500千克，产值2 500元左右。每667米^{2}周年总产量8 500千克以上，总产值12 500元，净效益稳定在10 000元左右，值得推广。

1. 茬口安排　1月中旬至2月上中旬播种春萝卜，一般在4月初开始上市；夏小白菜5月上旬播种，6月上中旬开始分批采收；丝瓜在夏小白菜播种的同时在大棚钢管旁定植，6月中下旬开始分批采收，一直可延续到8月中下旬。在夏小白菜采收完毕后，要及时揭去大棚膜，有利于丝瓜引蔓上棚。莴苣在9月中下旬定植，10月底前开始采收，一直可采至11月底。

2. 栽培要点

(1)春萝卜

①品种选择　选择生长期短、耐寒性强、春化要求比较严格、抽薹迟、不易空心的品种，如白玉春、春白玉等。

②整地筑畦　宜选择土层深厚、疏松的土地，播种前10天一次性施足基肥，每667米^{2}施腐熟鸡粪1 000千克、复合肥40千克、氮肥30千克，然后翻耕整地，畦面做成龟背形，连沟畦宽1.5～2米，畦高25～30厘米，然后扣棚盖膜。

③播种　1月中旬至2月上中旬播种春萝卜，每667米^{2}播种量200克左右。穴播，株行距0.3米×0.3米，每667米^{2}播6 000穴左右，播种后盖细土0.5厘米厚，一次性浇足底水，再喷洒丁草胺除草，第二天覆盖地膜。

④田间管理　一般播种后4～5天就可出苗。出苗后及时分期分批破膜引苗，2～3片真叶时间苗。播后20天左右，萝卜开始破白，此时应用泥块压住薄膜破口处，防止薄膜被顶起。生长前期以保温为主，适当提高棚内温度，促进莲座叶生长，遇到强冷空气需加盖防寒物。在生长后期气温回升，应及时通风降温，白天保持20℃～25℃，夜间15℃左右。春萝卜一般不缺水，应注意及时排水通风，以利肉质根生长和膨大。

⑤病虫害防治　害虫主要有蚜虫、菜青虫等，可用吡虫啉、阿维菌素、氟虫脲等农药防治。病害主要有霜霉病、黑腐病等。霜霉病可用甲霜灵、氢氧化铜、代森锰锌、霜脲·锰锌等农药交替使用防治，黑腐病可用农用链霉素灌根防治。

⑥适时采收　在萝卜肉质根地上部直径达到5～6厘米，即可根据市场行情，分批收获供应市场。

(2)夏小白菜

①品种选择　选择耐热、抗性强、生长期短、产量高的品种，如本地种植的早熟5号等。

②整地施肥　春萝卜收获后及时清理，翻耕整地后1周播种。夏小白菜生长旺盛，对水肥需求量大但不耐涝，每667米^{2}施复合肥30千克、尿素30千克。施肥后精细整地，筑小高畦，畦宽1.0～1.5米，畦高0.2米左右。

③播种　5月初播种，采用撒播方式，每667米^{2}用种量400克左右。播后浇足底水，覆盖遮阳网保持湿润，以利出苗。

④田间管理　播后2～3天出苗，幼苗开始拉十字时进行第一次间苗，宜早不宜迟，间去过密的小苗。当长出4片真叶时进行第

二次间苗，间去弱苗、病苗，在间苗的同时拔除杂草。施肥一般以勤施、轻施为佳，在高温时要注意通风换气。

⑤病虫害防治　夏季小白菜生产主要害虫有蚜虫、菜青虫、菜螟、小菜蛾等，可用甲基硫菌灵、百菌清、代森锰锌等药剂进行早期防治。

⑥及时采收　夏小白菜一般在定植后 25～30 天开始采收，分 2～3 批采收上市。

(3)丝　瓜

①品种选择　选择耐热、品质优、产量高的品种。

②播种　5 月上旬将丝瓜苗套栽于夏小白菜两边且接近棚架下脚内侧 20 厘米处，每个大棚内栽 2 行，每 667 米^2 栽 250～300 株。

③田间管理　丝瓜伸蔓初期，可先在钢管间串绳搭架，引蔓爬上竿。6 月初大棚膜撤去后，及时理蔓、绑蔓，使之沿钢管爬上大棚架，在棚架之间拉绳形成网状；适当浇施腐熟稀粪水，促进瓜蔓生长。6 月上中旬丝瓜进入开花期，要适度浅中耕松土，及时整理瓜蔓和幼瓜，摘除下部侧蔓。盛果期管理做到勤打老叶与摘弱蔓，勤疏多余的雄花蕾。

④病虫害防治　病害主要有疫病、霜霉病、白粉病等。疫病用霜脲·锰锌或代森锰锌防治，霜霉病用甲霜灵或霜脲·锰锌防治，白粉病用三唑酮防治。害虫主要有蚜虫和瓜绢螟等，可用毒死蜱、吡虫啉防治。

⑤及时采收　采收要及时，否则易纤维化而不能食用，既影响产量又影响品质。

(4)秋莴苣

①品种选择　选择耐高温的中晚熟品种，适合本地秋季栽培的品种有三青皮、科兴、正兴等。

②整地施肥　定植前一次性施足基肥，每 667 米^2 施腐熟鸡

粪1 000千克、复合肥50千克，翻耕整地，畦宽1.2～1.5米，每畦种植3～4行。

③定植　9月中下旬定植，带土定植有利于秧苗成活，株行距30～25厘米，密度每667米^2 6 000～7 000株。

④田间管理　定植后连续2～3天浇定根水，保证秧苗成活。浇水时间宜在下午4时左右。发现杂草要及时拔除。白天用遮阳网保苗。秋莴苣生长时间短，因此在活棵后就要施苗肥，结合浇水，每667米^{2}施尿素25千克。当叶片由直立转向平展时，要结合浇水追施开盘肥，每667米^{2}施尿素35千克，并适当灌水，促使植株扩大开展，增加产量。

⑤病虫害防治　病害主要有病毒病、灰霉病等，病毒病可用盐酸吗啉胍·铜防治，灰霉病可用多菌灵、腐霉利等防治；害虫主要有蚜虫、根结线虫、斑潜蝇等，可用氟啶脲、毒死蜱、吡虫啉等防治。

⑥及时采收　当莴苣主茎顶端与最高叶片的叶尖相平时即可采收。此时嫩茎长足，质地脆嫩，香味浓，品质佳。

(三)大棚春萝卜、西瓜、丝瓜、冬芹菜间套栽培技术

南京市蔬菜研究所王强、尹德兴、高丰报道，结合南京市农业科技入户工程，在指导南京市浦口区盘城镇农户进行大棚春萝卜—西瓜—丝瓜—冬芹菜栽培，每667米^{2}春萝卜产量3 500千克，产值3 500元；西瓜产量2 500千克，产值6 000元；丝瓜产量4 000千克，产值5 600元；大棚冬芹菜产量4 000千克，产值6 400元。每667米^{2}大棚全年蔬菜产量达14 000千克，产值21 500元。主要栽培技术如下。

1. 茬口安排　春萝卜12月中旬直播，翌年3月上旬采收；西瓜1月下旬播种，3月中旬定植，采收期5月上旬至6月中旬；丝瓜2月中下旬播种，3月下旬定植，采收期6月上旬至8月下旬；冬芹菜8月下旬播种育苗，10月上旬定植，12月上旬采收。

2. 栽培要点

(1)大棚春萝卜

①品种选择 选用白玉春2号(韩国)等。

②整地播种 12月上旬大棚冬芹菜出茬后,结合翻地施足基肥,每667米^{2}施优质农家肥2 000千克、氮磷钾复合肥60千克,整地做畦。12月中旬大棚内直播,行距30厘米,株距25厘米,每穴播种2粒,每667米^{2}点播6 000穴左右,播后浅覆土约0.5厘米厚,大棚内盖小拱棚(用高脚平弧支架搭小拱棚),保温保湿保出苗。

③苗期管理 播种后,如果土壤干燥应浇1次催芽水,以利出苗。萝卜出齐苗后,及时进行第一次间苗,幼苗2～3片叶时第二次间苗,5～6片叶时定苗。第二次间苗和定苗后各追施1次提苗肥,每667米^{2}追施腐熟稀薄人粪尿1 500千克。

④肥水及温度管理 在肉质根刚露肩时,每667米^{2}穴施复合肥40千克作膨大肥,施肥后充分浇水。棚内土壤稍发白时,浇水润土,但忌大水漫灌。12月至翌年2月上旬,当小棚内温度超过30℃时揭小棚,大棚内温度超过33℃则在大棚背风面通风透气即可。2月中旬至3月上旬,天气转暖,小棚一般早揭晚盖,如遇寒流,则密闭小棚和大棚,防寒保温。

⑤病虫害防治 主要害虫有蚜虫、小菜蛾、菜螟。蚜虫用10%吡虫啉2 000～3 000倍液喷施防治,菜螟用5%氟虫脲2 000～3 000倍液,或5%氟啶脲2 000～3 000倍液喷施防治,小菜蛾用5%甲氨基阿维菌素苯甲酸盐2 000倍液喷施防治。病害主要是软腐病和霜霉病,一般发生在初春。霜霉病用72%霜脲·锰锌600～800倍液喷施防治,软腐病用72%农用链霉素4 000倍液,或50%氯溴异氰尿酸1 000倍液灌根或喷施防治。

⑥适时采收 萝卜肉质根充分膨大后要及时采收上市。若采收不及时,不仅会造成后期抽薹影响品质,而且易引起肉质根开裂和腐烂。

(2)大棚西瓜

①品种选择　选用小兰(台湾农友)等。

②播种育苗　采用大棚加小棚加草帘加电热温床育苗。1月中旬播砧木(选用南京地方品种长颈葫芦),催芽后播在32穴育苗盘中。7～10天后接穗催芽后播种,苗床整平后,铺电热线,上盖4～5厘米厚育苗基质作苗床,当接穗2片子叶展开,采用插接法嫁接。嫁接后3天内不能见光,盖双层遮阳网,温度白天控制在26℃～28℃,夜间24℃～25℃,空气相对湿度达到95%～98%,白天每隔3～4小时用喷雾器喷雾加湿。以后逐步早晚见光、通风透气,阴天可延长见光时间,10天后可正常管理。正常管理后水分以控为主,防止接穗苗窜高或影响伤口愈合,温度白天控制在25℃～28℃,夜间18℃～20℃。及时去除嫁接苗砧木萌发的副芽,保证接穗及嫁接苗正常生长。

③整地定植　春萝卜收获后,及时翻耕土壤,先在大棚两边靠大棚中心线适当位置确定两路定植行,以定植行为中心开沟施基肥,沟宽1米、深40厘米,每667米^{2}施腐熟有机肥2 000千克、复合肥50千克、饼肥50千克,将肥料施入沟中、填平,大棚两边各整畦,两畦中间为沟,兼作走道,沟深40厘米,沟宽50厘米。地整好后,整个畦面铺满地膜。

同时在大棚两边靠支架处开沟、施肥、起垄、铺地膜,作为丝瓜定植行。先定植西瓜,后定植丝瓜,套作栽培,提高大棚利用率。

当瓜苗3叶1心至4叶1心时,即3月中旬,抢在冷尾暖头的晴天定植,并浇足定根水,以后浇水1～2次。每667米^{2}定植500株,爬地栽培。

④苗期管理　定植后立即盖小棚,并在小棚上加盖草帘保温,晚盖早揭,保证瓜苗成活,发现缺株及时补苗。瓜苗成活后水分管理以控为主,不干不浇水,促使根系生长,防止地上部生长过旺。当棚外温度稳定通过18℃时可拆除小拱棚,白天温度控制在

28℃～32℃，夜间18℃～20℃。可结合病虫害防治，喷0.2%磷酸二氢钾液1～2次，促进植株生长，提高植株抗病能力。苗期及时去除嫁接苗砧木萌发的副芽。伸蔓期按3蔓整枝，留主蔓及2条侧蔓，及时去除其余侧蔓。经常整理瓜蔓，使其向两边有序生长。

⑤结瓜期管理　开花坐瓜期控水控肥，白天温度控制在28℃～33℃，夜间20℃左右。为了提高坐瓜率，大棚内可以放置蜜蜂辅助授粉。主蔓结瓜部位应在主蔓第二或第三雌花，侧蔓结瓜部位应在侧蔓第一雌花。当瓜长至鸡蛋大小时选留瓜，选瓜形正、发育度好的瓜，每株可留2～3个瓜。当瓜长至鸡蛋大小并褪茸毛时，在距根3厘米处穴施瓜膨大肥，每667米^{2}施硫酸钾15千克、尿素10千克，并浇足水。

⑥采收　小兰西瓜从开花至成熟约需600℃积温，早春温度较低，头茬瓜从开花至成熟一般需28～33天。以后随着温度的升高，成熟期变短。可试采品尝，以确定最佳采收期。采瓜时要尽量避开雨天，高温季节应在清晨和傍晚采收。采收和搬运时应小心，防止破裂损失。采收宜用剪刀，将瓜柄留在瓜上，有利于保鲜，还可延长贮存时间。

⑦病虫害防治　病害主要有炭疽病和疫病，害虫主要有蚜虫、红蜘蛛、温室白粉虱、黄守瓜、蝼蛄、地老虎等。炭疽病可用10%苯醚甲环唑水分散粒剂1500倍液，或80%福·福锌600～700倍液喷施防治，疫病可用50%甲霜·锰锌可湿性粉剂500～600倍液喷施防治，蚜虫用10%吡虫啉2000～3000倍液喷施防治，红蜘蛛可用20%杀螨酯可湿性粉剂800～1000倍液喷施防治，温室白粉虱可用2.5%高效氯氟氰菊酯乳油5000倍液，或10%噻嗪酮乳油1000倍液喷施防治，黄守瓜用40%毒死蜱乳油1500倍液喷施防治。定植后如发现蝼蛄、地老虎为害，可用50%辛硫磷2000倍液灌根防治。

西瓜生长期在防病治虫喷药的同时加0.2%磷酸二氢钾溶液

叶面喷施，可促进生长，增加甜度。

(3)丝　瓜

①品种选择　选用翠玉(南京市蔬菜科学研究所培育)等。

②播种育苗　采用大棚加小棚加电热温床育苗，2月中下旬播种。播前先用50℃水浸种0.5小时，注意不断搅拌，再在25℃～30℃水中浸种6～8小时，然后放入30℃～32℃恒温箱中催芽，待90%种子露白后播于营养钵或72穴塑料穴盘中，覆盖地膜，种子顶土后揭膜。整个苗期要注意保温，适时通风降湿，子叶展平后施腐熟稀粪水提苗1～2次。当丝瓜苗长有2～3片真叶即可定植。

③整地定植　春萝卜收获后，及时翻耕土壤，在大棚两边靠支架处开沟、施基肥，每667米^{2}施腐熟有机肥1000千克、复合肥50千克，填沟并在开沟处起垄、铺地膜作为丝瓜定植行。3月下旬选择晴天傍晚定植，每大棚栽2行，每667米^{2}栽600～700株。

④田间管理　苗高40厘米左右时，搭架绑蔓，每株丝瓜旁边插一根竹竿，每3～4片叶绑蔓1次，需绑蔓3～4次，及时摘除侧蔓。5月中下旬当丝瓜蔓爬到大棚上时，揭大棚膜，利用大棚原有支架搭棚，引蔓上棚。结瓜初期可进行人工授粉以促进坐瓜，也可适当提前种植一些雄花开放较早的丝瓜品种供昆虫传粉用。定植活棵后浇腐熟稀粪水2～3次，采收期每采收1～2次，追腐熟粪水或复合肥1次，施肥遵循“前重氮肥后重钾肥”的原则，并注意保持田间湿润。坐果后可用绳系小石块或装土小塑料袋拴丝瓜顶部，促使瓜体顺直。盛果期间摘除过密的老叶、黄叶以及发育不正常的瓜，以保证营养供应。

⑤适时采收　当瓜梗光滑、茸毛减少、瓜皮柔软、瓜体仍有一定硬度时采收上市，特别是早期的瓜，更应及早采收，以保证植株生长健壮，防止上部节位丝瓜出现化瓜。采收宜在早晨进行，采摘时轻拿轻放，注意保护好瓜皮。

⑥病虫害防治　幼苗期应注意防治蚜虫和地下害虫，结瓜中后期注意防治瓜绢螟、病毒病、疫病等。瓜绢螟可用40%乐果乳油1 500倍液，或50%辛硫磷乳油1 500倍液喷雾防治，病毒病可用20%盐酸吗啉胍·铜500倍液，或20%三氮唑核苷(病毒必克)1 000倍液喷雾防治。其他病虫害防治参照西瓜。

(4)大棚冬芹菜

①品种选择　选用六合黄心芹(南京市蔬菜科学研究所培育)等。

②播种育苗　8月下旬播种。芹菜种子极小，发芽慢，育苗难度大，需要精心育苗、细致管理。选用疏松透气、排灌方便的地块作苗床，施足有机肥，精细整地，撒籽均匀，撒籽后用踏板踩踏畦面，盖遮阳网，然后用细嘴喷壶浇水。种子发芽后，揭遮阳网，然后搭建小棚，将遮阳网盖到小棚上遮阳防暴雨，早盖晚揭。晴天每天浇水1～2次，早晚温度低时浇水。苗龄40天左右具5～6片真叶时即可定植。

③整地定植　8月下旬在前茬丝瓜拉秧后，及时翻耕晒垡。9月下旬再次翻耕土壤，上大棚、闷棚，充分利用太阳能产生的高温杀死病原菌及地下害虫。整地前每667米^{2}施有机无机复混肥(PNK≥25%)50千克和2 000千克腐熟厩肥作基肥，做畦，然后整平耙细，10月上旬定植。定植时大小苗分开。一般株距4～5厘米，行距18厘米，开沟种植，每667米^{2}种植8万～9万株。

④田间管理　10月中下旬，在芹菜定植活棵后，随着气温的下降，及时用高脚平弧支架搭小拱棚，防寒保温，白天温度控制在28℃～30℃，中午温度过高时，先揭小棚，然后揭大棚裙膜通风透气。水肥管理应一促到底。定植后要小水勤浇，保持土壤湿润，促进成活。植株成活后施追肥2次，每次追施有机无机复混肥(PNK≥25%)10千克加0.3千克硼酸，顺着芹菜定植行开沟施肥，施肥后充分浇水。一般冬芹菜在收获前15～20天，用浓度为

15～20毫克/升“九二〇”或萘乙酸喷施植株，提高产量和品质。在心叶充分肥大、植株高度达到45厘米以上时即可采收上市。

⑤病虫害防治　病害主要有芹菜斑枯病和芹菜叶斑病，害虫主要有芹菜根结线虫和蚜虫。斑枯病在保护地内每1 000米^{2}可用75%百菌清烟熏剂450克烟熏4～6小时，或用70%代森锰锌可湿性粉剂500倍液喷施防治；叶斑病可用77%氢氧化铜可湿性粉剂500倍液，或50%多菌灵可湿性粉剂800倍液喷施防治。防治根结线虫病，可在播种或定植时，每667米^{2}穴施10%粒满库颗粒剂5千克，或5%粒满库颗粒剂10千克。蚜虫可用10%吡虫啉2 000～3 000倍液喷施防治。

(四)大棚韭菜套种矮生菜豆、丝瓜周年立体栽培技术

江苏省灌南县蔬菜办公室董礼花、范育明、蔡建等报道，在花园乡周庄村研究总结出大棚韭菜套种矮生菜豆、丝瓜周年高效立体栽培模式，每667米^{2}产值达12 750元。主要技术措施如下。

1. 茬口安排　见表2-8。

表2-8　大棚韭菜套种矮生菜豆、丝瓜周年栽培茬口安排

茬　口	播种期	播种量(千克/667米^2)	播种方式	定植期	株行距(厘米×厘米)	收获期	平均产量(千克/667米^2)	平均产值(元/667米^2)
韭　菜	上年4月中旬	3～4	条播		30(行距)	1～4月份	5961	5150
矮生菜豆	2月中旬	4	穴播		40×60	4～5月份	1453	3560
丝　瓜	1月下旬	0.03	穴播	3月上旬	120×300	6～7月份	3242	3540

2. 栽培要点

(1)韭　菜

①品种选择　选产量高、品质好、耐寒优良韭菜品种，如平韭

4号、平韭5号等。

②地块选择　选择土层深厚、通透性强、有机质含量高、排灌方便的沙壤土。

③整地施肥　冬前深翻冻垡。播前结合整地施足基肥，每667米^{2}施优质腐熟有机肥5 000～6 000千克。筑3米宽的高畦，便于夏季排水。

④播种　按行距30厘米开沟条播，沟深6厘米，浇透水。播后覆土厚2厘米，盖上地膜，增加地温和保持土壤湿润，以利于出苗。待70%幼苗出土时撤去地膜。

⑤田间管理　从齐苗至苗高16厘米不施肥，7～10天浇1次小水，苗高16厘米以后结合浇水每667米^{2}施腐熟人粪尿500千克。以后适当控制生长，防止韭苗长得过高，以防夏季倒伏。每次浇水后都要中耕，宜浅不宜深，以利紧撮固根。高温多雨季节注意排水，防止沤根死苗。立秋后天气转凉，是韭菜生长旺季，要加强肥水管理，促进韭菜健壮生长，适时把养分回流到地下部，结合浇水追肥2～3次，每667米^{2}用尿素15千克、钾肥30千克。浇水根据天气情况灵活掌握，干旱时5～7天浇1次水，保持地面湿润；寒露过后少浇水，不干即可，以免生长过旺影响回根休眠；土壤封冻前若干旱要浇1次封冻水，以保证扣棚后的水分需要。立秋后发现抽薹株要及时抽掉嫩薹，以促进根部养分积累。

⑥扣棚及扣棚后管理　植株营养回根后（即地面以上枯死）即可扣棚。扣棚前要清园，每667米^{2}畦面铺施1层优质腐熟厩肥5 000千克，划松土壤，以利提高地温。2畦扣一大棚，再在大棚内扣上2小拱棚，选用无滴膜覆盖。扣棚后要闭棚增温，促使韭根恢复吸收功能。前期因棚室密闭，温度低，土壤水分蒸发量小，为了提高地温和降低湿度，不需浇水。后期若干旱，可结合追肥浇小水。前两茬不施肥，第二茬以后若缺肥，每茬可在韭株长到10厘米时浇腐熟稀粪水或每667米^{2}施尿素10千克。当叶片开始生

长时要适当通风换气，锻炼韭株，促进生长，白天棚温控制在18℃～23℃，夜间8℃～10℃，中午棚温不能超过25℃。

⑦病虫害防治　如果温度控制得好，韭菜一般不发病。如果发病，灰霉病可用50%腐霉利1000倍液，或70%代森锰锌500倍液喷雾防治，疫病可用25%甲霜灵600倍液，或72.2%霜霉威1000倍液喷雾防治。韭蛆可用50%辛硫磷1000倍液灌根，或50%敌敌畏1000倍液杀成虫。收获前15天停止用药。

⑧收获　扣棚后45天左右收割第一茬，头茬后30天左右收割第二茬，以后每过20天左右收1茬，4～5茬后一般不再收割，进入养根期。韭菜种植1次可连续收获4年。

(2)矮生菜豆

①品种选择　选早熟、耐低温、抗病、丰产优良品种，如江蔬81-6、美国供给者等。

②播种　2月中旬将菜豆干籽直播于韭菜行间，每667米^2 3000穴左右，每穴播4粒。

③田间管理　矮生菜豆花芽分化时期在苗期，且主蔓和侧蔓的花芽分化几乎是同时进行的，因此苗期及时追肥不仅促进植株营养生长，而且将使花芽分化数量增多、节位降低。不能偏施氮肥，氮肥过多植株柔嫩脆弱，根瘤减少，极易感病。在第一对真叶展开、复叶开始出现时，结合浇水追施少量腐熟人粪尿，一般每667米^{2}施500～1000千克，并配以2千克的过磷酸钙和氯化钾。植株现蕾时结合浇水进行追肥，每667米^{2}施腐熟人粪尿2000千克或速效氮磷钾复合肥15千克。通常结荚期浇水2～3次，棚内温、湿度管理同韭菜一致。当外界夜间最低气温稳定在12℃以上时(即4月下旬)可撤掉棚膜。为防止落花落荚，可采用1～5毫克/升萘乙酸或15毫克/升吲哚乙酸喷施在花序上。

④病虫害防治　蚜虫可用吡虫啉或抗蚜威防治，红蜘蛛可用炔螨特或甲氰菊酯防治。灰霉病可用腐霉利或异菌脲防治，炭疽

病可用百菌清或胂·锌·福美双防治，根腐病可用甲基硫菌灵或多菌灵防治，锈病可用三唑酮防治。

⑤采摘　一般播后50～60天即可开始采摘，可连续采摘40天左右。采摘时期不宜过晚，应适时采收，以利增加总产和提高品质。

(3)丝　瓜

①品种选择　选择耐寒性较强、早熟、丰产抗病品种，如江蔬1号、淮阴早丝瓜等。

②育苗　1月下旬采用大棚营养钵育苗。

③定植　3月中旬，当瓜苗长到3～4片真叶时定植于大棚中间排水沟两边。每边栽1行，株距1.2米，每667米^{2}栽180株左右，移栽时浇足活棵水。

④田间管理　当丝瓜主蔓长到50厘米时，引蔓上棚架。为保持主蔓的生长优势，第一雌花出现前摘除全部侧蔓。结果后，选留强壮早生雌花的侧蔓结瓜，其余侧蔓保留1片叶及时摘心。进入盛瓜期要注意引蔓，使之分布均匀，及时摘除老叶、病叶、卷须、小杈枝、无果枝，减少养分消耗，保证棚架下面韭菜通风透光。及时理瓜，使之垂挂生长，同时摘除畸形瓜。植株调整工作宜在晴天下午进行，以防损伤蔓叶。丝瓜需肥水量大，生长前期矮生菜豆施肥浇水能满足丝瓜生长需要，5月中旬菜豆拉秧后，丝瓜进入旺盛生长期，结瓜后营养生长和生殖生长同时进行，是肥水需求高峰期，每采收1～2次施肥1次、浇水1次，每次每667米^{2}施尿素15千克或氮磷钾复合肥15千克，两种肥料交替施用，盛瓜期要始终保持土壤湿润。丝瓜是虫媒传粉，前期在棚内必须进行人工授粉，一般在晴天上午9～10时采用花对花的方法进行人工授粉。

⑤病虫害防治　丝瓜病害主要有霜霉病、白粉病、蔓枯病、疫病、炭疽病、病毒病等，可用甲霜·锰锌、三唑铜、百菌清、胂·锌·福美双、盐酸吗啉胍·铜防治。害虫有蚜虫、斜纹夜蛾、白粉虱等，

可用吡虫啉、氟啶脲、高效氯氟氰菊酯、联苯菊酯等防治。

⑥采收　丝瓜主要以食用嫩瓜为主,要及时采收。若采收过晚,果实易纤维化,种子变硬,不堪食用。从雌花开花到采收嫩瓜一般需10～12天。丝瓜连续结果性强,盛瓜期可每隔1～2天采收1次。采收宜在早晨进行,用剪刀剪断果柄,不宜手摘,以免损伤瓜蔓和叶片而影响生长。

(五)大棚苋菜套种甜玉米、香葱(3茬)一年五茬栽培技术

浙江省金华市蔬菜技术推广站王惠娟、程炳林等报道,进行苋菜套种甜玉米试验,并总结推广大棚苋菜套种甜玉米、香葱一年五茬栽培模式。每667米^{2}苋菜产量1 500千克,价格6～8元/千克,产值9 000～12 000元;玉米产量1 500千克,价格3～4元/千克,产值4 500～6 000元;三茬葱产量5 000千克,价格1.3元/千克,产值6 500元。每667米^{2}收入总计20 000～24 500元。其栽培技术如下。

1. 茬口安排　苋菜1月上旬播种,采用撒播,2月底3月初采收。甜玉米1月上中旬播种,采用育苗移栽,苗龄35～40天,2月中旬定植套种在苋菜中,5月中旬采收上市。第一茬小葱3月初播种育苗,苗龄50天左右,5月下旬玉米采收后定植,7月中下旬采收,生长期2个月;第二茬小葱5月中旬播种育苗,7月下旬定植,9月下旬采收;第三茬小葱7月中旬播种育苗,9月下旬定植,12月份采收。

2. 栽培要点

(1)苋　菜

①品种选择　选用高产、优质、抗病、适合本地市场消费的品种,如圆叶红苋菜等。

②整地筑畦　上茬作物收获后及时整地,每667米^{2}施有机肥2 000千克、进口复合肥25千克,深翻耙平后筑畦,一般畦面宽

1.2 米，畦沟宽 0.3 米。

③播种　播种前盖好大棚膜，大棚要密封，棚两边设置薄膜裙以便通风。1 月上旬撒播，每 667 米^2 用种 1 千克，播后覆土 0.5 厘米厚，踏实，浇透水，畦面平覆遮阳网和薄膜保温保湿，以利早出苗和出齐苗。

④田间管理　苋菜播种 7～10 天出苗后，除去畦面的遮阳网，薄膜改用小拱棚覆盖，白天温度高时可揭去小拱棚薄膜通风透光，增加光合作用，夜间温度低时可在小拱棚上加盖遮阳网保温。苋菜管理较易，经常保持田间湿润即可。施用基肥充足的，生长期间可不追肥，如果缺肥，可在 3～5 叶期追 1 次以氮肥为主的稀薄液肥。第一次采收后，灌 1 次水，每 667 米^2 追施复合肥 10～20 千克。施肥后应注意通风。在温度较低的情况下，施肥在上午 10 时后进行，有利于保温和降低棚内空气湿度。

⑤病害防治　苋菜抗病性较强，大棚苋菜病害较轻，应以防为主。注意通风换气，降低棚内空气湿度，防止病害发生。主要的病害有苋菜白锈病，发病初期可选用 58%甲霜·锰锌可湿性粉剂 500 倍液，或 50%甲霜铜可湿性粉剂 600～700 倍液防治。

⑥采收　播后 45～50 天，苗高 12～15 厘米，有 5～6 片叶时进行第一次采收。第一次采收多与间苗相结合，要掌握采大留小，留苗均匀，以利增加后期产量。再过 20 天，株高 20～25 厘米时，采收上市。

(2)甜玉米

①品种选择　甜玉米分为普通甜玉米、超甜玉米和加强甜玉米三大类型。以幼嫩果穗作水果蔬菜上市为主，应选用超甜玉米品种，如超甜 3 号、超甜 204、超甜 206、金菲、华宝 1 号、华珍等。

②培育壮苗　超甜玉米淀粉含量少，籽粒秕瘦，千粒重只有 110～180 克，相当于普通玉米的 1/3～1/2，发芽率低，顶土力弱。为了保证甜玉米全苗和壮苗，要精细播种。采用大棚营养钵育苗，

选用直径8厘米、高8厘米的营养钵,营养土应选择富含有机质的菜园土。1月中旬播种,每钵播2粒,深度不能超过3厘米。播后浇透水,铺地膜,再盖小棚膜。在第二叶与第一叶大小相当、苗龄25～30天时移栽。移栽前喷0.2%～0.3%尿素溶液。

③合理密植　2月中旬,苋菜采收1次后,甜玉米定植套种在苋菜中,一般每667米^{2}种植3 300～3 500株。合理的种植密度与品种特性、气候条件及水肥管理有关,特别提出的是甜玉米是以幼穗、青穗作蔬菜等供食用,一定要注意果穗的商品特性,不能单纯考虑单位面积产量,应根据果穗的商品要求来确定适宜的种植密度,尽可能在单位面积上有更高的经济收入。

④肥水管理　定植后施轻薄肥,活苗后每667米^{2}追施尿素5千克。苋菜收获后结合培土、灌水,追肥2次,每次每667米^{2}施进口复合肥20千克。雄穗开花后始穗至齐穗期,追施壮粒肥,每667米^{2}追施尿素10千克。

⑤防治病虫害　甜玉米植株比普通玉米甜,极易招致玉米螟、金龟子、蚜虫等害虫为害,受害的鲜果穗商品价格很低。因此,对甜玉米的虫害应防重于治和治早、治小、治了。在防治病虫害的同时,要保证甜玉米的品质,尽量不用或少用化学农药,最好采用生物农药。可在玉米大喇叭口期选用5%氟虫腈2 000倍液,或0.3%印楝素800倍液防治螟虫。

⑥采收上市　甜玉米的收获期与普通玉米不同,采收期对甜玉米的商品品质和营养品质影响较大,以鲜果穗上市的甜玉米应在乳熟期玉米授粉后20天左右采收,因为这时籽粒含糖量最高。收早了,籽粒内含物太少,含糖量低,风味差;收晚了,果穗虽较大,产量高,但籽粒内糖已转化为淀粉,果皮变厚,渣多,失去了甜玉米的特有风味。在田间可以通过看花丝变化、手指掐嫩籽粒、品尝甜味等经验性方法来确定是否可以采收。一般来说,春播的甜玉米采收期以授粉后20～25天为宜。甜玉米采收后,其含糖量会逐渐

下降，采收后应及时加以处理，以不超过12小时为宜。超甜玉米糖分下降速度比普通甜玉米慢，在室内存放2～3天或冰箱内冷藏7天，甜度变化不大。采收时要带叶，最好是边采收边上市。

(3)香　葱

①品种选择　香葱的品种很多，要根据市场消费习惯选择适宜的品种，如选用金华市本地农家品种金华四季葱。其特点是：植株细长直立，分蘖性强；绿色，管状叶，叶尖端细尖；须根发达，数量多，细小；种子繁殖，耐热耐寒，周季均可生产；香味浓，品质佳，产量高。

②播种育苗　第一茬小葱3月初播种育苗，第二茬小葱5月中旬播种育苗，第三茬小葱7月中旬播种育苗。夏季高温季节可用遮阳网遮盖降温，春季低温可用小拱棚覆盖保温，培育好壮苗。一般每667米^{2}播种量3.5～5.0千克，做到均匀精播。畦宽1.2米，过宽不利于管理。

③整地施肥　前茬作物收获后，及时翻耕。小葱宜在疏松肥沃的土壤中生长，用腐熟有机肥作基肥，一般每667米^{2}施2 500千克，配施氮磷钾复合肥20千克。

④密植浅栽　香葱移栽的深度宜浅不宜深，密度宜密不宜稀，深度6～7厘米，行株距15～10厘米，每穴3～5株。栽后浇足水，以利成活。栽植成活后，浅锄松土除草。

⑤肥水管理　金华四季葱根系分布浅，吸收力较弱，故不耐浓肥、不耐旱涝，与杂草竞争力较差，在田间管理上必须做到薄肥轻施、雨排旱灌，保持土壤湿润。小葱生育期短，定植后应保持土壤湿润，一般7天左右结合追肥浇1次水。生长期内追2次肥，每次每667米^{2}施尿素5千克。在夏秋干旱时亦可经常保持半沟水，使畦土常保持湿润。尤其是夏季，通过畦沟灌排换水，可降低土壤温度，防止高温滞苗、伤苗。梅雨季节要做好清沟排水工作。

⑥防治病虫害　香葱病害主要有霜霉病，发病前或发病初，可

用1.5%多抗霉素300倍液,或25%甲霜灵500倍液,或58%甲霜·锰锌700倍液喷雾防治,7~10天喷1次,连喷3次。害虫主要有葱蚜、潜叶蝇、蓟马、甜菜夜蛾,可选用10%吡虫啉2000倍液防治蚜虫,选用1%阿维菌素1500倍液,或0.36%苦参碱1000倍液防治潜叶蝇,选用5%氟虫腈2000倍液,或34%阿维·辛硫磷(克蛾宝)1500倍液防治甜菜夜蛾,选用2.5%多杀霉素1000倍液,或15%丁硫·吡虫啉(金好年)3000倍液防治蓟马。

⑦采收上市　一般定植后30~40天,根据市场行情采收上市。

(六)大棚紫果叶菜(落葵)、丝瓜、芹菜套种栽培技术

江苏省如皋市农业技术推广中心沙斌、钱春建、黄冬梅报道,如皋市如城镇钱桥村菜农利用大棚紫果叶菜、丝瓜、芹菜高效种植模式,每667米^{2}年产值达1万元。其中,紫果叶菜每667米^{2}产量2500千克,产值4000元;丝瓜每667米^{2}产量2000~2500千克,产值2000元;芹菜每667米^{2}产量3000~4000千克,产值4000元。

1. 茬口安排　采用大小拱棚覆盖栽培。一般大棚宽6米,棚高1.8~2.0米,棚内筑4条畦,每畦宽1.2米,中间留操作过道。3茬均为直播。紫果叶菜撒播或条播,每667米^{2}播种量6~8千克;丝瓜播种于紫果叶菜空幅内,每畦播1行,株距0.5米,每667米^{2}80株;7月上旬清茬后,芹菜于7月中旬播种于丝瓜棚下,利用丝瓜瓜蔓遮阳。

2. 栽培要点

(1)紫果叶菜　紫果叶菜又名木耳菜,学名落葵。选用如皋市本地品种青梗紫果叶菜。1月中旬播种,大棚套小棚覆盖草帘,并在床内加盖地膜,保温助出苗。3月底开始采收上市,7月上旬上市结束。

①施足基肥　播前每667米^{2}施腐熟粪肥2 500～3 000千克、复合肥30千克。

②破壳浸种　紫果叶菜种子壳硬,较难发芽,可采用30℃温水浸种1～2天后播种;也可采用萘乙酸浸种48小时后播种。为提高早期嫩茎叶产量,可采取破壳浸种、不破壳浸种和不破壳不浸种3种方法,加大播种量,同期混播,分期出苗上市。

③调控床温　晴天床温超过30℃即要小通风,夜间温度不能低于13℃,遇低温、阴雨天气要采用多层覆盖,避免低温发生僵苗,影响产量。

④勤管理,早上市　苗高10--15厘米时即可间拔幼苗上市。苗高25～30厘米时,可留2～4片叶摘嫩梢上市,促进发棵;以后每隔7～10天采收1次。每次采收后应立即追施速效氮肥,每次每667米^{2}追施尿素5千克或复合肥10千克。同时,注意防治褐斑病(蛇眼病)、小地老虎、斜纹夜蛾等病虫害。

(2)丝瓜　选用蛇形丝瓜品种。2月中旬播种于紫果叶菜空幅内,6月初始收,9月份采收结束。

①肥水管理　坐果后,施1次重肥,每667米^{2}穴施腐熟粪肥2 000～2 500千克、碳铵10千克。每采摘2～3批丝瓜追施粪肥1次,以防止植株脱肥而影响品质。生长期间遇旱勤浇水,梅雨季节及时疏通沟渠排水降渍。

②植株调整　及时搭架并引蔓上架,合理调整植株。主蔓上架后,出现2～3个花蕾时即应摘除。

③病虫害防治　注意防治蜗牛、炭疽病等病虫害。

(3)芹菜　选用玻璃脆品种。7月中旬直播于丝瓜棚下,利用丝瓜棚遮阳。11月下旬开始采收上市,12月下旬采收结束。

(七)大棚春马铃薯套栽冬瓜复种秋大白菜种植技术

江苏省东台市农业干部学校刘秋红、东台市蔬菜站王晔报道,总结推广东台市广大菜农在多年大棚生产实践中，大棚春马铃薯套栽冬瓜复种秋大白菜高效种植模式，每667米^{2}马铃薯产量1 000千克，冬瓜产量1 000千克，大白菜产量5 000千克，收入达5 000～8 000元。关键技术如下。

1. 茬口安排 早春马铃薯于12月中旬前后播种，翌年3月下旬陆续采收；冬瓜于2月份电热温床育苗，2月底3月初套栽于大棚中间，9月初采收结束，拉蔓清田；秋大白菜于8月上中旬育苗，9月上旬定植，10月份开始分批采收销售。

2. 栽培技术

(1)早春马铃薯

①品种选择与种薯处理 马铃薯宜选用高产、优质、适应于早春大棚种植的克新1号、紫花851等良种，每667米^{2}用种量75～100千克。10月底前备好种，11月底12月初将种薯分切成4～6块(每块种薯保留1～2个饱满芽眼)，及时用清水冲洗一遍后蘸上草木灰，抖湿润细土，堆放在室内，上盖细土、地膜、草帘，进行保温催芽。

②整地施肥，适期播种 选择土壤肥沃、排灌方便的沙壤土田块，在前茬作物收获后，每667米^{2}施优质发酵鸡粪3 000千克，均匀撒施后耕翻晒垡，促进土壤熟化。12月中旬前后整地，畦面宽5～6米，中间预留1.7米为冬瓜定植空田，两边各1.7米处按45～60厘米行距开沟，每667米^{2}施20～30千克磷酸二铵加15千克硫酸钾，或用氮磷钾(15－15－15)复合肥40～50千克作基肥。当马铃薯芽长0.5～1厘米时，按每667米^2 2 500～3 000株(株距20～23厘米)开行定距摆种，种薯芽眼向上，及时盖土起垄拍实。

③化学除草，搭棚覆膜 每667米^2(净面积)用75毫升72%异丙甲草胺对水50升喷雾，进行土壤封闭除草，用2米宽幅薄膜或地膜搭小拱棚，必须在出苗前(1月底2月初)搭建好大棚(大棚

净宽 4.2～5.2 米）。

④加强管理，适时采收　一般不需追肥，发现杂草及时拔除。分枝前后，每 667 米^2 可用 20 克 15％多效唑可湿性粉剂对水 20 升喷雾，控制地上部生长。开花期用 72％甲霜・锰锌可湿粉剂 600 倍液等抗菌剂防治疫病。从 3 月下旬开始，结合薯块生长状况和市场行情陆续采收上市。

(2)大棚冬瓜

①选用良种，培育壮苗　选用个大肉厚、质优高产的广东黑皮冬瓜良种，每 667 米^2 需种子 100～150 克，于 2 月中旬前后采用大棚内电热线加温育苗。针对其种子皮厚、吸水慢的特性，先置于 50℃～60℃热水中浸泡 20～25 分钟，需不断搅拌，免于烫伤，用温水去黏液后在室温下浸种 15 小时左右，捞出洗净后每钵（8 厘米以上钵径）播 1 粒（也可在 30℃条件下用湿毛巾包好催芽，待露白后播种），盖土 2 厘米后平盖地膜，加盖小拱棚和草帘增温保湿。出苗后白天温度保持 25℃～30℃，夜间 18℃～20℃，移栽前 7～10 天炼苗。

②开沟施肥，适期定植　定植前在移栽行处开沟，每 667 米^2 施用磷酸二铵 10～15 千克或高含量氮磷钾复合肥 20～25 千克。2 月底 3 月初，当苗龄达 20～25 天、真叶 2～3 片时，按株距 1～1.2 米，每 667 米^2 栽 100～120 株的密度移栽定植。栽前苗床喷 70％甲基硫菌灵可湿性粉剂 800 倍液加 75％百菌清可湿性粉剂 800 倍液防病，做到带药移栽。移栽时浇适量活棵水，促进缓苗快发。

③保温调湿，人工授粉　定植后 5～7 天内保温保湿促活棵，夜间加盖草帘或在小棚上加盖旧薄膜保温。活棵后逐步由内向外通风、揭膜，调节温、湿度。马铃薯采收后及时理蔓压蔓，在雌花开放后于上午 9 时左右采集异株雄花，用干净棉球蘸花粉进行人工辅助授粉，提高坐果率。

④肥水管理,病虫害防治　肥水管理掌握前淡后浓、前轻后重的原则,坐果前以施腐熟薄水粪为主促抽蔓,坐果后每 667 米^2 用 8～10 千克尿素加适量腐熟粪水距瓜 35 厘米处挖穴追施膨瓜肥。第一批瓜采收后,每 667 米^2 用 15 千克尿素加腐熟粪水追肥促结第二批瓜。7～8 月份气温高、光照强,易发生日灼病而烂瓜,应及时用麦秸草覆盖护瓜。8 月份瓜绢螟幼龄期,用 0.5%阿维菌素 1 000 倍液,或 52.25%氯氰・毒死蜱 1 000 倍液喷雾防治。

(3)大 白 菜

①品种选择与培育壮苗　宜选用高产抗病、适销的 87-114 或改良青杂 3 号等良种,每 667 米^2 用种 70 克左右。8 月上旬采用营养钵育苗或穴盘基质育苗,每钵(穴)播 2～3 粒种子,出苗后及时间苗定苗,每钵(穴)留一健壮苗。

②整地施肥,移栽定植　9 月初冬瓜拉蔓清田后及时耕翻,每 667 米^2 施腐熟人畜粪 1 500～2 000 千克,施后旋耕整地筑畦,畦宽 2～3 米。当大白菜苗龄达 20 天、真叶 3 片时,即可移栽定植。按行距 60 厘米开定植沟,沟深 10 厘米,每 667 米^2 施氮磷钾复合肥 20～25 千克,株距 40 厘米,每 667 米^2 栽 2 700 株,摆钵栽苗,随即壅土浇水。

③加强管理,分批采收　及时中耕除草,抗旱追肥。进入莲座期,每 667 米^2 用 5 千克尿素加入腐熟人畜粪 500～1 000 千克挖穴追施发棵肥;包心前 7～10 天,每 667 米^2 再施用尿素 5～10 千克、腐熟人畜粪肥 500～1 000 千克促进盘棵包心。根据大白菜长势和天气情况,及时选用 70%代森锰锌 600 倍液,或 75%百菌清 600 倍液防治霜霉病,用农用链霉素 250 毫克/千克防治软腐病,用 2.5%多杀霉素 1 000 倍液,或 2.5%高效氯氟氰菊酯 5 000 倍液防治蚜虫、菜青虫、小菜蛾等。进入 10 月份,当大白菜包心结实时,适时采收,去除外边老叶,分级包装,上市销售。

(八)薯尖与苦瓜立体栽培技术

薯尖是菜用型甘薯茎尖生长点以下 10～15 厘米长的嫩茎尖，是一种新型绿色蔬菜。武汉市江夏区农业局冯国民、郑彬、万兴华、余中伟报道，在武汉市江夏区金口街横堤和严家村开展薯尖与苦瓜立体高效栽培模式示范种植，薯尖种植在苦瓜的棚架下，不但充分利用了空间和节约了土地资源，而且由于棚架上的苦瓜蔓叶可起到覆盖遮荫作用，解决了 7～8 月份高温季节薯尖容易老化的问题，进而改善了食用品质。经济效益也十分显著，薯尖、苦瓜每 667 米^2 平均产量分别达 4 000 千克、3 000 千克，产值达 9 000 元左右。其主要技术如下。

1. 选用良种　选用优质、高产、抗逆性强的菜用型甘薯品种，如福薯 7-6 等。苦瓜选用高产、优质、抗逆性强的品种，如绿秀、长白苦瓜等。

2. 适期播种，合理密植　薯尖畦宽 2 米，沟宽 25 厘米，沟深 20 厘米，并做到畦沟、腰沟、围沟 3 沟畅通，以利排灌。一般 4 月初至 5 月初栽插，行距 22 厘米，株距 15 厘米，每 667 米^2 栽 10 000～12 000 株。每 2 畦作为 1 个苦瓜棚，搭立架或拱棚，苦瓜定植在棚架的两边。苦瓜 3 月下旬育苗，4 月下旬移栽，适当稀植，株距 60 厘米，一般每 667 米^2 栽 300～400 株，形成苦瓜棚内种植薯尖的模式。

3. 田间管理

(1)基肥　薯尖栽插前或苦瓜定植前，每 667 米^2 施腐熟有机肥 3 000 千克、高效复合肥 50 千克。

(2)追肥　薯苗栽插成活后可浇腐熟稀人粪尿，也可适当追施尿素，每 667 米^2 施提苗肥尿素 10～15 千克，采收 2～3 次后每 667 米^2 追施尿素 15～20 千克。苦瓜采收 2～3 次后每 667 米^2 穴施高效复合肥 20 千克。

(3)水分管理　浇水一般配合施肥进行。薯尖采用小水勤浇的方式,有条件的地方可以采用喷灌或滴灌。苦瓜喜肥水,要经常保持田间见干见湿。

(4)搭架整枝　苦瓜定植后要及时搭棚架,可搭立架或拱棚,选用坚固的支撑物确保棚架稳定、牢固,棚架高一般为1.8米左右。同时要及时引蔓上架。为了确保通风,一般1米以下的侧蔓全部去除。

4. 病虫害防治

(1)薯尖的病虫害防治　薯尖一般病虫害较少,但由于其叶片较嫩,可能有斜纹夜蛾、菜青虫等害虫为害叶片,可以选用综合措施进行防治。化学防治应选用低毒低残留农药,如氟虫腈、S-氰戊菊酯等。

(2)苦瓜的病虫害防治　苦瓜主要病害有疫病、霜霉病、白粉病,害虫主要是瓜实蝇等。疫病、霜霉病可用甲霜灵防治,白粉病可选用三唑酮防治,瓜实蝇可选用溴氰菊酯防治等。

5. 适时采收　薯尖一般4叶1心时即可开始采收。采收时留茎长10～15厘米,每个分枝留1～2个叶节,以便下次采收。为提高薯尖产量和品质,一般在采收3次后即可进行1次修剪。修剪必须保留2～3节,并结合进行中耕、除草和追肥。苦瓜一般在花谢后10天左右、瓜瘤突起有光泽时即可采收。

(九)大棚草莓、春番茄、夏黄瓜间套栽培技术

湖北三峡职业技术学院孙红绪、武汉市蔬菜科学研究所贺从安报道,在市郊菜地进行了大棚草莓、春番茄、夏黄瓜的立体套作栽培试验,充分利用大棚设施、黑色地膜和塑料软管滴管带,取得了草莓后期不减产、一年三熟的良好效果。该模式具有茬口衔接好、经济效益高、操作方便、实用性较强等优点。具体栽培要点如下。

1. 品种选择

(1)草莓　选用保护地栽培专用品种丰香草莓。它具有丰产、早熟、供应期长、质地致密、汁液多、味甜酸适口、耐贮运且抗黄萎病和萎凋病等特点，是塑料大棚促成栽培的优良品种，11月中下旬可采果上市。

(2)番茄　选用正邦红粉666番茄。该品种特早熟，属无限生长型，是国内高秧粉红果替代品种，在低温弱光条件下坐果能力强。果实粉红色，大果，高圆形，大小均匀，单果重200～350克，表面光滑发亮，皮厚耐贮运，货架寿命长。植株长势强，茎叶茂盛，叶色浓绿。耐热、耐湿性强，高抗病毒病、叶霉病、枯萎病、脐腐病，中抗晚疫病。

(3)黄瓜　可选用耐热、耐涝、抗病、适应性强及高产稳产的品种，如津春4号、津杂2号、夏丰1号、津研4号、津研7号等。

2. 茬口安排　草莓于9月上旬定植于覆盖遮阳网的大棚内，10月上旬揭去遮阳网后扣上长寿无滴膜，三片膜式覆盖，11月底开始上市，一直可收到5月初拔秧。春番茄12月上中旬大棚套小棚内播种育苗，苗高控制在30厘米以下，3月上中旬定植于草莓畦中间，与草莓套作近2个月，4月底开始收番茄，5月依天气情况揭除棚膜或仅揭裙膜留顶膜防雨防病，7月初采收完后剪秧。夏黄瓜7月初直播，8～9月份采收，结束后清园、翻地、炕地，培肥地力，再进行翌年的生产循环。

3. 主要栽培技术

(1)草　莓

①定植　基肥要施足，以长效有机肥为主。每667米^{2}可施腐熟猪厩肥5 000千克或鸡粪肥2 000千克、饼肥300千克、复合肥30～40千克。基肥全面撒施，与土壤充分混合。深翻起垄，垄宽40厘米，沟宽40厘米，垄高25厘米以上，垄上双行栽苗，行距25厘米，株距15厘米，每穴1株苗，每667米^{2}栽苗10 000株左

右。定植选阴天或晴天下午 5 时以后进行，以避免阳光暴晒。定植时小苗弓背朝向畦沟，做到“深不埋心，浅不露根”。定植后立即浇水并遮荫促成活。缓苗期保持土壤湿润，干旱时最好每天浇 1 次小水。

②定植后的温、湿度调控　10 月上旬揭除遮阳网，扣上长寿无滴大棚薄膜，接着全层覆盖黑色地膜，铺设软管滴灌带，以方便浇水、提高地温和降低棚内湿度。加厚保温层可用小拱棚和保温幕层。扣膜后温度控制要把握由高到低的原则，即：保温初期白天温度保持 28℃～30℃，夜间 12℃～18℃；开花期白天温度为 22℃～25℃，夜间 8℃～12℃；果实膨大期及转色期白天温度应保持在 18℃～22℃，夜间在 8℃～10℃，但不能低于 5℃。冬季低温时，可利用电灯补光与加温。现蕾前大棚内空气相对湿度以 80% 为宜，花期及果实膨大期以 50%～60% 为宜。晴天中午结合通风换气，降低棚内湿度，因为湿度过高是诱发灰霉病的主要因素。

③肥水管理　草莓采收期长，肥水需要量大，要经常补充水分和肥料。供水采用滴灌设备，及时浇水。在草莓整个生长季节里，要追肥 2～3 次。第一次为催苗肥，定植后 2～3 天施入，以氮肥为主，每 667 米^2 追尿素 10 千克；第二次为催果肥，在开花前施入，以氮、钾肥为主；第三次在第一、二档果采收后进行，以磷、钾肥为主，每 667 米^2 追施优质复合肥 10～15 千克，并结合进行叶面喷施铁肥或磷酸二氢钾稀释液。

④植株调整　开始保温后，在 10 月中旬进行赤霉素处理，以促成花柄伸长，有利于授粉受精，赤霉素浓度为 7～8 毫克/升，每株 3～5 毫升，喷洒在苗心上。过多的腋芽萌发易导致分枝过多，养分分散，故每株以留 2～3 个芽为宜，并只需保留 10～13 片健壮叶，及时摘除老叶和病叶。一般第一花穗保留 6～10 个果，第二、三花穗保留 6～8 个果。把小花、小果及部分畸形果摘除掉，并随时把病果摘除带出室外。

⑤病害防治 草莓病害主要有灰霉病和白粉病。灰霉病可用腐霉利烟剂熏烟防治，或选用50%腐霉利可湿性粉剂、25%异菌脲可湿性粉剂1 000倍液喷雾防治。白粉病可用20%三唑酮可湿性粉剂1 000倍液喷雾防治。

⑥采收 始收期在11月中旬，翌年1月下旬为采收高峰期，5月初为采收后期，整个采收期长达5个多月，每667米^{2}产量2 000千克左右。

(2)春番茄

①定植 3月中旬定植，在草莓畦中间挖穴，施入少许复合肥，以株距25厘米栽1行苗，每667米^{2}栽3 300株。定植时根部不宜与复合肥直接接触，定植后浇足定根水。

②清除草莓 在番茄定植1周后，定植畦上可根据需要适当留些草莓，拔除番茄边上的草莓。进入5月初，把所有草莓拔除。

③肥水管理 结合浇缓苗水轻追催苗肥，每667米^{2}施尿素8～10千克，以促进早发棵，提高坐果率。当田间80%以上的植株第一穗果已坐住、果实有核桃大小时结束蹲苗，开始浇催果水和追施催果肥，以促进果实迅速膨大。催果水浇得过早，易造成徒长疯秧和落花落果。催果水后，每隔6～7天浇1次水，保持土壤湿润，不可忽大忽小、忽干忽湿。结合浇水，每坐住一穗果追1次肥，每次每667米^{2}施尿素10～15千克。为补充磷、钾肥，可每667米^{2}追施磷酸二铵20千克和硫酸钾10千克1次。盛果期也可结合喷药进行叶面补充营养。

④保花保果与植株调整 开花期用20～40毫克/升防落素喷花，可促进坐果和刺激果实膨大，提早10～15天成熟。及时吊绳、绑蔓和整枝，采取单秆整枝，无限生长型品种留5～6穗果，上留2～3片叶摘心，其余花果疏掉。第一穗果变白时摘除果穗下部的老叶，中后期及时摘除老叶、病叶，减少养分消耗。

⑤秧上催熟 用湿纱布或棉线手套浸醮浓度为0.3‰～1‰

乙烯利溶液涂抹发白果面,4 月底番茄上市,7 月上旬采收完毕,每 667 米^2 产量 4 500 千克。

(3)夏 黄 瓜

①播种　番茄蔓剪除后留下地膜直播夏黄瓜。由于夏季高温,瓜苗较弱,可适当密植,一般每 667 米^2 5 500 株,穴距 30 厘米,每穴播 4 粒,每畦播 2 行,播种后适当灌水。

②田间管理　出苗后,间苗 1～2 次,最后每穴留 1 株。3～4 片真叶时第一次追肥,每 667 米^2 施蔬菜专用复合肥 5 千克;6～7 片真叶时第二次追肥,每 667 米^2 施蔬菜专用复合肥 5～10 千克,施肥后及时吊绳、绑蔓。结合绑蔓进行整枝,夏季栽培的品种多有侧蔓,基部侧蔓不留,中上部侧蔓可酌情多留几叶摘心。第一瓜着生后,进行第三次追肥,每 667 米^2 施蔬菜专用复合肥 10～15 千克,以后视采收情况进行追肥。每隔 2 天在傍晚或早晨滴灌水 1 次。

③病虫害防治　夏季露地黄瓜病虫害较多且危害较重,应定期喷药,重点防治。病害主要有霜霉病、白粉病、炭疽病和角斑病等,霜霉病可用 72%霜脲·锰锌可湿性粉剂 600～800 倍液,白粉病可用 15%三唑酮可湿性粉剂 1 500 倍液,炭疽病可用 50%福·福锌可湿性粉剂 500 倍液,细菌性角斑病可用 30%琥胶肥酸铜 500 倍液喷雾防治。害虫主要有蚜虫、螨虫等,用 40%乐果乳油 1 000 倍液,或 1%阿维菌素 1 500 倍液喷雾防治。

④采收　夏秋高温,黄瓜从播种至采收仅需 40～50 天,每 667 米^2 产量 3 000 千克。

第三章　露地蔬菜间作套种新模式

一、以番茄、辣椒为主作间作套种新模式

(一)番茄、丝瓜、萝卜间套作栽培技术

据夏春霞、康元庆、康翠萍报道，推广番茄、丝瓜、萝卜间套作栽培技术如下。

1. 种植方式

(1)番茄　选用早熟高产、商品性好的品种，如霞粉、合作903、合作906等。12月上旬采用温床育苗，长江流域3月上中旬利用两膜(地膜加小拱棚膜)定植，4月中下旬上市，6月上旬收获结束。

(2)丝瓜　应选择结瓜节位低、早熟高产、有香味、耐运输的品种，如江苏五叶香、长沙肉丝瓜等。2月下旬播种育苗，4月上旬定植于番茄行间，5月中旬上市，8月中旬拉蔓。

(3)萝卜　应选择耐寒力强、产量高的品种。8月20日前后播种，11月下旬开始采收，一直可采收到春节为止。

2. 产量与效益　番茄每667米^{2}产量3 500千克，产值2 800元；丝瓜每667米^{2}产量5 000～6 500千克，产值8 000元；萝卜每667米^{2}产量4 000千克，产值3 000元。

3. 栽培要点

(1)番茄栽培

①培育壮苗　为使番茄幼苗长得健壮，应适期播种。育苗期间的适宜温度为20℃～25℃，土壤含水量为田间持水量的60%～

80%，适宜的空气相对湿度为60%～70%。定植时，苗龄90～100天，秧苗高度不超过20厘米，秧苗带大花蕾。在定植前10天进行炼苗，加强通风，降低床温，减少浇水，控制生长量，以便定植后能适应低温环境。

②适时移栽　3月上中旬移栽。一般畦宽2米，沟深40厘米，大行距75厘米，小行距48厘米，株距33～35厘米，每667米^{2}栽2 200～2 500株。

③加强肥水管理　移栽前施足基肥，每667米^{2}施腐熟鸡粪肥1 500千克、腐熟人畜粪500千克、复合肥50千克、尿素15千克。生长期间追肥2～3次。铺膜前，每667米^{2}用48%氟乐灵100毫升，对水30升喷施，能有效防除一年生单、双子叶杂草。栽后加盖拱棚膜，温度控制在25℃～28℃，促早开花结果。当土壤墒情较差时可浇水，及时预防病害的发生。

④植株调整　及时搭架、点花、摘除杈头、疏花疏果，每穗留4个果，争取多结果。6月上旬采收结束，将茎基部剪断，残株离田。

(2)丝瓜栽培

①适期播种移栽　采用温床育苗，2月下旬播种。播前将种子用10%磷酸三钠浸20分钟后，捞出洗净再用清水浸6小时，漂洗后催芽，待90%的种子露白时每钵播种1～2粒。整个苗期温度控制在27℃～28℃，温度过高应及时通风。在移栽前1周逐步通风炼苗，确保幼苗移栽时达到叶色深绿、根茎粗壮、根系发达的壮苗标准。当秧苗有4片真叶时，于4月上旬选择晴天上午，揭去番茄小拱棚膜，将丝瓜套植于番茄植株的一侧，浇足活棵水，再盖上拱棚膜。整个缓苗期注意温度的管理。

②加强田间管理　当瓜苗高20厘米时整理上架，每隔3～4叶绑蔓1次。丝瓜采用高密度栽培模式，以主蔓结瓜为主，侧蔓一律摘除；适当剪去部分老叶、雄花、卷须，避免相互重叠和拥挤，减少养分消耗，确保通风透光。加强肥水管理。每采收1～2次，追

肥1次，每667米²用腐熟人畜粪500千克，以满足正常生长和开花结果对养分的需求。

③及时防治病虫害　瓜秧苗活棵后，每隔15天喷药1次，以防治霜霉病、病毒病及一些害虫为害。

④及时采收　丝瓜主要食用嫩瓜，一般在果梗光滑、茸毛减少、果皮有柔软感而无光滑感时采收，时间大致为雌花开放后10～12天。采摘宜在早晨进行。采收至8月中旬结束。

(3)萝卜栽培

①适期播种　播期以8月中旬前后为宜，一般用撒播法，每667米²用种量1千克。

②田间管理　前茬结束后及时耕翻，施足基肥，每667米²施3 000～4 000千克腐熟猪厩肥。出苗后15天间苗1次，4～5片真叶时定苗，行株距以15厘米×15厘米为宜，每667米²留苗2.8万株。苗期正值高温季节，应合理浇水，土壤含水量以田间持水量的60%为宜，掌握少浇勤浇的原则。根部生长前期需水多，应充分均匀地供水，土壤含水量以田间持水量的70%～80%为宜；根部生长后期应控制浇水，防止空心。在间苗后追肥2～3次，切忌浓度过大。及时中耕除草，防止杂草欺苗。

③病虫害防治　萝卜主要病虫害有软腐病、黑斑病、花叶病毒病、蚜虫、小菜蛾、菜青虫、黄条跳甲等，应及时用药防治。

④适时采收　一般在肉质根充分膨大、基部已圆起来、叶色转淡开始变为黄绿色时采收。耐寒力强的品种，采收可延至元旦、春节，经济效益较高。

(二)辣椒与豇豆套种栽培技术

海南省农业科学院蔬菜研究所吴月燕、伍壮生、肖日新等报道，近年来，随着农业产业结构的调整，瓜菜集约化栽培面积逐年扩大，很多菜农采用辣椒与豇豆套种栽培模式，以提高复种指数，增加土地利用率及产出率，于 2008～2009 年进行了辣椒与豇豆套种栽培试验，每 667 米^2 产辣椒 2 700～3 200 千克、豇豆 2 350～2 850 千克，收入达 1 万元以上，经济效益显著。该模式可在海南省瓜菜主产区推广应用。其栽培技术要点如下。

1. 茬口安排 辣椒于 10 月上中旬育苗，11 月中旬移栽定植；豇豆于 12 月上中旬进行干籽直播。

2. 品种选择 辣椒应选用果形好、抗逆性强、耐贮运的品种，如秀丽 1 号、海椒 4 号等；豇豆应选用早中熟、抗逆性强、叶片大小中等的品种，如宝冠、夏宝 2 号等。

3. 辣椒苗培育

(1)播种 辣椒采用穴盘育苗，按椰糠、河沙、猪粪为 1∶1∶1 的比例(体积比)配制基质，并用噁霉灵 300 倍液，或 50%多菌灵可湿性粉剂 600～800 倍液进行消毒。辣椒种子播前用 55℃～60℃温水烫种消毒 10～15 分钟，注意不断搅拌；或用 10%磷酸三钠溶液浸种 20 分钟，或用 0.2%高锰酸钾溶液浸种 10 分钟。浸种后，用清水冲洗种子，并用手反复搓洗，洗去种子表面黏液，放在阴凉处沥干待播。

(2)苗期管理 辣椒出苗后每隔 5～7 天喷 1 次 70%甲基硫菌灵可湿性粉剂 1 000～1 500 倍液，或 75%百菌清可湿性粉剂 500～600 倍液，防止发生病害。每隔 1 天浇 1 次水，但浇水量不宜过大，以防基质湿度过大而发生病害。育苗期间，可结合浇水喷 2～3 次营养液，或浇施浓度为 0.1%～0.3%氮磷钾复合肥。幼苗长至 5～6 片真叶时开始炼苗，3～5 天即可移栽定植。

4. 整地施肥 辣椒定植前，深耕土壤，施足基肥，每 667 米^2 施腐熟猪牛粪或堆厩肥 2 000～3 000 千克、过磷酸钙 40～50 千克、饼肥 70～100 千克、氮磷钾复合肥 80～100 千克。施肥后浅翻 1 次，耙平筑畦，畦宽(包沟)1.3 米、高 20 厘米，覆盖黑色地膜。

5. 合理定植 筑畦后，呈三角形双行定植辣椒，株行距为

(40～45)厘米×50厘米。辣椒定植20～30天后,在其两侧按株距25厘米左右干籽直播豇豆。播种过早会影响辣椒生长;播种过迟由于辣椒已封行,豇豆苗会被遮光,抑制幼苗生长。

6. 田间管理 辣椒定植后到门椒坐住前少浇水,以促进根系生长。定植后每隔7～10天可喷1次生根剂或健植宝,促进植株生长。门椒坐稳后及时追肥浇水,每667米^{2}施复合肥15千克。对椒和四门斗椒坐稳时重施催果肥,每667米^{2}施氮磷钾复合肥30～40千克,以后每采收2～3次结合浇水施氮磷钾复合肥15～20千克。

豇豆出苗后,选留3株长势旺盛的植株。幼苗期结束前后及时搭架(搭"人"字架或倒"人"字架)。抽蔓后需经常引蔓,使茎蔓均匀分布在篱架上,避免茎蔓缠绕辣椒而影响生长。

7. 病虫害防治

(1)病害防治 辣椒苗期病害主要有猝倒病、立枯病,生长期病害主要有病毒病、疫病、灰霉病和炭疽病等。猝倒病可用30%噁霉灵可湿性粉剂800倍液,或64%噁霜·锰锌500倍液防治;立枯病可用20%噁霉灵1200倍液,或25%好速净(异菌·多·锰锌)可湿性粉剂600～800倍液防治;病毒病可用20%盐酸吗啉胍·铜可湿性粉剂600～800倍液,或1.5%烷醇·硫酸铜(植病灵)1000倍液防治;疫病可选用64%噁霜·锰锌500倍液,或50%甲霜铜600倍液,或72%霜脲·锰锌可湿性粉剂600～800倍液防治;灰霉病可用20%叶枯唑600～800倍液,或50%腐霉利可湿性粉剂1500～2000倍液防治;炭疽病可用25%嘧菌酯悬浮剂500～600倍液,或75%百菌清可湿性粉剂800倍液加50%甲基硫菌灵可湿性粉剂800倍液混合喷洒防治,7～10天喷1次,连喷3次,交替使用药剂防治效果更佳。豇豆病害主要有锈病、灰霉病等。锈病可用50%萎锈灵乳油800～1000倍液,或62.25%锰锌·腈菌唑可湿性粉剂600～800倍液,或15%三唑酮可湿性粉剂 1 000 倍液防治,每隔 7～10 天喷 1 次,连喷 3 次。

(2)虫害防治　辣椒虫害主要有蚜虫、蓟马、钻心虫等。蚜虫可用 10%吡虫啉可湿性粉剂 1 500 倍液防治,蓟马可用 20%丁硫克百威乳油 600 倍液防治。豇豆虫害主要有菜青虫和豇豆螟等。菜青虫可用 20%氯氰菊酯 2 000 倍液防治,豇豆螟可用 20%氰戊菊酯 2 000 倍液,或 5%氟啶脲乳油 1 500 倍液防治,交替使用药剂,5～7 天喷 1 次,连喷 2～3 次。

8. 适时采收　辣椒坐果多,结果期长,为减少营养消耗,应及时采收。豇豆盛产期,应每天采摘 1 次,以免种子发育消耗过多营养,影响植株生长、开花结荚和豆荚的商品率。采收时不要损伤其他花蕾,也不要将花序柄一起摘下。

二、以黄瓜、丝瓜、西瓜为主作间作套种新模式

(一)黄瓜套种豆薯栽培技术

据刘善臣报道,黄瓜和豆薯(又名凉薯)套种,可以较好地解决季节矛盾,提高土地的利用率,增加单位面积产值。长江中下游地区黄瓜于 3 月中下旬定植,6 月上中旬拉秧,与凉薯共生约 70 天。每 667 米^2 可产黄瓜 2 300～2 500 千克,凉薯 4 000～5 000 千克。

1. 适期播种定植　黄瓜选用早熟品种如津春系列、津研系列及湘黄瓜 2 号、湘黄瓜 1 号等,于 2 月底 3 月初播种育苗(不浸种催芽)。播前苗床要浇透水,并喷 50%敌磺钠 400 倍液消毒。用塑料小拱棚育苗。出第一片真叶时(即春分前后)抢冷尾暖头定植,行距 106 厘米,株距 26 厘米。凉薯选用广东早沙葛品种,于黄瓜搭架时播种在黄瓜行间,行距 53 厘米,株距 13 厘米,每穴播 1 粒,相邻两行的凉薯穴成“品”字形排列,以利凉薯膨大。

2. 整地施肥　选富含有机质、能灌能排的沙壤土,在秋末冬

初非瓜类蔬菜前茬收获后，深翻冻土。在黄瓜定植前10～15天，结合整地每667米^{2}施入堆沤发酵的猪牛粪1 500千克、过磷酸钙50千克、草木灰500千克、腐熟人粪尿400千克。开好三沟，南北向做畦（也可不做畦），畦面宽2米，畦沟宽40厘米，东西向种植。凉薯播种时还应施入腐熟猪牛粪1 000千克、过磷酸钙40千克、氮磷钾复合肥50千克。一般基肥占施肥总量的50%。

3. 加强田间管理

（1）水肥管理　黄瓜定植后浇清水缓苗。缓苗后结合第一次中耕，每667米^{2}用1 500千克腐熟猪粪施在瓜株附近，然后再覆土盖住猪粪。此法可使瓜株附近土壤疏松和保持湿润。黄瓜喜湿、怕涝、不耐旱，故幼苗期要适当浇水，结瓜期需水量大，应及时浇水。黄瓜施肥以"少吃多餐"为原则，切忌浓肥伤根死苗。幼苗期施腐熟稀薄粪水，结瓜期以氮肥、钾肥与腐熟人粪尿配合施用为宜。一般每次每667米^{2}施尿素4～5千克、氯化钾3～4千克，或复合肥10千克加腐熟人粪尿150千克。结瓜盛期用0.5%尿素液加0.2%磷酸二氢钾液进行叶面施肥。黄瓜倒苗后，对凉薯结合中耕施肥3～4次，用量同黄瓜施肥。

（2）中耕培土　黄瓜活蔸后开始中耕，隔4～5天中耕1次，共3～4次。中耕深度应逐渐由深到浅，以防伤根。凉薯在黄瓜倒苗后要中耕3～4次，隔6～7天1次。

（3）植株调整　黄瓜苗高35～40厘米时，搭架绑蔓。架高2米以上，1株苗插1根棍，相邻2行的6～8根捆成"人"字架。结瓜盛期要摘除老叶、黄叶以及多余的雄花和卷须。当凉薯苗高15～20厘米时要插棍绑蔓，并及时扯掉黄瓜秧，否则会影响凉薯生长。凉薯每2株苗1根棍，搭架方法同黄瓜。凉薯蔓长1米时要封顶（用剪刀剪去生长点）。封顶后应摘花和去侧蔓4～5次。

4. 防治病虫害　对危害黄瓜的黄守瓜、瓜蚜，用敌百虫、乐果防治。防治黄瓜霜霉病、角斑病、枯萎病等，可用百菌清、多菌灵进行喷雾或灌根。

(二)早黄瓜套种辣椒、萝卜一年三熟栽培技术

江西省萍乡市蔬菜研究所李自明、王小凤、肖增雪、陆建林等报道,萍乡田少人多,人均占有耕地面积不足367米²,为最大限度发掘土地价值和增加农民收入,萍乡市蔬菜科研所积极推广早黄瓜套种辣椒、萝卜一年三熟高产高效栽培模式。该模式首先在萍乡市湘东区麻山镇幸福自然村实施,取得了较好的经济效益。每667米² 早黄瓜产量3500千克,产值3500元;辣椒产量3000千克,产值6000元;萝卜产量5000千克,产值3000元。每667米²全年产值12500元,投入(包括种子、农药、化肥)2200元,纯收入为10300元,投入产出比为1∶5.7。

目前该模式已逐步在上栗县上栗镇、芦溪县银河镇等地推广,种植面积达66.7公顷。其栽培技术如下。

1. 种植模式 早黄瓜2月下旬小拱棚播种育苗,3月中旬定植,5月上旬上市,6月上旬终收。辣椒3月下旬营养钵育苗,5月上旬与黄瓜套种,6月下旬上市,10月下旬终收。萝卜10月下旬播种,翌年3月上旬一次性收获(表3-1)。

表3-1 早黄瓜套种辣椒、萝卜一年三熟栽培模式

品 种	播种期	定植期	上市期	终收期	产 量(千克/667米²)	产 值(元/667米²)	利 润(元/667米²)
上栗早黄瓜	2月下旬	3月中旬	5月上旬	6月上旬	3500	3500	2850
萍辣9901	3月下旬	5月上旬	6月下旬	10月下旬	3000	6000	5450
南畔洲萝卜	10月下旬			翌年3月上旬	5000	3000	2000
合 计					11500	12500	10300

2. 关键技术措施

(1)黄瓜栽培技术

①品种选择　选用萍乡地方品种上栗早黄瓜。该品种肉质脆嫩，清香可口，极早上市。

②播种育苗　播种育苗前做好场地和苗床清洁工作，清除残株败叶和杂草。每667米^{2}播种量120克。先将种子在55℃温水中浸种15分钟，搅拌冷却至25℃左右浸泡2～4小时，捞出用干净纱布包好在30℃左右温度下催芽，至50%种子露白时播种。播种前准备好苗床，在苗床表面覆5厘米厚营养土。播种时应浇足底水，然后撒播，播后覆盖1厘米厚营养土，盖没种子，然后盖一层薄稻草，稻草上再盖一层地膜，搭小拱棚，并覆盖棚膜。

播种后苗床温度控制在25℃～30℃。出苗后立即揭去地膜、稻草，当显露真叶时移入营养钵，浇足水，小拱棚覆盖薄膜保温、保湿。

③定植　定植前半个月结合翻土每667米^{2}施腐熟有机肥3000千克，或复合肥30～50千克。采用深沟高畦种植，畦宽1.2米，每畦种2行，株距30～35厘米，地膜覆盖。

④田间管理　生长前期适当控水控肥。结瓜期应勤追肥，7～10天1次，以稀薄腐熟人粪尿为主，结合喷药加0.3%～0.5%尿素和磷酸二氢钾液根外追肥1～2次。蔓长45厘米时，及时引蔓、绑蔓。可用黄瓜保果灵125倍液喷洒开花前后1天的雌花，提高坐果率，增加产量。

⑤病虫害防治　黄瓜病害有霜霉病、白粉病、疫病等，害虫有蚜虫、白粉虱等。霜霉病用75%百菌清可湿性粉剂600倍液，或72%霜脲·锰锌可湿性粉剂400倍液喷雾防治。白粉病可用15%三唑酮可湿性粉剂1000～1500倍液，或70%甲基硫菌灵可湿性粉剂1000倍液防治。疫病用77%氢氧化铜500倍液，或用58%甲霜·锰锌500倍液防治。蚜虫可用20%氰戊菊酯3000倍

液，或2.5%溴氰菊酯5 000倍液，或2.5%联苯菊酯乳油5 000倍液喷雾防治。

(2)辣椒栽培技术

①品种选择　选用萍辣9901。该品种是由萍乡市莱科所新近育成的辛辣干鲜两用线椒组合，抗病、耐旱、耐热。

②播种育苗　3月下旬用小拱棚播种育苗。选择前茬未种过茄科作物的田块作苗床。苗床做成1.2米左右宽的畦，畦内铺营养土。营养土可用5份园土、4份腐熟垃圾肥、1份腐熟人猪粪配成。营养土过筛后，每立方米掺入氮磷钾复合肥600～700克，或过磷酸钙1 000克、尿素50克、硫酸钾65克，用辛硫磷、敌磺钠等药剂配成水溶液进行土壤消毒和防虫害。

播种前晒种1～2天，晒后放入清水中浸泡5～6小时，稍晾干后播种。播种苗床要整细耙平，浇足底水，水渗下后撒播。播种后覆0.5～1厘米厚的营养土。

当幼苗3～4片真叶时开始移苗。移苗要选择晴天傍晚或阴天进行。利用塑料营养钵移苗，边移苗边浇定根水。

③定植　5月上旬待第一批黄瓜采摘上市后，将黄瓜底部老叶、徒长枝、多余侧枝全部摘除。在黄瓜株间破膜定植辣椒，浇足定植水。

④田间管理　5月中旬黄瓜终收后，可在畦间破膜，每667米^{2}施入35千克氮磷钾复合肥、50千克过磷酸钙、15千克硫酸钾。从门椒坐果到采收，每667米^{2}结合浇水追施腐熟人粪尿2 000千克，7～10天1次；同时用0.3%磷酸二氢钾或氮磷钾复合肥液叶面施肥2～3次。后期每采1次果施1次肥，每667米^{2}施20千克复合肥加腐熟稀人粪尿。及时摘除弱枝、徒长枝，调整植株，促进坐果。

⑤病虫害防治　在整个生长过程中，幼苗期要注意防治猝倒病、早疫病，成株前防治炭疽病、疫病、枯萎病，苗期主要防治地老

虎、蝼蛄，结果期防治蚜虫、烟青虫、棉铃虫、斜纹夜蛾。猝倒病可用64%噁霜·锰锌可湿性粉剂600倍液防治。炭疽病可用噁霉灵或用77%氢氧化铜500倍液防治。疫病可用72.2%霜霉威水剂800倍液加50%福美双可湿性粉剂500倍液防治。枯萎病可用50%琥胶肥酸铜可湿性粉剂400倍液防治。小地老虎、蝼蛄可用90%敌百虫800倍液，或50%辛硫磷800倍液灌根。烟青虫、棉铃虫用黑光灯诱杀或用2.5%溴氰菊酯2000～3000倍液防治。斜纹夜蛾用5%氟啶脲或氟虫脲乳油2000倍液防治。蚜虫用黄板诱蚜、银灰膜驱蚜，或用50%抗蚜威可湿性粉剂2000倍液防治。

(3)萝卜栽培技术

①品种选择　可选用南畔洲、四月白等。

②播种　10月下旬，待辣椒全部拔秧后，精细翻耕地块，每667米² 施入腐熟有机肥2000千克、氮磷钾复合肥35千克、硼酸1千克。每畦播3行，穴播，每穴播8～10粒种子，株行距26厘米×32厘米。

③田间管理　一般间苗1～2次，5～7片真叶时定苗。生长前期中耕除草2次，结合中耕适当培土。定苗后追施腐熟人粪尿加少量尿素提苗。肉质根膨大时，每667米² 追施尿素20千克、硫酸钾10千克，或复合肥20～25千克。忌中午浇热水和灌大水。正常生长的萝卜，在其生长后期剔除幼小的心叶和生长点，可提高萝卜的产量。

④病虫害防治　萝卜主要病害有黑斑病、病毒病，害虫为蚜虫。黑斑病可用64%噁霜·锰锌600倍液防治，病毒病可用5%菌毒清1号可湿性粉剂防治。另外，加强蚜虫防治亦可减轻病毒病的发生。

(三)夏丝瓜套种秋黄瓜栽培技术

据单玉文、陈爱山报道,利用夏丝瓜棚下适度遮荫、避雨有利幼苗生长的环境,在丝瓜拉秧前20天左右,直播套种秋黄瓜,平均每667米^{2}产丝瓜4 300千克、产秋黄瓜2 300千克。

1. 选配品种 夏丝瓜选用具有耐低温弱光、雌花节位低(第五至七叶节)、结果早、瓜条好、皮薄质优、丰产性好等特点的品种,如江苏五叶香丝瓜、湖南长沙肉丝瓜、四川六叶线丝瓜等。秋黄瓜选用早熟、抗霜霉病、适合秋栽的密刺型品种,如津研4号、津杂3号、津杂4号等。

2. 培育壮苗 在长江流域,夏丝瓜于2月下旬小拱棚育苗。每667米^{2}移栽大田需育苗床10米^2。床内施腐熟有机肥100千克、复合肥2千克。每穴播3粒,穴距10厘米,盖土后浮面覆盖地膜,再扣棚,待出苗60%~70%时揭去地膜。齐苗后及早间苗,每穴留2株。苗期注意通风降温,棚内温度白天控制在20℃~28℃,夜间保持在12℃~15℃,定植前7天炼苗。

秋黄瓜在丝瓜拉秧前20天左右播种。播前将黄瓜种子用55℃温水浸泡15分钟,不断搅拌,再用50%多菌灵500倍液浸种30分钟,然后用清水洗净催芽,待60%的种子露白时,在丝瓜棚下每根立杆旁破膜直播,每穴2粒,苗长至1叶1心时,每穴定苗1株。

3. 大田准备 选地势较高、排灌方便、3年内没有种过瓜类作物的田块,于上年冬闲时,每667米^{2}施入腐熟有机肥8 000~10 000千克、复合肥100千克,深翻30~50厘米,冻土熟化。在育苗的同时,进行整畦挖穴,要求田内沟宽30厘米、深25厘米,畦面宽2米,整平后畦面覆盖宽2米的地膜。用竹竿搭平顶大棚架。距沟边2.5米和7.5米分别插立杆,每畦4行,行内杆距5.5厘米,将相邻两行每相邻的4根立杆扎成1.8米高的四棱锥形,以各锥顶为支撑，水平摆放足够的横杆，并扎牢。

4. 移苗引蔓 谷雨前后，待气温稳定时，将丝瓜苗带土移栽于大田，每畦栽 2 行。定植穴挖在两立杆中间。定植后浇 1～2 次透水。当丝瓜蔓长至 35 厘米左右时，引蔓上架，每穴丝瓜的两根主蔓分别引向两侧的立杆。在主蔓爬到棚顶前，不留侧蔓，以促进主蔓结瓜，提高前期产量。棚顶上的主、侧蔓任其生长。随着丝瓜藤蔓生长，相互缠绕，棚面郁闭，导致结瓜减少且弯曲畸形瓜多时，可采取疏去部分植株和摘除老叶、黄叶的办法进行调节，以保持其连续结瓜。黄瓜出苗后，应逐步加大棚面清理，保证黄瓜生长有足够的阳光。黄瓜抽蔓后，将丝瓜蔓全部清理掉，以利黄瓜及时上架。

5. 肥水管理 丝瓜、黄瓜对肥水要求较高。丝瓜由于基肥足，所以生长期间一般不追肥，只要确保田间有合理的湿度就能丰产。但黄瓜喜湿、怕涝、不耐旱，故应做到旱时能迅速引水浇灌，雨后田间无渍水。秋黄瓜生长期间，由于前茬丝瓜消耗了较多土壤养分，需及时挖穴追肥 2～3 次，每次每 667 米^2 施薄腐熟水粪 1 000 千克、复合肥 15 千克，以防缺肥。夏丝瓜、秋黄瓜整个生长期，还可结合喷药进行根外追肥，每 10 天喷一次喷施宝或磷酸二氢钾或尿素等，以促进生长，提高产量。

6. 病虫害防治 丝瓜抗病虫害能力强，病虫害发生较少。秋黄瓜易发生霜霉病，可用 58%甲霜·锰锌 500 倍液，或 40%三乙膦酸铝 250 倍液，每 7～10 天喷 1 次，连喷 2～3 次。瓜绢螟可用 50%辛硫磷 1 500 倍液防治。

7. 适时采收 适时采收可以保质保量，提高经济效益。夏丝瓜采收期为 6 月中旬至 8 月下旬，盛瓜期花后 8～9 天就可采摘，故盛瓜期须每隔 1 天采收 1 次。秋黄瓜采收期从 9 月底开始至早霜来临时结束。早秋黄瓜花后 8～9 天就可采摘。但采摘过早会影响产量，过迟则质量差且影响后批瓜的生长，故需掌握适期采收。寒潮来临前，要把田间黄瓜全部采下，放于室内保鲜贮藏。

(四)西瓜、辣椒、冬瓜、豇豆、豌豆间套作周年栽培技术

据张林清、冉健报道，西瓜、辣椒、冬瓜、豇豆、豌豆间套栽培一年五种五收，平均每667米^{2}产西瓜2 000千克、辣椒1 200千克、冬瓜4 000千克、豇豆1 000千克、豌豆尖900千克。该种植模式一地多种多收，较好地利用了光、热、水等自然资源，体现了高产、高效的有机结合，是发展三高农业的较好模式。

1. 品种选配 西瓜选早熟、高产的品种，如郑杂5号等；辣椒选中熟、高产的湘研3号等或可晒制干椒的品种；冬瓜选晚熟、高产的青杂1号等；豇豆选适宜秋种的秋白豇等；豌豆选无须豌豆尖1号等。

2. 种植方式 选土层深厚、肥沃的沙壤土，地整好后，按1.5米宽做畦。西瓜于3月中旬育苗，4月中旬定植，地膜覆盖栽培，行距2.5米，株距0.4米，每667米^{2}植600～700株，6月下旬始收，7月中下旬结束。辣椒3月上旬育苗，4月中旬在瓜地空行间按行距60厘米、株距50厘米定植，栽单株，6月底始收，9月底结束。冬瓜5月中旬播种，瓜苗破心时带土移栽于大田。在西瓜瓜蔓背向地膜边缘上每畦栽2行，株距1米，每穴植1株，8月始收，9月底结束。豇豆7月中下旬播种，在辣椒、冬瓜行间按行距75厘米、株距50厘米播种，每穴播种子3粒，8月中下旬始收，9月中旬结束。豌豆9月下旬播种，行穴距25厘米×25厘米，每穴播种子5粒，10月下旬开始摘尖，翌年3月结束。

3. 配套管理 西瓜定植前，每667米^{2}施腐熟优质农家肥5 000千克、复合肥50千克。定植缓苗后，每667米^{2}施尿素5千克作追肥，幼瓜膨大期施尿素10千克和腐熟粪水1 500千克，开窝深施。采取2蔓或3蔓整枝方式，主蔓留第二雌花坐果。开花当天，用高效坐瓜灵1克对水100毫升涂抹瓜柄保果。瓜长足后，

用 250～300 毫克/升乙烯利液涂抹 1 遍，促进早熟。

辣椒定植成活后，每 667 米^2 需追施腐熟粪水 1 000 千克加尿素 5 千克。结果前期要注意少施氮肥，并控制水分，以免徒长影响结果。结果期根据长势追肥 2～4 次，防止早衰。

冬瓜定植成活后，每 667 米^2 需追施腐熟粪水 1 000 千克、复合肥 30 千克，混合窝施。开花坐瓜前视植株长势强弱，不施或适当补施速效肥料。采取 2 蔓整枝，主蔓结瓜，留第二至四雌花坐瓜，1 株留 1 个瓜。幼瓜坐稳后，每 667 米^2 用尿素 5 千克和 40% 腐熟粪水 1 000 千克追肥，攻果实膨大。

秋豇豆因生育期短，需施足基肥，每 667 米^2 用复合肥 30 千克、土杂肥 1 000 千克混合穴施再播种。从苗期至开花期，要多次施腐熟粪水肥。伸蔓前及时搭架引蔓，一般架高 2～2.5 米。结荚盛期，注意防止干旱，每采收 1～2 次，每 667 米^2 追施尿素 5 千克和腐熟粪水 1 000 千克。

豌豆播种前，每 667 米^2 施有机肥 2 000 千克、复合肥 30 千克。苗期每次摘尖后，用尿素 5 千克和腐熟粪水 1 000 千克作追肥。在摘尖后喷施 20～30 毫克/升赤霉素液加 0.4% 尿素液，每采收 2 次喷 1 次，连续喷 2～3 次，可明显增加采摘次数和产量。

病虫害防治方法同常规。

(五)低海拔山区西瓜套种蔓生菜豆栽培技术

浙江省武义县政府蔬菜办公室陈连富等报道，在低海拔(350～500 米)山区总结推广西瓜套种蔓生菜豆栽培技术，平均每 667 米^2 产西瓜 2 931 千克、产值 2 814 元，产蔓生菜豆 1 529 千克、产值 2 753 元，合计每 667 米^2 产值 5 567 元，是双季稻产值的 7.4 倍，是不套种蔓生菜豆西瓜产值的 197.8%。

1. 套种原理　在浙江省，海拔 300 米以下的城郊平原西瓜，7 月下旬至 8 月上旬供应减少，而海拔 600 米以上山区西瓜 8 月中下旬才能大量上市，因此7月下旬至8月上旬西瓜市场出现空缺。蔓生菜豆对温度极敏感，高于27℃或低于15℃，花芽分化和开花结荚受到影响。由于9月中旬以后海拔600米以上的山区夜间温度偏低，蔓生菜豆低温障碍严重，品质变劣，上市量减少；而海拔300米以下的平原城郊，9月中下旬温度尚高，种植蔓生菜豆又会遇到高温落花和豆荚的高温生理障碍，秋蔓生菜豆只能在10月1日前后开始上市。利用低海拔山区中间型气候特点，选择适当时间播种春推后西瓜和秋提前蔓生菜豆，能够填补7月下旬和8月上旬西瓜的市场空缺以及9月中下旬蔓生菜豆的市场空缺，其品质好，价格也高。通过试验，采用套种方式，将茬口安排紧密可获双丰收。

2. 套种技术

(1)种植模式与茬口安排　在西瓜定植前1周进行整地做畦，畦宽2.4～2.5米，沟宽30厘米，形成高畦深沟，以防渍害。西瓜于4月中下旬播种，采用营养钵覆膜保温防雨育苗，于5月中下旬移植到大田，株距40～50厘米，每畦1行，每667米^{2}定植西瓜苗300～400株。西瓜苗定植在离畦边线60～70厘米的位置。采用沟施基肥时，在每畦宽度的1/4和3/4处挖两条沟深施。西瓜苗定植后覆盖50～70厘米宽的地膜，破孔露苗。蔓生菜豆在7月中下旬播种，时值西瓜第一批大瓜采收完毕，瓜藤逐渐衰败，每畦播种蔓生菜豆4行，采用直播方式，株行距为40厘米×80厘米，畦正中留30厘米宽作浅沟。播种时在播种穴周围摘除西瓜叶片。播种后覆细土并盖少量西瓜叶，以利降温保湿，促进发芽出苗。

(2)品种选择　西瓜可选择生育期中等、抗逆性强、丰产、味甜、产量高、耐运输的87-14等。蔓生菜豆选用花红、蔓性、耐热性强、抗病性好、荚长16～18厘米、荚扁圆形、浅绿色的川红1号等。

(3)施　肥

①基肥　西瓜基肥一次性施入，每667米^{2}施腐熟厩肥

2 000～2 500 千克，配施过磷酸钙 25 千克、硫酸钾 15 千克、尿素 10 千克，或配施氮磷钾复合肥 30 千克。厩肥采用沟施法，化肥结合整地全畦施入畦中。由于西瓜地一般比较肥沃，蔓生菜豆前期需肥量不很大，蔓生菜豆播种开穴时每 667 米^2 施氮磷钾复合肥 15 千克，并以钙镁磷肥作种肥，每 667 米^2 施 15～20 千克。

②追肥 西瓜坐瓜前一般不需追肥，坐瓜肥每 667 米^2 施复合肥 15 千克，或尿素 10 千克、过磷酸钙 10 千克、硫酸钾 10 千克，分两次施入，前后两次间隔 1 周。

蔓生菜豆在开始结荚后追施结荚肥 2～3 次，每次每 667 米^2 用氮磷钾复合肥 10～15 千克，每次间隔 7 天。为防前期高温落花，促进结荚，开花结荚期喷曙光液肥（石家庄曙光化肥厂生产）2～3 次，每 667 米^2 用量 20 毫升，加水 15 升喷雾。

(4)田间管理

①西瓜田间管理 应注意做好以下几项工作。

排水垫柴：江南春季雨水偏多，因此要勤排水，做到雨停水干。为防西瓜接触泥水引起腐烂或出现阴阳面，伸蔓前在畦上垫麦秆。

整枝选瓜：一般采用双蔓整枝法，即留主蔓和一侧蔓，除去多余的侧蔓。在主蔓长 1.3～1.6 米时，选留第二雌花结果，每株留 2 个瓜。

采瓜拔蔓：成熟瓜应及时采收，一般在 7 月下旬至 8 月上旬。采收完后立即将西瓜根拔起，任其尽早枯死，以减少营养消耗，不必清蔓。

②蔓生菜豆田间管理 蔓生菜豆出苗后要防止西瓜叶、蔓遮荫而引起徒长，若有西瓜叶、蔓遮荫，应及时摘除。当蔓生菜豆长到 30～40 厘米长时，及时搭“人”字架，架材长 2.5 米左右，用横杆连接成畦。为防台风，畦间打固定桩若干。搭架时每畦西瓜地上的 4 行蔓生菜豆，按顺序每两行搭成一畦，每畦西瓜地分成两畦蔓

生菜豆。

三、以蚕豆为主作间作套种新模式

(一)青蚕豆、榨菜、春玉米、洋扁豆、青毛豆间套种植技术

江苏省启东市吕四港镇农业综合服务中心陶娇华、彭健强报道,近年来,根据本地区生产特点和市场行情,大面积推广青蚕豆、榨菜、春玉米、洋扁豆、青毛豆高效种植模式,平均每 667 米^2 产青蚕豆 800 千克、榨菜 1 500 千克、玉米 400 千克、洋扁豆青荚 450 千克、青毛豆鲜荚 600 千克,年总产值达 3 500 元以上。

1. 茬口配置 每 2 米为一组合,10 月中旬播种 2 行蚕豆,小行距 0.4 米,大行距 1.6 米。榨菜于 9 月中旬育秧,蚕豆播种后榨菜移栽于蚕豆行间,3 月底榨菜收获。4 月初在大行中播种玉米,同时在玉米棵间间作洋扁豆。6 月上旬蚕豆收获后播种青毛豆。

2. 主要栽培技术

(1)蚕豆 选用启豆 5 号蚕豆品种。开行穴播,穴距 20～23 厘米,每穴播种 3～4 粒。每 667 米^2 施过磷酸钙 40 千克作基肥,在蚕豆盛花期施尿素 7.5 千克作花荚肥。初花至盛花期,每 667 米^2 用 25%多菌灵可湿性粉剂 150 克,对水 60 升,喷雾防治赤斑病;用 2.5%溴氰菊酯 25 毫升,对水 60 升,喷雾防治蚜虫;每隔 2 米放置 3～5 克四聚乙醛(密达),诱杀蜗牛。

(2)榨菜 选用桐农 1 号榨菜品种。9 月中旬育秧,10 月下旬移栽,在蚕豆大行中移栽 4 行榨菜,株距 30 厘米左右。每 667 米^2 施复合肥 30 千克,加腐熟有机肥 1 000 千克作基肥。缓苗后进行第一次追肥;茎开始膨大,并开始形成二三叶环时,追施第二次肥水;在叶面积近最大、茎迅速膨大时,追施第三次肥水。追肥种类以有机肥为主,配合无机氮肥和磷、钾肥。榨菜的病害有病毒病、

软腐病和霜霉病等，害虫有蚜虫、黄条跳甲和菜螟等，其中以蚜虫危害及其传播的病毒病最为严重，必须采取综合防治措施。

(3)玉米　选用苏玉20玉米品种。榨菜收获后播种，单行双株，株距20厘米。基肥每667米^{2}施复合肥50千克加碳铵25千克，拔节肥施腐熟人畜粪肥750千克。干旱时要灌溉抗旱。玉米的主要害虫是玉米螟，可在大喇叭口期用拟除虫菊酯类农药喷雾灌心防治。

(4)洋扁豆　选择启东大白皮洋扁豆品种。播种可与玉米同时进行，也可以在玉米出苗后播种在玉米棵间。一般每5～7穴玉米间作1穴洋扁豆，每穴播种3～4粒，每667米^{2}间作1 000株左右。以玉米秆为支架，藤蔓攀缘在玉米秆上。出苗后及时追施苗肥，每667米^{2}施尿素5千克。盛花期施花荚肥，每667米^{2}施尿素10千克。重点防治食心虫、蚜虫、红蜘蛛等害虫。

(5)青毛豆　选用启东小寒黄青毛豆品种。6月上旬于蚕豆收获后播种。在玉米行间种植4行青毛豆，穴距33～35厘米，每穴2株。基肥每667米^{2}施复合肥15千克。初花期追施花荚肥，每667米^{2}施尿素7.5千克。青毛豆应重点防治卷叶螟、蚜虫、大豆食心虫、蜗牛等害虫。

(二)青蚕豆间作芋艿种植技术

江苏省启东市少直镇农业综合服务中心陈永卫报道，总结推广了青蚕豆间作芋艿高效种植模式。芋艿具有较高的营养价值，口感糯，有一股独特的香味，深受广大消费者的青睐。青蚕豆即是未充分成熟的青豆粒，味甘鲜脆，为时令佳菜。这两种蔬菜市场销售前景广阔，每667米^{2}产值可达5 000元左右。

1. 种植模式　10月中旬播种蚕豆，行距1米，翌年4月上旬在蚕豆行间播种1行芋艿。5月上中旬青蚕豆采摘后，将秸秆割下放在芋艿棵边作绿肥。青蚕豆选用启豆5号品种，芋艿选用香沙芋品种。

2. 蚕豆栽培要点

(1)适时播种　播期为10月中旬,不能迟于10月20日。开行穴播,穴距25厘米,每穴播3粒,每667米^{2}播种6 000株左右。

(2)增施肥料　每667米^{2}施过磷酸钙40千克作基肥。3月下旬至4月初追施花荚肥尿素,每667米^{2}施7.5千克。

(3)壅土防冻　越冬前,在蚕豆行的迎风(西北)一面壅成10厘米高的土埂,起挡风保暖作用。

(4)精细整枝　3月上中旬,对长势旺盛、分枝密度过高的田块进行整枝,整去主茎、老化枝和细弱的后期分枝,每米行长留健壮分枝45个左右。

(5)防治病虫害　3月底4月初用25%多菌灵可湿性粉剂500倍液全株喷雾防治赤斑病,用50%抗蚜威15克对水30升喷雾防治蚜虫。

3. 芋艿栽培要点

(1)整地施肥　2月上中旬在蚕豆行间整地施肥,每667米^{2}施腐熟有机肥1 000千克,加复合肥20千克。整地后筑垄,垄沟宽45厘米、深25～30厘米。

(2)芋种处理　选择无病、无伤口、顶芽充实、单个重30克左右的子芋作种。播种前,先晒种2～3天,将干枯叶鞘剥除,促进发芽。

(3)适时播种　4月上旬播种。播种前将垄沟内土壤翻松整细。播时将种芋的顶芽朝上,株距30厘米,每667米^{2}播2 300株左右。插后浇定根水,并覆盖细土2～3厘米。

(4)田间管理

①肥水管理　芋艿整个生育期一般追肥3～4次。一是追施提苗肥。在芋苗2～3片真叶时,每667米^{2}追施腐熟稀薄粪水500千克。二是追施发棵肥。在芋苗5片真叶、进入发棵期时进

行第二次追肥，每 667 米^2 施腐熟人畜粪肥 500 千克、腐熟饼肥 100 千克。三是追施球茎膨大肥。当芋苗 7～8 片真叶、地下球茎膨大时重施肥，结合培土每 667 米^2 施复合肥 50 千克、碳铵 30 千克、适量草木灰或钾肥，并加辛硫磷 500 克防治蛴螬，拌匀后施于两棵之间。芋艿在发棵及球茎膨大期，应加强水分管理，在行间覆盖秸秆，保持田间湿润。

②中耕培土　整个生长期应培土 3 次。第一次在芋苗 4～5 片真叶时，适当向芋苗根部培土；15～20 天后进行第二次培土，使垄沟与地面持平；第三次培土高达 15～20 厘米，使原垄背形成 10～15 厘米的垄沟。

③病虫害防治　芋艿病害主要有疫病和腐败病，在发病初期，可用 65%代森锌 500～600 倍液，或 75%百菌清可湿性粉剂 600 倍液喷雾防治。害虫主要有红蜘蛛、斜纹夜蛾、豆天蛾及蛴螬等，可相应选用生物农药或高效、低毒、低残留农药防治。

④喷膨大素　芋艿生长中期，用块根块茎膨大素叶面喷施 2～3 次。

（三）青蚕豆、青玉米、青毛豆、西兰花（青花菜）间套种植技术

据江苏省启东市吕四港镇农业综合服务中心沈汉辉、彭建强报道，青蚕豆、青玉米、青毛豆、西兰花是启东市著名的“四青”作物，深受消费者青睐，经济效益较高。西兰花作晚秋作物栽培，生长期短，产量高，市场前景好。平均每 667 米^2 产青蚕豆荚 850 千克、青玉米果穗 700 千克、青毛豆鲜荚 250 千克、西兰花 1 500 千克，年产值 4 000 元以上，效益 2 500 多元。

1. 茬口安排　该模式为一年四熟立体种植模式。蚕豆于上年 10 月中旬播种，2 米宽组合，每组合种植 2 行，大小行播种，大行行距 150 厘米、小行行距 50 厘米，穴距 25 厘米，每穴播种 3 粒，每 667 米^2 栽 8 000 株，5 月上旬收获。青玉米于 3 月下旬套种于

蚕豆大行间，单行双株，穴距20厘米，每667米^{2}栽3 300株，覆盖地膜。青蚕豆采收以后，青毛豆套种于玉米行间，行距50厘米，穴距25厘米。青玉米在7月上中旬收获，青毛豆于8月上中旬采收。西兰花7月底育秧，8月下旬移栽，11月上旬陆续收获。

2. 栽培技术

（1）青蚕豆　选用启豆5号品种。每667米^{2}基施过磷酸钙40千克。出苗后松土，越冬前壅根。在蚕豆盛花期普施花荚肥，每667米^{2}施尿素5～6千克。初花至盛花期用25%多菌灵可湿性粉剂500倍液喷雾防治赤斑病。青蚕豆一般有蚜株率达20%～30%、百株蚜量达500头时，每667米^{2}用2.5%溴氰菊酯25毫升，对水50升喷雾防治。

（2）青玉米　选用紫玉糯品种。施足基肥，每667米^{2}施玉米专用复合肥50千克加碳铵30千克。播种盖土后喷除草剂防除杂草，覆盖地膜。有9～10片叶展开时重施穗肥，每667米^{2}施碳铵50千克。在大喇叭口期，用拟除虫菊酯类农药灌心防治玉米螟。青玉米收获后，及时割去玉米秸秆。

（3）青毛豆　选用青酥2号品种。青蚕豆采收后清理前茬，开行播种，穴距25厘米，每穴播3粒。每667米^{2}基施复合肥15千克。播后喷除草剂。1片复叶时定苗，每穴定苗2株。初花期追施花荚肥，每667米^{2}施尿素7.5千克。每667米^{2}用吡虫啉有效成分20～30克对水40升喷雾防治蚜虫。2～3片复叶时用拟除虫菊酯类农药防治食心虫。蜗牛可每667米^{2}用四聚乙醛（密达）500克，每隔2米放置3～5克诱杀。

（4）西兰花　选用圣绿品种。7月底播种育苗，苗龄30天左右。青毛豆收获后整地施基肥，每667米^{2}施优质有机肥3 000千克加复合肥50千克，用旋耕机浅耕后精细整平。按50厘米行距起小高垄，一般每667米^{2}栽苗3 000株左右。初见植株花芽时进行第一次追肥，每667米^{2}用磷酸二铵15千克与尿素10千克混施，以后每隔 7～10 天追施 1 次腐熟人粪尿，一般以追 3～4 次为宜。天气干旱时，7～8 天浇 1 次水，并中耕松土保墒。西兰花病害较少，生产上常见的有黑腐病和霜霉病等。黑腐病可用农用链霉素或硫酸链霉素·土霉素（新植霉素）4 000 倍液防治，霜霉病可用 75%百菌清可湿性粉剂 600 倍液防治。害虫主要有小菜蛾等，可用拟除虫菊酯类农药防治。

四、以马铃薯、芋、生姜为主作间作套种新模式

（一）马铃薯、西瓜间套作栽培技术

据金谷乔、刘炳文报道，马铃薯、西瓜间套栽培，全生育期 6 个月左右，每 667 米^2 可产马铃薯 1 500～2 000 千克、西瓜 3 500 千克。

1. 选择适宜地块 选择排灌方便、土壤肥沃的地块。最好春节前能腾清前茬，以便普施一遍土杂肥，并深耕冻垡。

2. 选用良种，培育壮苗 马铃薯选用东农 303、克新 4 号、中薯 2 号或郑薯 4 号等早中熟品种。西瓜选用金钟冠龙、特大新红宝、庆红宝等中晚熟品种。

马铃薯播种前 25～30 天，即 1 月中旬，将种薯用刀切成 25 克左右的薯块，每块保证有 1～2 个芽。用净水洗去上面的淀粉，然后放入 0.3%高锰酸钾溶液或 1%石灰水中浸泡 20～30 分钟消毒。捞出晾干，摆入已挖好的阳畦中催芽。芽长 2～3 厘米时，放在阳光下晒 3～5 天，使之绿化壮实待播。

3 月中旬，在阳畦内用营养钵培育西瓜苗。

3. 播种马铃薯，定植西瓜 马铃薯播种前，将地整平。按 65 厘米和 45 厘米的宽窄行起垄。2 月底 3 月初播种马铃薯时，在垄

上开10厘米深的沟，集中施肥，每667米^{2}施尿素15千克、过磷酸钙25千克、硫酸钾40千克。播种株距25～30厘米，深度5～6厘米。若底墒不足，应先浇透水再播种。播后覆土，并轻轻镇压一下，盖上60厘米宽的地膜。

4月中下旬定植西瓜。方法是：每隔4行，在马铃薯宽行，按40厘米的株距定植1行西瓜，每667米^{2}定植750株左右。

4. 田间管理 马铃薯播种后20天左右，幼苗陆续出土，这期间应每天检查出苗情况，及时破膜。苗期视其长势，掌握追肥与否。若植株长势瘦弱，宜追适量的复合肥或尿素，切忌氮肥过多。如果植株有徒长趋势，在发棵中期或现蕾期，喷施50～100毫克/升多效唑，抑制植株生长，促进块茎膨大。

土壤含水量保持田间持水量的60%～80%。孕蕾期至花期是马铃薯需水量最多的时期，应浇水1～2次，满足其需要。但忌田间渍水，注意排涝。6月中旬前后，当马铃薯叶片由绿转黄至干枯时即可收获。

在马铃薯生长期，对西瓜的管理是应加强中耕除草，保证瓜苗生长健壮。马铃薯收获后清除田间残枝杂草，理顺瓜秧，结合浇水追肥，喷药1次。花期，采用人工授粉等方法保证坐瓜。西瓜膨大期，施大肥水，促其充分膨大。

西瓜一般于7月中下旬成熟。收获后及时拉秧，为下季秋菜腾茬。

5. 病虫害防治 在马铃薯、西瓜生长期，每隔10～15天喷施1次波尔多液或三乙膦酸铝，防治马铃薯晚疫病及西瓜炭疽病、蔓枯病等病害。用硫酸链霉素·土霉素（新植霉素）防治青枯病。在西瓜定植期、团棵期、初瓜期，用敌磺钠、异菌脲灌根防治枯萎病。

害虫防治重点是：马铃薯、西瓜种植前整地时，可撒施农药以杀死金针虫、蝼蛄、地老虎等地下害虫。4～5月份，用抗蚜威、甲氰菊酯等防治蚜虫。

(二)马铃薯—西瓜、毛豆、玉米间套—芹菜一年五种五收栽培技术

浙江省武义县蔬菜办公室陈连富，根据低海拔(一般 300～450 米)山区的气候特点，利用间套种方法，合理安排茬口，摸索出马铃薯—西瓜、毛豆、玉米—芹菜一年五种五收高效栽培模式，一般每 667 米^2 产马铃薯 2 500 千克左右、西瓜 2 500～3 000 千克、毛豆鲜荚 600～800 千克、鲜食玉米 400～600 千克、冬芹 4 000～5 000 千克。

1. 茬口安排 春马铃薯 2 月上中旬播种，5 月中下旬收获；西瓜 4 月下旬育苗，7 月底 8 月初采收；毛豆 5 月中下旬播种，与西瓜间作，9 月中下旬采收；玉米 7 月下旬育苗，与毛豆间种，9 月下旬至 10 月上旬采收鲜食玉米；芹菜 8 月中下旬育苗，春节前后视市场行情采收。

2. 品种选择 马铃薯选用东农 303；西瓜选用 87-14、圭谷等中型瓜品种；毛豆选用生长期长的迟熟品种，产量高适合间作，不宜选早熟品种，本地一般用地方种白毛豆；玉米选用苏玉糯 1 号或超甜 3 号甜玉米等；芹菜宜选用津南实芹、玻璃脆芹等耐寒品种。

3. 栽培技术

(1)春马铃薯

①深耕整地，合理施肥 精细整地，每 667 米^2 施优质有机肥 5 000 千克、磷钾复合肥 50 千克。

②催芽播种，合理密植 播种前 20 天种薯催芽，播种前 2 天切有芽眼的种薯，芽眼离切口要近。应选晴天高温时播种，选东西行朝阳坡种植。播种后须压平畦面，覆盖地膜。播种密度为每 667 米^2 5 500 株，株行距 60 厘米×20 厘米。

③田间管理 出苗后及时破膜露芽，待苗出土 80%左右时中耕除草，4 月中旬苗现蕾时培土施肥，随浇水每 667 米^2 施尿素

10～15 千克,以后视情浇水。

(2)西　瓜

①整地施肥,适时播种　配合整地每 667 米^2 施腐熟厩肥 2 000～2 500 千克,配施过磷酸钙 25 千克、硫酸钾 15 千克、尿素 10 千克,或配施氮磷钾复合肥 30 千克。畦面宽 1.6～1.7 米。4 月下旬营养钵育苗,覆盖薄膜,防止徒长,苗龄 20～25 天,移栽前 7 天炼苗。

②移栽定植,加强管理　5 月中下旬移栽。每畦中间纵向定植西瓜 1 行,株距 70 厘米左右,定植后覆盖 50 厘米左右宽的地膜,破孔露苗。采用双蔓整枝。抽蔓前在畦上铺垫麦秆等,以防西瓜产生阴阳面或腐烂。主蔓长 1.3～1.6 米时,选留第二雌花结瓜,每株 2 个瓜。坐瓜后每 667 米^2 追施复合肥 15 千克,或尿素 10 千克、过磷酸钙 10 千克、硫酸钾 10 千克,间隔 7 天分 2 次施入。

③病虫害防治　用 10%混合氨基酸铜(双效灵)水剂加 60%代森锌各 500 倍液喷洒,兼治炭疽病、蔓枯病、叶枯病,用 50%代森铵 500～1 000 倍液浇灌根部防治枯萎病;用 10%吡虫啉 2 500～5 000 倍液防治蚜虫,用 5%氟虫脲 800～1 250 倍液防治斜纹夜蛾、甜菜夜蛾。

(3)毛豆和玉米

①间作毛豆　毛豆与西瓜间作,一般毛豆在西瓜定植前 5 天内沿两畦边直播,每畦 2 行,每穴播 2～3 粒,株距 45 厘米左右,毛豆与畦中心西瓜行距 60 厘米左右。

②毛豆管理　毛豆与西瓜共生期间无需特别管理,整个生长期不必专门施肥。由于间距大,阳光充足,毛豆秆粗壮,不会徒长,单株生长势比单一种毛豆田明显强,豆粒饱满,结荚率明显增多。值得注意的是,西瓜腾茬后,害虫(主要指夜蛾)向毛豆转移,要勤加防治,一般用 5%氟虫脲 800～1 200 倍液,或 2.5%多杀霉素

2 000 倍液防治。

③玉米套作　在 7 月下旬营养钵育苗，遮阳覆盖，苗龄 20～25 天。西瓜让茬后于畦上定植 2 行玉米，株距 35～40 厘米，玉米距相临毛豆行 40 厘米，2 行玉米相距 40 厘米左右。视情管理肥水及防治病虫害。

(4)冬芹菜

①适时播种育苗　芹菜宜 8 月中下旬播种，需低温催芽，先将种子用清水浸种 24 小时，清洗干净后用湿透气布包好放在 20℃左右条件下催芽，每天冲洗 1 次，1 周后，当有 30%种子露白即可撒播在苗床上。床土要整细、镇压，接墒后喷丁草胺除草，上盖遮阳网，定期浇水。幼苗生长期用井冈霉素防治立枯病，整个苗期防治 4～5 次。遇连续雨水天气要用尼龙加小拱棚防雨，小拱棚四面要通风，以防徒长。

②定植及田间管理　定植前精心整地，施足基肥。芹菜需肥量特大，一般每 667 米^2 施腐熟农家肥 5 000 千克、复合肥 50 千克、硫酸钾 20 千克。10 月中下旬定植，注意遮荫浇水以促成活成长。苗高 35 厘米左右时，需施促苗肥，每 667 米^2 施复合肥 20 千克，可撒施畦面，结合浇水渗入土壤。芹菜对钾很敏感，收获前 15 天每 667 米^2 施 15 千克氯化钾，可有效增加单株重量。在芹菜生长期喷 2～3 次浓度为 0.1%硼液和 0.1%过磷酸钙浸出液，可有效防治叶柄开裂和烂心病，防止后期黄化，同时兼喷叶面宝、肥宝等叶面肥。采收前 10～15 天喷施 1 次 100 毫克/升赤霉素液，可提高产量和改善品质。冬芹菜后期要防冻害，遇气温低于 0℃天气时，要加盖小拱棚或浮面覆盖，保暖防冻。

③病虫害防治　一般病虫害发生在定植后气温偏高的一段时期，在浙江省武义县冬芹菜最易发生早疫病和晚疫病，可用 0.5∶1∶200 波尔多液或 50%多菌灵可湿性粉剂 500～800 倍液喷洒苗床，使幼苗带药移栽，以预防这两种病；发病时用 1∶1∶200 波尔

多液等喷雾防治。一般用10%吡虫啉2 500～5 000倍液防治蚜虫,用10%虫螨腈悬浮剂35～50毫升/667米^{2}防治菜青虫。

(三)马铃薯—瓠瓜套种秋四季豆山地栽培技术

浙江省浦江县农业局粮油站吴小蓉、浦江县蔬菜办公室高安忠等报道,经多年实践,摸索出马铃薯—瓠瓜套种秋四季豆山地蔬菜高效栽培模式,该模式1年3茬,每667米^{2}总产量6 500～8 000千克,总产值8 600～9 800元,净收入7 000～8 500元。其主要栽培技术如下。

1. 产地条件 该模式适合海拔高度为200～500米的中低海拔山区应用。

2. 种植茬口与季节安排 见表3-2。

表3-2 种植茬口与季节安排

种植方式	蔬菜种类	播种期	定植期	采收期
越冬栽培	马铃薯	1月中下旬		4月下旬至5月上旬
露地栽培	瓠瓜	4月下旬	5月上中旬	6月下旬至8月上旬
露地栽培	四季豆	7月下旬至8月上旬		9月上旬至11月上旬

3. 技术原理 有以下几点。

其一,冬季利用地膜覆盖保温技术,提高地温,有效克服冬季低温冻害,确保马铃薯安全越冬。

其二,利用不同种类间蔬菜接茬栽培,可较好地克服连续种植同一类蔬菜作物引起的连作障碍,有利于减少蔬菜土传病害的发生。

其三,充分利用冬季温光资源,提高冬季山地土地利用率。同时,利用前茬瓠瓜棚架资源套种四季豆,可减少人工费用,从而有效降低生产成本,提高蔬菜的生产效益。

4. 栽培要点

(1)马铃薯

①品种选择　选用东农303、中薯3号等品种。

②播种　选用脱毒种薯。播种前将薯块切成带有1～2个芽眼的小块,切口处抹上新鲜草木灰。选晴天播种,每667米^{2}栽5 000～5 500株。

③肥水管理　施足基肥,每667米^{2}施充分腐熟农家肥1 000～1 500千克,加氮磷钾复合肥50千克。初花期至盛花期间,如土壤过于干燥,可灌半沟水,土壤湿润后及时排水。

④栽培管理　全畦覆盖薄膜。当种苗出土顶起地膜时,及时开孔放苗,并用泥土封好放苗孔。当薯苗长至30厘米高时,喷施200毫克/升多效唑,促进地下部物质积累、块茎膨大,以利于早结薯,提高产量。

⑤病虫害防治　主要病害为晚疫病,可用64%噁霜·锰锌500倍液,或70%代森锰锌可湿性粉剂600倍液,或72%霜脲·锰锌600倍液防治,每隔7～10天喷1次,连喷3～5次。害虫主要有蚜虫和蓟马,可用20%吡虫啉5 000倍液,或10%吡虫啉2 500倍液喷雾防治。

(2)瓠　瓜

①品种选择　选用杭州长瓜、浙蒲3号等品种。

②育苗　播前进行种子消毒。用55℃温水浸种10～15分钟,不断搅拌,然后在30℃～35℃温水中浸泡3～4小时,用清水冲净沥干后,拌5%噁霉灵粉剂和钙镁磷肥直接播种。

③种植密度　苗龄15天左右,按行距75～90厘米、株距60～70厘米带土定植。每667米^{2}栽1 000～1 500株。

④肥水管理　每667米^{2}施腐熟有机肥2 500～3 000千克、氮磷钾复合肥75千克作基肥。定植后及时浇定根水促进缓苗。第一次摘心后进行第一次追肥,每667米^{2}施复合肥5千克、尿素10

千克、磷酸二氢钾 2.5 千克，促进侧枝生长；开始结瓜后第二次追肥，每 667 米^2 施复合肥 10 千克；以后每采收 1～2 次瓜施 1 次追肥，追肥量为复合肥 8～10 千克。瓜田保持土壤湿润，防止积水。

⑤栽培管理　全畦覆盖黑地膜。当主蔓长 30～40 厘米时用竹竿搭成"人"字架引蔓上架，并及时摘除茎部侧蔓；当主蔓长 100 厘米左右即有 7～9 片真叶时第一次摘心，促使子蔓结瓜；当子蔓结瓜后再次摘心，促生孙蔓，以后任其自然生长结果或根据情况再摘心。摘心选择晴天进行。

⑥病虫害防治　主要病害有病毒病、疫病、白粉病、霜霉病。病毒病可用 1.5%烷醇·硫酸铜(植病灵)800 倍液，或 40%羟烯·吗啉胍(克毒宝)1 000 倍液喷雾防治。疫病可用 72%霜脲·锰锌可湿性粉剂 800 倍液，或 64%噁霜·锰锌可湿性粉剂 1 000 倍液防治。白粉病可用 25%三唑酮 1 000～1 500 倍液喷雾防治。霜霉病可用 72%霜脲·锰锌 1 000 倍液，或 75%百菌清 600 倍液防治。害虫主要有蚜虫、斜纹夜蛾，可用 5%氟啶脲 1 500 倍液，或 5%氟虫腈 3 000 倍液喷雾防治。

(3)四季豆

①品种选择　选用碧丰、红花白荚、浙芸 3 号等品种。

②播种　7月中旬至 8 月上旬，在瓠瓜地架竿间直播，每两根架竿之间播 2 穴，每穴播 3～4 粒种子。每 667 米^2 用种量 1.5～2 千克。

③肥水管理　因四季豆是套种，没有施基肥，出苗后及时浇施腐熟稀人粪尿或复合肥(每 50 升水加 1 千克复合肥)。应重视追肥，一般追肥 2～3 次，每次每 667 米^2 施复合肥 10～15 千克。在整个生长期注意保持田间湿润，过干或过湿均易引起落花落荚。

④栽培管理　出苗后及时查苗、补苗、间苗，一般每穴留 2～3 株健壮苗，并在畦面铺草。根据植株长势及时引蔓。遇土壤干旱及时喷灌水，同时做好清沟排水防渍。

⑤病虫害防治　主要病害有锈病、炭疽病。锈病可用25%三唑酮1 000～1 500倍液防治，炭疽病可用80%代森锰锌600倍液，或50%甲基硫菌灵500倍液防治。害虫主要有蚜虫、豆野螟。蚜虫可用1%阿维菌素3 000倍液防治，豆野螟可用5%氟啶脲1 500倍液，或5%氟虫腈3 000倍液喷雾防治。

(四)芋套种辣椒密植栽培技术

芋传统生产常采用高垄稀植法，以促进地下球茎膨大，占用面积较大，产量产值有限。据李伟昌、邱祖扬、韦照新、吕超燕等报道，近年来，广西荔浦县总结一套在芋密植栽培基础上套种辣椒的方法，取得了良好的效果，每667米^{2}产早辣椒1 000千克、芋头2 500千克左右。

1. 品种选配　芋选用荔浦芋地方品种。该品种植株高大、生长期长、品质优良、风味独特，在我国及东南亚地区享有盛名，是我国传统的出口产品。套种的辣椒，必须选用早熟高产的杂交一代种，如湘研1号、湘研2号、早杂2号等，争取早上市，提高经济效益。

2. 培育壮苗　早辣椒于11月中旬保温育苗。出苗后适当控制水分，或喷施多效唑以防徒长。定植前5～7天揭膜炼苗。

作种用的荔浦芋选用无病、无霉烂、大小均匀的子芋，于1月上旬整齐排列于沙地，用泥沙覆盖，待发芽后移栽大田。

3. 整地施肥　早春晴朗天气，抓紧时间整地做畦，畦面宽120厘米，畦中间开沟施基肥，每667米^{2}施腐熟农家肥5 000千克、含钾复合肥50千克，与土拌匀后再盖土5～10厘米厚，整平待用。

4. 种植方式　总种植行宽120厘米，两边种荔浦芋，中间种2行辣椒。2月底3月初，选冷尾暖头晴朗天气，把发芽的芋头按穴距35厘米、行距110厘米排列定植于畦的两边，每667米^{2}密度为2 000～2 200株，盖土后用140厘米宽的地膜全畦覆盖。待芋苗顶土时破膜出苗。

选晴天下午按株距30厘米、行距35厘米呈“品”字形定植辣椒，每667米^{2}定植3000株。

5. 田间管理 辣椒定植后每7～10天以腐熟稀薄的粪水浇1次，以促进辣椒尽快缓苗发棵。因春季雨水较多，应注意排水，做到雨停沟干，防止渍水。荔浦芋的肥水管理以基肥为主，只在中期结合培土适当追施一些腐熟人粪尿或复合肥。后期保持土壤湿润。辣椒初花期、结果期、盛果期各喷1次复硝酚钠6000倍液＋0.2%磷酸二氢钾液，以促进果实膨大，提高产量。荔浦芋在4～6叶时视植株长势，每667米^{2}用多效唑120～200克，用清水稀释淋于荔浦芋根部，以控制地上部分生长，促进球茎充分膨大。

6. 病虫害防治 辣椒灰霉病、疫病用77%氢氧化铜可湿性粉剂500倍液每10～15天喷施1次。芋头主要病害为芋疫病，可用25%甲霜灵可湿性粉剂500～800倍液，每7～10天喷1次，连续喷3次。

7. 适时采收 套种的早辣椒在4月底5月初即可采收上市，5月底前采收完毕。收完辣椒后迅速清除辣椒植株，并培土施肥1次，以促进荔浦芋中后期生长。荔浦芋在霜降前后地下球茎充分膨大时即可采收上市。选择晴天干爽的天气采收，以便贮藏。

(五)生姜、丝瓜、榨菜间套作栽培技术

据陈启宝报道，生姜、丝瓜、榨菜间套作栽培技术如下。

1. 种植模式

(1)*茬口衔接* 头茬为生姜，4月20日前后定植，9月下旬收获结束；二茬为丝瓜，2月下旬采用营养钵大棚育苗，4月中旬地膜定植，平顶棚架栽培，8月中下旬拔蔓；三茬为榨菜，9月上旬露地异地育苗，9月下旬生姜收获后定植，翌年3月份上市。

(2)*畦形配置* 该模式每一种植组合宽600～630厘米，每一

组合2畦。畦长度不限，南北向做2畦，中间沟宽60～70厘米、深15厘米左右。每畦270～280厘米宽，其中姜畦占200厘米，丝瓜平顶棚架距460～470厘米，两畦外沿相向各预留70～80厘米丝瓜畦。

2. 栽培技术　应用该模式要求实行3年以上轮作。应选择前几年未种过生姜、丝瓜、榨菜的田块，并要求是土层深厚、保水肥能力强、腐殖质多的壤土或砂土田块。

(1)生姜、丝瓜共生期管理要点

①光照和温度管理　共生前期(4月下旬至初夏)温度一般不会太高，光照亦不是太强，争光矛盾小，适宜各自生长发育。共生中后期(初夏至8月下旬)长江流域正值梅雨季节，要开好“三沟”，做到雨停沟干。梅雨过后盛夏季节，气温高，光照强，非常不利于生姜生长。此期丝瓜要促主蔓生长并不断理蔓、整枝、疏叶，使其蔓叶分布均匀，保持30%左右透光率，架下温度保持在30℃以下，防止生姜因强光直射造成叶片黄化枯死或光照过弱而影响产量和品质。

②肥水管理　生姜、丝瓜共生期长，需肥量大，随着生长速度加快，彼此间争肥、争水，尤其是在共生中后期，争肥水的矛盾更趋激烈。对此，除基肥施足有机肥和氮、磷、钾肥以及微肥外，一是增加追肥次数和总量；二是每隔7～10天喷施1次叶面肥；三是高温干旱天气必须适时早晚沟灌，满足丝瓜由于蒸腾加快对水分的需求，以水调肥；四是丝瓜要适时早采摘、勤采摘。

(2)生姜栽培技术要点

①备种催芽　每667米^{2}大田需种姜200～250千克。3月中下旬将种姜晒2～3天，至种皮稍皱后，用1∶1∶200波尔多液或50%多菌灵600～800倍液浸种(浸种液重是种姜的2倍)消毒15～20分钟，捞出后用清水洗净、晾干，再放到催芽床上，封膜增温催芽。催芽期间经常检查姜堆温度(以18℃～22℃为宜)，防止

幼芽徒长或烧芽。

②整地施肥　3月中下旬整地前，每667米^{2}施腐熟饼肥100～150千克、过磷酸钙25～30千克、硫酸钾10～15千克、尿素8～10千克、草木灰100～150千克，分次撒施。

③适期播种　4月中下旬，当5厘米深地温稳定在16℃时，开沟播种。播种沟与畦向垂直，宽14厘米，埂高17～27厘米，沟距26厘米。每畦播12株，株距17厘米。播种时，将种姜芽头朝同一方向平放或斜放排列沟内，然后覆土。

④肥水管理　一是苗期巧施追肥。若姜苗叶色变黄、茎秆变红、植株生长缓慢，可每667米^{2}追1～2次氮肥。苗期追肥，用量不能过多，防止引起茎叶猛长。二是中后期分次追肥。当苗高12～15厘米开始追肥，主要以氮肥为主，每隔17～20天每667米^{2}施5～7.5千克尿素，并加少量腐熟粪肥，追3～4次；当每株有6～7个分枝时，结合培土施尿素7.5千克、草木灰50千克。三是抗旱管理。姜苗达5～6片叶时，遇旱应及时早晚沟灌抗旱，宜早不宜迟。盛夏秋初遇旱宜早晚灌"跑马水"。

⑤中耕培土　幼苗出土后，中耕1～2次。培土是提高产量与品质的关键措施，一般在种姜取后开始培土，共培土4～5次，直至姜埂为姜沟。

⑥适时采收　当苗龄达6叶时，对生长势强的姜田，选晴天松土采收"娘姜"(种姜)，采后看苗培土追肥；嫩姜8月上中旬开始采收(采收过早产量低)，至9月下旬采收结束。

⑦病虫害防治　采取农业防治与药剂防治相结合的措施。重点是7月份雨水多时，加强对姜瘟病的防治，从6月中下旬开始，选用64％噁霜·锰锌可湿性粉剂500倍液，或72％农用硫酸链霉素4000倍液灌根，间隔7～10天，连续2～3次。发现病株及时拔除，并在根部四周撒生石灰。害虫主要是姜螟，选用溴氰菊酯或敌百虫等药剂防治。

(3)丝瓜栽培技术要点

①培育壮苗 2月下旬催芽,采取大棚营养钵直播育苗,注意保温防寒。每667米^{2}用种量75～100克。

②施肥定植 定植前将预留行深翻2次,每667米^{2}埋施腐熟饼肥30～50千克、钾肥3～5千克,集中施于预留瓜行中,整成垄形,瓜垄与姜畦间有一浅沟。用50%乙草胺或48%氟乐灵液喷雾化学除草,覆盖规格相宜的地膜。4月中旬,苗龄达4叶1心时,选晴天定植,每垄1行,株距20～25厘米,每667米^{2}栽500～600株。

③田间管理 一是施肥浇水。丝瓜生长势强,肥水需要量大,除施基肥外,生长期间需采用勤浇轻浇均匀供肥原则,苗成活后每隔5～7天浇1次轻腐熟粪肥;蔓长1～1.5米时施"催蔓肥"1次,每667米^{2}施50%腐熟人粪水1 500～2 000千克;开花结果期需肥水量大,每隔5～7天浇施1次,每667米^{2}用5～6千克尿素,并保持土壤湿润,以延长结果期,提高产量和品质。二是搭架引蔓。株高15厘米时搭架,两畦一棚,棚高200厘米。其方法是在四周竖立柱,中部用支柱,顶部用铁丝拉成平顶型(或用竹子),沿畦向在棚架两侧用铁丝横拉2～3道,架材要硬,每株用绳从顶部引蔓上架并绑蔓。三是整蔓疏花。为促进主蔓生长,主蔓上架前剪去全部侧蔓、雄花、雌花和卷须,减少养分消耗;上架顶后,经常理蔓,过密时剪除瘦弱侧蔓,让蔓叶分布均匀,蔓叶爬满架顶后保持有30%的透光率。疏去部分雄花,雌、雄花比例以1∶3～5为宜。雌花受粉后瓜体开始膨大时,蒂部用轻沙袋坠瓜,这样丝瓜生长直而不弯曲。6月上旬开始采收,8月中下旬采收结束。采收结束后要及时拔蔓拆架,以利生姜生长。

④病虫害防治 重点是防治蚜虫和白粉病等。

(4)榨菜栽培技术要点

①播种移栽 9月上旬露地育苗。播期不宜太早,以免先期

抽薹，以苗龄35天左右为宜。苗期要及时间苗，保持苗距7厘米左右见方。10月上旬生姜收获后定植，株行距为33厘米×25厘米，每667米^{2}栽6 000株。

②大田管理　生姜收获后及时灭茬、施基肥，每667米^{2}施尿素10～15千克、钾肥10千克、腐熟饼肥50～70千克、硼肥1～1.5千克。活棵后用腐熟稀粪水施提苗肥1～2次；冬前重施1次肥，每667米^{2}施尿素15～20千克、腐熟人粪尿500千克；从翌年2月起，每半个月追肥1次，每667米^{2}施尿素15千克。翌年2月底，施用0.1%多效唑1次，进行化控。3月中旬前收获，过早产量低，过迟易空心。生长期间注意防治黑胫病、软腐病和菜青虫、蚜虫等。

(六)生姜套种苦瓜栽培技术

四川省泸州市蔬菜管理站宋华、宋其龙、张乃周，龙马潭区政府蔬菜办公室徐怀萍等报道，生姜、苦瓜套种栽培每667米^{2}产苦瓜3 500千克、嫩姜3 000千克，实现一季蔬菜每667米^{2}收入达2.3万元以上，提高了土地的利用率、产出率。所产嫩姜皮薄节稀、质地脆嫩、清香味美，苦瓜瓜条直、商品性好，均深受菜农和消费者喜爱。

1. 严格选地　选择土层深厚、质地松软、有机质含量丰富、通气和排水良好的弱酸性土壤作姜田。要避免前作为姜科、瓜类等植物，最好与十字花科、豆科作物等进行3～4年的轮作，避免连作，否则容易引发姜瘟病等多种病害。

2. 选用良种　生姜选用优质高产、商品性好、抗病性强的白姜品种四川竹根姜。种姜大小以50～75克为宜。要求种姜无病虫害、个头饱满、色泽金黄。

苦瓜选用优质、高产、抗病、抗逆性强、适应性广、商品性好的“蓉研”牌组培苦瓜嫁接苗(品种为台湾农友公司碧秀苦瓜，砧木为多年选育的优良杂交丝瓜)。嫁接苦瓜生长势、抗病性、抗逆性更强，单株产量可达到40千克以上。

3. 消毒防病 姜瘟病是生姜最难防治的病害之一。可采取以下预防措施：①种姜消毒。用50%代森锌可湿性粉剂600倍液浸种姜3分钟，然后放在太阳下晒1～2天，提高姜块温度。建有沼气池的农户可用20%沼液浸种3分钟。②土壤消毒。播种前1个月对姜田进行深翻晒土，然后每667米^{2}用生石灰100～150千克或50%多菌灵可湿性粉剂500倍液对土壤进行消毒（碱性土不能用生石灰消毒）。播种完毕后用50%氯溴异氰尿酸可溶性粉剂1 500倍液浇定根水，以姜块周围泥土浇湿为宜。

苦瓜嫁接苗移栽前，用毒饵或毒药撒于定植穴中，防治小地老虎。将90%敌百虫原粉用热水化开，取50克对水1.5升，拌炒香的豆饼50千克制成毒饵，每667米^{2}用量2千克。或每667米^{2}用3%氯唑磷颗粒剂3千克。

4. 种子、种苗处理

(1)生姜催芽 生姜催芽时间一般在播种前25～30天，即在1月下旬至2月上旬进行。多采用烟道加温催芽。方法是在炕上铺一层3～4厘米厚的干谷草（消毒谷草）、放一层20～25厘米厚的种姜，共可放3～4层种姜（堆放总高度控制在1米以内），最上面放1层稻草，最后加膜覆盖，用稀泥将膜四周封闭。催芽温度保持25℃～28℃，空气相对湿度保持75%，注意防止高温烧芽。一般经20～25天，芽长0.5～1.0厘米时即可播种。

(2)苦瓜炼苗 刚出室的组培苗栽在营养钵中，需在房前屋后空地上炼苗3～7天，气温低时炼苗时间长些，气温高时短些。夜间和温度低时（特别是订购3月至4月上旬的苗）要利用小拱棚、大拱棚等设施保温，白天光照强时要遮荫。炼苗期间可适当浇水施肥。

5. 定 植

(1)生姜合理密植 一般采用“平畦姜”的种植方法，在催芽的同时，将姜田精耕深翻，按 2.5 米宽做畦(其中畦面 1.8 米宽种姜，空出 0.7 米宽待以后取土培姜)，每隔 3～4 畦挖 1 条排水沟。播种适期为 2 月下旬至 3 月上旬。播种时要注意合理密植，采用条播，行距 33 厘米，株距 6～7 厘米，每 667 $米^2$ 种植 18 000 株左右，用种量 750 千克左右。

(2)苦瓜嫁接苗定植　在田块边、距棚边 30～50 厘米处，预留苦瓜苗的定植穴，保证苦瓜苗每株有 1 $米^2$ 左右的生长空间。株距 2.5～3.0 米，单排定植，每 667 $米^2$ 定植 60～90 株。寒潮前 2～3 天和寒潮期间不能栽苗。3 月至 4 月上中旬选择晴天上午栽苗，4 月下旬后选择晴天下午栽苗。定植时以砧木子叶(接口)离地面至少 2 厘米为宜，避免接口感病和不定根的产生。切记不能将苗直接栽在基肥上，以免造成烧根死苗。栽苗后用 50%多菌灵可湿性粉剂 600 倍液浇定根水。定植后，每隔 7 天左右追肥 1 次。

6. 定植后管理

(1)生姜的栽培管理

①双膜覆盖　浇定根水后及时覆盖地膜，然后用竹子建小拱棚，小拱棚高出地面 30～40 厘米，形成双膜覆盖。双膜覆盖可确保土壤升温快，促进姜苗早生快发。当姜苗长出地面时，揭开地膜，第一次培土时揭去小拱棚薄膜。

②水分管理　姜喜湿润又忌积水，土壤水分过多时易引起姜瘟病，要理好排水沟，严防积水；土壤过干时又影响根茎的膨大，在根茎膨大期要及时灌水。

③合理施肥　施肥按“一基三追”施用。在深翻晒土时每 667 $米^2$ 施用腐熟有机肥 3 000 千克、硫酸钾 20 千克、菜籽饼(腐熟) 80～100 千克、过磷酸钙 50 千克作基肥。第一次追肥在姜苗出土、揭地膜后施用，每 667 $米^2$ 施腐熟农家有机液肥或沼液肥 2 500～3 000 千克、尿素 5 千克。此后每隔 20 天左右追肥 1 次，第二、三次追肥每 667 $米^2$ 施腐熟农家有机液肥 2 500～3 000 千

克、尿素 5 千克、硫酸钾 10 千克。一般施第二、三次追肥时各培土 1 次。

(2)苦瓜嫁接苗的栽培管理

①上棚前管理　嫁接苗定植成活后，用 50%甲基硫菌灵可湿性粉剂、2.5%咯菌腈悬浮剂 20 倍液或 15%～20%农用链霉素可湿性粉剂 200 毫克/升涂接口，进行消毒，同时用 15%～20%农用链霉素可湿性粉剂 200 毫克/升灌根 2～3 次(旱地必须灌)。用小竹竿(高 50 厘米左右)引苗，防止嫩苗铺在地膜上高温烧苗。砧木(丝瓜)上长出的芽应及时抹去。接穗(苦瓜)发生的侧枝应酌情处理，苗壮则打掉全部侧枝；苗弱则待侧枝长到 20 厘米左右长时，选留 1 条健壮枝条，其余打掉。一般主蔓 80 厘米以下不留侧枝，80 厘米以上不打侧枝。及时防治蚜虫、蓟马等害虫，以防感染病毒病。

②中后期管理　可利用大棚的棚架(中间高 2.5 米，两边高 1.5 米，呈屋脊状)直接铺网制作网棚。当苗长到 1.0～1.5 米高时开始引蔓上网，将瓜蔓小心理到棚上。理蔓完成后应及时喷药防病，可喷 70%百菌清可湿性粉剂 1000 倍液，或 70%甲基硫菌灵可湿性粉剂 800 倍液，同时喷磷酸二氢钾 800 倍液。

及时整枝打杈，枝条浓密时打掉弱枝，摘除老叶、病黄叶，以保持棚内良好的通风透光。还要及时铲除田间杂草，摘除畸形瓜。不定期用 15%～20%农用链霉素可湿性粉剂 150 毫克/升进行灌根(从嫁接接口开始自上而下灌)，对接口进行消毒，防止嫁接接口感染引发病害。

要尽量促进苦瓜植株的生长，使它的瓜蔓能迅速覆盖棚架，对生姜起到遮荫的作用。

③肥水管理　苦瓜嫁接苗晴天上午浇水追肥，沟灌以水可浸到苗根部为宜，提倡膜下滴灌。定植后应根据土壤水分含量确定浇水与否。定植后 7～10 天浇稀薄农家有机液肥或氮磷钾复合肥

(15—7—8)1 000 倍液 1 次。开始抽蔓后沟灌 1 次。进入采收期后,每 5～7 天追肥 1 次,每次施用氮磷钾复合肥 15～20 千克,可混合施用尿素 3～5 千克。

7. 采收期管理 生姜要适时采收,采收嫩姜一般在 6～7 月份,收后自茎秆基部削去地上茎(保留 2～3 厘米茎茬),不需进行晾晒。

苦瓜一般在花后 10～14 天成熟,当瓜的瘤状突起较饱满、瓜皮有光泽时及时采收。进入采收期后,每周采收 2～3 次瓜,每 10 天追肥 1 次,每次施用氮磷钾复合肥 10～15 千克,并适当灌水,以防早衰。及时摘除畸形瓜、病瓜,及时疏枝打叶。

8. 病虫害防治

(1)生　姜

①姜瘟病　姜瘟病防治较困难,最理想的办法是轮作换茬、严格选用无病种姜、种姜消毒、土壤消毒、施用不带病菌的肥料和灌溉水。如发现病害,及时铲除中心病株及其 0.5 米范围内的健株,挖去土壤,在病穴内撒生石灰或用 50%氯溴异氰尿酸可溶性粉剂 1 500 倍液消毒。

②姜螟　清理田园,人工捕捉。药剂防治选用 90%敌百虫原粉 800～1 000 倍液,或 52.25%氯氰・毒死蜱乳油 1 500～2 000 倍液,或 4.5%高效氯氰菊酯乳油 1 500～2 000 倍液,或 10%联苯菊酯乳油 1 000 倍液喷雾,每隔 10 天喷 1 次,连续 2～3 次。

③小地老虎　俗称地蚕。在播种姜时用 5%辛硫磷颗粒剂与基肥、细土混匀撒施;苗期如有小地老虎为害,用 90%敌百虫原粉 800 倍液防治。

(2)苦　瓜

①蚜虫　用 100 厘米×20 厘米的黄板诱杀,黄板高出植株顶部,每 667 米^2 放置 30～40 块。

②白粉病　一般选用 30%氟菌唑可湿性粉剂 1 500～2 000 倍

液，或15%三唑酮可湿性粉剂1 000倍液喷雾防治。

五、以莴苣、菠菜为主作间作套种新模式

(一)莴苣、玉米、春大白菜、秋扁豆间套作一年四熟栽培技术

江苏省姜堰市农业资源开发局姜明、姜堰市蔬菜站钱忠贵、姜堰镇农技站康翠萍报道，近年来探索出莴苣、玉米、春大白菜、秋扁豆间套作一年四熟高效栽培技术。每公顷可产莴苣45 000千克、春大白菜11 250千克、玉米8 250千克、扁豆11 250千克，产值45 000元以上，纯收入30 000元左右。

1. 种植方式　在包沟333厘米的畦面上，按行距28厘米、株距22厘米移栽12行莴苣，莴苣让茬后按大行90厘米、小行33厘米、株距22厘米移栽或直播3排6行春玉米，同时在玉米大行中按行距35厘米、株距30厘米移栽2行春大白菜；春大白菜让茬后再在玉米株间按株距150厘米左右套栽扁豆，同时将小行两侧的套栽位置相对错开。

2. 栽培要点

(1)莴苣　选用产量高、品质好、较耐寒的特大二白皮、泰州尖叶香等品种。将种子浸12小时后用清水冲洗干净，用纱布包好，置于5℃～6℃的低温环境中(如电冰箱冷藏室)处理2天，每天早晚各翻动和清洗种子1次，待大部分种子露白时即可取出播种。育苗床选择地势高爽、疏松肥沃的土壤，施足腐熟有机肥，深耕晒垡，深沟高畦，精细整地后播种，苗床播种量为11.25～15千克/公顷，可栽植大田10.5公顷，播前浇足底水，播后覆土0.5～1厘米。出苗后及时间苗、定苗，追肥浇水，培育适龄壮苗。移栽大田每公顷施优质腐熟有机肥45 000千克、25%氮磷钾复合肥750千克作基肥，深耕晒垡，熟化土壤，深沟高畦，精细整地。10月底11月初

移栽，栽后浇足活棵水，活棵后追施 1 次腐熟稀粪水，促苗平衡生长；返青后连续追肥 2～3 次，每次每公顷追施优质有机肥 30 000 千克或 25％氮磷钾复合肥 450 千克。莴苣易发生霜霉病，要注意排水防渍，降低土壤湿度，摘除病叶，发病前可用多・福・锌(绿亨二号)或三乙膦酸铝等药剂防治。当莴苣心叶与外叶持平时即可采收。

(2)玉米　播前 15 天深翻土壤、施足肥料，每公顷施有机肥 45 000 千克以上、25％氮磷钾复合肥 600 千克左右，然后多次翻耕拌和，4 月中旬春莴苣让茬后，按大行 90 厘米、小行 33 厘米、株距 22 厘米播种 2 排 4 行玉米，玉米叶片应与行向相垂直，播前要用药防治地下害虫，播后覆盖好地膜。有 6 片叶展开时施追肥，见展叶差为 5 时重施穗肥，同时注重病虫害防治和适时灌水排水，防旱防渍，夺取玉米高产。

(3)春大白菜　选用品质好、产量高、耐抽薹的韩国强势等品种。3 月上旬按高标准备好苗床播种育苗，每公顷苗床播种量 7.5 千克左右，可移栽 10.5～15.0 公顷大田。出苗后及时间苗、定苗，浇水施肥，防治病虫害，培育适龄壮苗。移栽大田每公顷施优质腐熟有机肥 45 000 千克、25％氮磷钾复合肥 4.5 千克作基肥，深耕晒垡，熟化土壤，筑 6 厘米高的小垄。当苗龄 20 天左右、4 片真叶时按规格移栽，栽后浇足活棵水；活棵后及时查苗补缺，追施腐熟稀粪水促苗平衡生长，少数植株开始团棵时每公顷施优质腐熟人畜粪 15 000 千克、氯化钾 75～150 千克作发棵肥；结球前 5～6 天每公顷施尿素 750 千克、氯化钾 75～150 千克作结球肥；天气干旱时，应适当浇水，保持土壤湿润，促进生长，以提高产量和品质。春大白菜病害主要有病毒病、霜霉病和软腐病，发病初期可分别用抗病毒营养液、三乙膦酸铝、多・福・锌等药剂防治；害虫主要有蚜虫、菜青虫、小菜蛾、蛴螬和蝼蛄等，可分别用乐果、溴氰菊酯、多杀霉素、拟除虫菊酯等农药防治。

(4)扁豆 选用产量高、品质好的中晚熟品种，于5月下旬采用直径、高度均为10厘米的营养钵育苗，每钵播3粒种子，齐苗后间去病、弱、小苗，留2株健苗；2叶1心时，将苗按规格套栽在玉米小行的两侧株间，注意应错开相邻小行的植株位置，栽后浇足活棵水；活棵后追施腐熟稀粪水促苗平衡生长，抽蔓后，分别将蔓引向两侧的玉米茎秆上；植株开花结荚后追肥3～4次，每次每公顷施优质腐熟有机肥22 500千克或25％氮磷钾复合肥375千克，结合防治病虫，根外喷施"883"或磷酸二氢钾等营养液，促进开花结荚，提高产量和品质；同时将茎蔓引向玉米茎秆并使其分布均匀，并去除第一花序以下无效分枝以及基部的老黄叶，以提高通风透光能力。病害主要有锈病，可用三唑酮、多·福·锌等药剂防治。害虫主要是红蜘蛛、蚜虫和豆荚螟等，可分别用杀螨灵、氰戊·辛硫磷或溴氰菊酯等拟除虫菊酯类农药防治。

(二)菠菜、西葫芦、扁豆、药芹间套作一年四熟栽培技术

江苏省兴化市周庄镇农业技术推广站束永安等报道，在探研露地蔬菜高产高效栽培生产实践中，采取菠菜、西葫芦、扁豆、药芹一年四熟间套栽培，全年每667米^{2}可产菠菜3 500千克、西葫芦1 800千克、扁豆1 500千克、药芹4 500千克，一般纯收入9 000～11 000元，最高可达12 000元。其栽培技术如下。

1. 茬口安排 菠菜10月下旬播种，春节前上市。西葫芦2月上旬采用营养钵育苗，3月初地膜移栽，5月中旬让茬。扁豆3月上旬采取营养钵冷床育苗，5月上旬移栽到西葫芦畦边。8月初在扁豆畦上破土，耙细播种药芹，12月初上市。

2. 品种选择 菠菜选用高产、优质、耐寒尖叶型品种；西葫芦选用节间短、结瓜部位低的矮生品种，如早青一代等；扁豆选用特早熟、高产、优质、抗病品种，如新品系95-2-3等；药芹选用生长速度快、高产、抗病、耐热性强、品质嫩脆的品种，如正大脆芹、玻璃脆

芹等。

3. 栽培管理

(1)菠菜　当年水稻收割后，耕翻晒垡2～3天，结合整地每667米^{2}施45%氮磷钾复合肥20千克，筑畦后撒播菠菜，每667米^{2}用种量1.5～2千克。播后浇透水，确保一播齐苗、全苗。菜苗2叶1心时，每667米^{2}施尿素5千克，促苗生长，苗株5～6叶时即可采收上市。

(2)西葫芦　2月上旬菠菜采收后，每667米^{2}施腐熟的家杂灰3000千克、45%氮磷钾复合肥15千克，翻耕耙匀整平后，3月初覆地膜移栽西葫芦，每畦2行，串行条栽，株距70～75厘米，每667米^{2}栽560～580株。4月中旬西葫芦开花时进行人工授粉，并用2,4-滴点涂雌花柄或柱头。前期植株小，每株留瓜1～2个，盛花期每株留瓜2～3个。及时去除老叶、病叶，确保田间通风透光。5月中旬开始分期采收上市。

(3)扁豆　4月初采取营养钵冷床育苗，5月上旬豆苗2～3叶时移栽到西葫芦畦边30厘米，每畦2行。苗株高40厘米时搭1.5米高"人"字形架，引蔓上架。蔓长1.2米时去除顶心，促进分枝；分枝60厘米时再去生长点，促进侧枝分化；超过架高的分枝及时去除顶心。扁豆始花时每667米^{2}施45%氮磷钾复合肥15千克。7月上旬可分期分批采摘上市。

(4)药芹　7月中旬，于播种前10天培植苗床。用清水浸种24小时，经充分搓洗后置于5℃～8℃的环境中(如电冰箱冷藏室)催芽，待种子有80%破口露白时即可播种。种子播后撒一层过筛细土盖籽，浇足水，搭好遮阳棚。由于药芹高温季节出苗速度较慢，所以播种后要确保床土潮湿。待药芹苗长至2～3厘米高时间1次苗，7～8叶时选择晴天下午4时后或阴天移栽。栽前先淋透水，大小苗分开栽，株行距7厘米×10厘米，栽后及时浇好活棵水，并保持土层潮湿3～4天。药芹活棵后实行薄肥勤施，不断满足其生长对氮、磷、钾养分的需求。在药芹植株进入生长旺盛期，每隔15天追1次肥，每667米^{2}施45%氮磷钾复合肥7千克、0.2%硼肥1千克，以免药芹叶柄开裂；同时注意预防叶斑病和蚜虫。药芹一般在移栽后65～70天即可分期分批采收。

六、以大蒜、大葱为主作间作套种新模式

(一)大蒜套种甜椒栽培技术

据赵新彬、张燕、卢长明报道，大蒜套种甜椒省工省时，并且大蒜收获后残留在土壤中的大蒜素对甜椒的细菌性病害有抑制作用。其栽培技术如下。

1. 品种选择　大蒜以苍山大蒜、苏联大蒜等为主。破蒜时选择蒜头大、健康无病虫害的种蒜，剔除小蒜瓣，种瓣标准以每100瓣400～500克为宜。甜椒以牟农1号、茄门、中椒4号、巨丰等耐热、高产、恋秋、抗病品种为主。

2. 浸种与育苗　大蒜种瓣用80%敌敌畏乳剂1 000倍液浸泡24小时，晾干后使用；每667米^{2}用种量100千克左右。

甜椒种子先用55℃温水浸种10分钟，不断搅拌，然后在22℃左右的温水中浸种10小时，置于25℃左右的恒温室中催芽3～4天，芽长1～2毫米时播种。阳畦育苗，1月下旬或2月上旬播种，播后不通风，保持阳畦内温度30℃左右，大部分出苗后，温度白天保持在25℃～30℃，夜间10℃～15℃。3片真叶时双株分苗，苗距10厘米×10厘米。缓苗前不通风，缓苗后温度保持白天23℃～28℃，夜间15℃～18℃。定植前7天浇水切块，假植。每667米^{2}用种量100～150克，苗龄90天。

3. 选地、整地与施肥　一般选择地势平坦、耕层深厚、松软、富含有机质、易排水且前3～4年未种过茄果类蔬菜、大蒜的田块

进行套种。前茬收获后，每667米^{2}施腐熟农家肥5 000千克、腐熟菜籽饼肥100千克、过磷酸钙50千克、硫酸钾50千克、尿素30千克，结合耕地均匀翻入耕作层，耙实耙平，筑畦，畦宽1.1米。

4. 大蒜播种与甜椒定植 长江流域9月下旬或10月上旬，平均气温17℃，5厘米以下地温18℃～19℃时为大蒜适宜播期。播种时先在畦中间开深10厘米、行距17厘米的播种沟，然后将浸泡好的大蒜种瓣根朝下、尖朝上，按株距10厘米播入，深度6～7厘米，覆土厚3～4厘米。播种完毕后，整平畦面，每667米^{2}用乙氧氟草醚30克＋乙草胺100克畦面喷雾，可防除整个生育期田间杂草，2天后根据墒情浇水、覆膜。

翌年3月末4月初晚霜过后，为甜椒的适宜定植期。定植前在畦埂两侧结合翻地每667米^{2}施入腐熟菜籽饼50千克、磷酸二铵40千克、硫酸钾15千克、55％敌磺钠药土2千克，耙平两侧并各定植1行甜椒，穴距30厘米，双株定植，随后浅浇定根水。

5. 田间管理

(1)大蒜田间管理 大蒜出苗后，人工破膜、扶苗。小雪过后浇1次越冬水，返青时结合浇水每667米^{2}追施碳铵20千克，抽薹前15天再追肥1次。抽薹期应及时浇水。采薹前5天不浇水，以利采薹。采薹后与出蒜头前5～6天各浇水1次。每次浇水后注意中耕除草，特别是采薹后中耕可及早促进蒜头膨大。

(2)共生期管理 水肥管理以大蒜生长发育为主，并注意培育甜椒壮苗。

(3)甜椒田间管理 大蒜头收获后，及时将大蒜行土培在甜椒行，连埂培成龟背形，以利甜椒抗倒伏，这样就形成宽行80厘米、窄行30厘米的甜椒宽窄行。每次采收甜椒后都要追肥1次，施肥量以每667米^2 10千克尿素为宜。浇水宜小，不宜漫灌，每次追肥后浇水1次。随植株生长发育，及时打掉门椒以下的多余分枝，以利透风透光。

6. 病虫害防治　大蒜整个生育期要注意防治蚜虫和蓟马。对叶枯病、霉斑病、锈病、病毒病，可在发病初期喷施75%百菌清、65%代森锰锌可湿性粉剂、70%代森锰锌+15%三唑酮、15%烷醇·硫酸钠（植病灵）或菇类蛋白多糖水剂等，可交替喷施，7～10天1次，连喷2～3次。

甜椒全生育期须注意防治蚜虫、棉铃虫、烟青虫，可用拟除虫菊酯类农药喷杀。病毒病可在定植后现蕾前用20%盐酸吗啉胍·铜防治。疫病在发病初期使用三乙膦酸铝或噁霜·锰锌防治，高峰期使用甲霜灵防治。对根腐病、立枯病、炭疽病、灰霉病，在发病初期交替喷施三唑酮、敌菌灵、拌种双等，连喷2～3次，7～10天1次。

7. 适时采收　4月下旬或5月上旬收获蒜薹，5月下旬或6月初收获蒜头，甜椒可根据行情采收。

（二）大蒜套种生姜栽培技术

大蒜套种生姜栽培技术，吴昌伟、李孟先的报道如下。

1. 施足基肥，精细整地做畦　姜、蒜根系浅，主要分布在10～20厘米土层内，吸收养分能力弱。因此，在肥料施用上，要采取撒施与集中施相结合，有机肥与无机肥相结合，氮肥、磷肥、钾肥、微肥相配合，基肥与追肥相结合，根部追肥与叶面喷肥相结合的措施，确保生姜、大蒜全生育期对各种养分的需要。种植时，应选择土壤肥沃、有灌排条件、3年内未种过生姜的地块，每667米^{2}撒施土杂肥5 000千克、过磷酸钙50千克，深耕30厘米，耙细整平，东西向做畦，畦宽120厘米，畦埂宽20厘米，畦面宽100厘米，划沟施氮磷钾复合肥50千克或豆饼30千克。

2. 精选良种　生姜应选择高产、抗病的品种。并选择无病、无腐烂、无干缩、无损伤的姜块进行催芽，严格淘汰瘦弱、肉质变褐色或呈水渍状及发软的姜块。大蒜应选择高产、早熟、瓣大的品种，如苍山大蒜等并选择无病的蒜瓣作种，淘汰夹瓣、烂瓣，以备播种。

3. 种姜处理 清明前后，将姜从窖中取出，选择无风晴天，于上午 9 时至下午 3 时单层排放在避风向阳干燥的地面上晾晒，下午 3 时后收回室内。困姜 2～3 天再晾晒，反复晾晒 3 次，历时 10～15 天。催芽时，可用火炕变温催芽。根据姜种多少在炕上用砖或土坯建 50 厘米高的围墙，内铺 10 厘米厚的干麦秸，再铺一层报纸，把困好的姜块紧密地立排在火炕上，一般摆 5 层，然后烧火加温(前期温度保持在 20℃～22℃，中期提高到 25℃～28℃，后期降到 22℃～25℃)，3 天后加盖麻袋或棉絮，15 天后姜芽开始萌动为进入中期，姜芽长到 1 厘米长为后期，保持空气相对湿度 70%～80%。这样变温处理，使姜芽肥壮而不徒长。

4. 适期播种，合理密植 大蒜在 10 月中旬地膜覆盖播种。东西行，畦宽 120 厘米，种 6 行大蒜，行距 15 厘米，株距 10 厘米，每 667 米^2 种 3.7 万株。畦面种 3 行大蒜留一个宽 30 厘米的套种行。生姜于 4 月中下旬至 5 月上旬种播，大蒜 6 月上旬收获，共生期 30～45 天。生姜行距 60 厘米，株距 20 厘米，每 667 米^2 栽 5 500 株。大蒜既可先覆膜后打孔播种，也可先开沟播种后覆膜，出苗后破膜引苗。

5. 分期配方追肥 在施足基肥的情况下，大蒜播种后基本不用追肥，翌年收了蒜薹，结合浇水每 667 米^2 追施尿素 10 千克，一肥两用。生姜长到 2 个分枝时，每 667 米^2 追施复合肥 15～20 千克，旺盛生长期每 667 米^2 追施复合肥 25 千克。

6. 收蒜后对杂草的处理及间芽 生姜单株留 2～3 个主芽，其他芽除去。实践证明，留 2～3 个芽比留 1 个芽光合面积增加 1 倍多，可增产 15%～20%。大蒜收割后，不要除草，让其继续为生姜遮荫，到立秋前，彻底清除杂草，解除遮荫。虽然杂草浪费部分养分，但遮荫所增生姜效益远高于消耗养分。

7. 中耕除草　生姜生长期间要进行分次培土，中耕除草。生育后期需大量水分，地面要保持湿润。姜、蒜既怕旱又怕涝，雨后要注意排水，以防烂姜。

8. 病虫害防治　大蒜在春季返青后，用90%敌百虫800倍液喷洒防治蒜蛆。在芒种前用90%敌百虫800倍液喷洒防治姜螟(钻心虫)，也可用50%杀螟硫磷乳剂500～600倍液，或80%敌敌畏乳油800倍液喷洒防治。对姜瘟病的防治，在实行3年以上轮作的前提下，选好良种，发现病株及时铲除，并在病穴内撒生石灰消毒。

9. 适时收获　大蒜在蒜薹收后17～20天内于6月上旬收获，收获时不要伤着姜的根系。生姜在10月中旬霜降前收获完毕。收获前3天先浇一遍水，使土壤湿润，将姜轻轻刨出，然后自茎干基部2厘米处，用刀削去地上茎，除去毛根，小心轻放，及时入窖。当天刨，当天运完，刨出的姜块不能露天过夜，以防受冷害而影响贮藏。

(三)大蒜、秋黄瓜、菜豆间套作周年栽培技术

据徐漫、胡林雷、陈瑛、金保丽报道，大蒜、黄瓜、菜豆间套技术即在地膜覆盖的大蒜行间套种秋黄瓜，收获大蒜后再种植菜豆，平均每667米^{2}产蒜薹560千克、大蒜头620千克、秋黄瓜2 850千克、菜豆1 600千克，比单作或两种两收增产30%以上。栽培技术如下。

1. 大　蒜

(1)精细整地　选择地势平坦、土层深厚、耕层松软、土壤肥力较高、有机质含量丰富、保肥保水能力较强的地块，每667米^{2}施腐熟农家肥5 000千克以上、标准氮肥40～50千克、磷肥30～35千克、钾肥40～45千克，一次施足基肥。然后整地做畦，畦高8～10厘米，畦面宽80厘米，畦沟宽30厘米。

(2)选用良种,适期播种　种蒜种瓣百瓣重应为400～500克。过小的蒜瓣不宜作种。大蒜的播期以10月上旬寒露前后,平均气温17℃,5厘米深地温18℃～19℃时为宜。密度为行距17厘米(每畦5行),株距7厘米,平均每667米^{2}栽植33 000株。开沟播种,沟深10厘米,播种深6～7厘米,播种后覆土厚3～4厘米,搂平畦面后浇水,覆盖90厘米宽的地膜。

(3)田间管理　大蒜出苗时可人工破膜,扶苗露出膜外。小雪之后浇1次越冬水。翌年春分至3月底进入薹、瓣分化期,应根据墒情适时浇水。蒜薹生长中期、露尾、露苞等生育阶段需水量较大,要适期浇水,保持田间湿润。露苞前后及时揭去地膜。采薹前5天停止浇水,轻轻中耕松土,以利于采薹。采薹后随即浇水1次,过5～6天再浇水1～2次,促进蒜头生长。临近收获蒜头时,应在大蒜行间造墒,以备播种秋黄瓜。

2. 秋 黄 瓜

(1)品种选择　在大蒜畦间套种黄瓜,可选用津研4号、津研7号、津春4号、夏丰1号、中农2号等优良品种。

(2)适期播种　在蒜头即将收获时(6月上旬)将有机肥施入畦沟内,然后与土拌匀、搂平,待收获蒜头后,将黄瓜种子点播于畦上,每畦2行,行距70厘米,穴距25厘米,每穴播3～4粒种子,每667米^{2}留苗3 500株。种子需用0.1%高锰酸钾溶液或0.1%磷酸三钠溶液浸泡消毒。

(3)田间管理　瓜苗有3～4片真叶时,每穴留苗1株定苗。定苗后浅中耕1次,并每667米^{2}施入硫酸铵10千克促苗早发。定苗浇水后随即插架,畦沟边相邻的2行扎成“人”字架(即“人”字架在畦沟上)。结合绑蔓进行整枝。根据长势情况,适时对主蔓摘心。播后约40天即可采收上市。

(4)病害防治　秋黄瓜病害主要有霜霉病、炭疽病、白粉病、疫病、角斑病等。可用25%甲霜灵500倍液,或50%乙铝·锰锌

600 倍液，或 75%百菌清 600 倍液，或 64%噁霜·锰锌 400 倍液，或 77%氢氧化铜 500 倍液等杀菌剂防治。

3. 菜　豆

(1)品种选择　应选用白架豆、丰收 1 号架豆等早熟品种。

(2)适期播种　6 月下旬，于黄瓜行间做垄直播，行距 30 厘米，穴距 20 厘米，每穴播 2～3 粒种子。

(3)田间管理　定苗后浇 1 次水，然后插架，以防秧蔓互相缠绕而影响开花、结荚。结荚期需追肥 2～3 次，每次每 667 米^2 施硫酸铵 15 千克。结合喷药防治病虫害，加入适量的光合微肥、磷酸二氢钾等，进行叶面追肥。

(4)病害防治　病害主要有根腐病、锈病、炭疽病、叶烧病等。锈病用 20%三唑酮乳油 2 000 倍液，或 65%代森锰锌 500 倍液防治，叶烧病用 1 000 万单位农用链霉素加 0.1%氯化钙溶液或大蒜素 8 000 倍液喷洒，豆荚炭疽病则可用 80%福·福锌 600 倍液，或 70%甲基硫菌灵 800 倍液防治。

(5)采收　9 月上旬即可采收。为便于腾茬种植大蒜，至 9 月底应全部收获完毕。

(四)大蒜套种辣椒栽培技术

据江苏省灌南县新安镇农业技术服务中心孙学标报道，大蒜套种辣椒高产栽培技术如下。

1. 选择适宜品种　为保证两种作物实现高产、高效和错开上市时间，大蒜选用 2 个品种，一个是可采收青蒜苗的品种，如泰苍白蒜、青龙白蒜等；另一个是蒜薹产量高的品种，如二水早等。辣椒选用味特辣、抗高温易越夏、抗逆性强的金塔等品种。

2. 选配适宜的套种模式　为兼顾大蒜、辣椒双高产且易套种，多数采取大蒜畦宽 60～80 厘米，每畦种植 4 行，株距 7～10 厘米，两畦间留畦埂宽 20～25 厘米、高 15 厘米，既当作畦埂又是辣椒的套种行。辣椒套栽于两畦间的畦埂上，这就形成了辣椒行距80～100厘米、株距30厘米的套种模式。

3. 大蒜栽培技术措施

(1)选地与施基肥　选择地势较高、汛期不积水的地块。为保证每667米^{2}产蒜头1 500～1 800千克，整地时每667米^{2}施腐熟农家肥5 000～7 500千克、氮磷钾复合肥100～125千克、硫酸钾25～30千克、碳酸氢铵50千克，混合撒匀一次性耕翻入土。

(2)精细选种　选大头、瓣匀、四六瓣、无碰伤的蒜头作种。播种前5～7天，将选好的蒜种晾晒2～3天，剥开蒜瓣，把瓣直的蒜瓣放在清水中浸泡10～12小时即可播种。

(3)适时追肥浇水　全田栽完之后普浇1次栽蒜水，封冻前浇1次越冬水。翌年清明节前后，凡未盖地膜的田块要拾净盖草，追施尿素、硫酸钾，追肥后浇1次透水，若未降雨，隔5～7天可再浇1次水。凡不盖地膜的地块，每次浇水后要趁墒情适宜时浅锄，既可消灭垄间杂草，又可松土保墒。

(4)注意防治病虫害　大蒜主要病害是叶枯病，防治此病除加强田间管理外，每667米^{2}用25%多菌灵可湿性分剂0.25千克加入尿素0.5千克，对水100升全株喷雾，每隔7～10天喷1次，连喷3～4次。害虫主要是蒜蛆，防治方法是：整地时可每667米^{2}用辛硫磷1～1.5千克拌成毒土撒后耕入地下，可兼治其他地下害虫；栽蒜时每667米^{2}用种衣剂0.5千克，拌种防治；在大蒜烂母期，可用敌百虫或敌敌畏防治蒜蛆的成虫。

(5)适时拔薹收蒜　蒜薹经济效益及产量高低、质量好坏均与拔薹技术有着密切关系，因此要在蒜薹产量最高、质量最佳时及时拔薹。首先应在拔薹前3～5天停止浇水，其次要在晴天中午前后拔薹，切忌拔掉旗叶影响蒜头继续膨大。一般以小满拔薹、芒种收蒜为宜。拔薹后12～15天刨蒜。蒜头收获后要注意晾晒，严防雨淋霉烂。

4. 辣椒栽培技术措施

(1)种子处理　播种前进行种子消毒，不仅可杀死种子表面的病原菌，而且能提高种子发芽率和增强幼苗的抗病性。常用方法有温汤浸种，即将种子用55℃的温水烫种15～20分钟，不断搅拌；或者用10%磷酸三钠溶液浸种10分钟，用清水洗净后浸种催芽。待种子露芽即可准备播种。

(2)育苗床的准备　土壤封冻前，深翻晒垡。利用小拱棚育苗，也可设大棚套小棚，棚向可采用南北向。建9米×1.2米的育苗床，可育667米^{2}大田所需辣椒苗。播种前10～15天整地筑畦，每667米^{2}施腐熟过筛厩肥150千克左右，施肥后来回倒翻2次。苗床做好后，覆盖塑料薄膜，烤畦，夜间覆盖草帘。

(3)播种　播期控制在2月中下旬。每667米^{2}用种量60～70克。播前2～3天将苗床浇透水，水渗下后喷1次50%多菌灵500倍液，将经过处理的种子拌细沙均匀撒播，上盖1厘米厚的细土，然后扣上薄膜，架好拱棚，覆盖棚膜并压实。

(4)苗期管理　播后白天温度控制在25℃～28℃，夜间16℃～18℃。出苗前不通风，晚上加盖1层草毡或者2层薄膜以保温。苗出齐后揭除棚内地膜，并逐渐通风降温。前期一般不浇水，中后期视苗情洒水或浇水。如苗弱，可以在适当的时候以稀释的腐熟人粪尿浇小水，促其转壮。出苗后若温度超过25℃时要通风降温，及时除杂草。移栽前逐渐加大通风量炼苗，以使幼苗移栽后能顺利适应大田气候环境。移栽前5～7天喷75%百菌清可湿性粉剂500倍液防病。

(5)定植　一般于5月下旬拔完蒜薹后立即套种辣椒，行距80～100厘米，墩距30厘米，每墩栽3～4株，每667米^{2}栽2 800～3 000墩。套种之后随即浇1次定植水，促其早缓苗、快生长。

(6)大田管理

①肥水管理　如果已施足基肥，且土壤保水能力强，生长期内一般不再施肥，则应在结果高峰期每667米^{2}追施尿素10～15千克。后期可结合防病进行根外施肥，可用0.5%尿素或0.2%～0.3%磷酸二氢钾叶面喷施。

②中耕培土　定植后10～15天中耕保墒、培土。

(7)病虫害防治　辣椒病害主要有猝倒病、立枯病、疫病、炭疽病、病毒病、枯萎病、软腐病等，害虫主要有棉铃虫、烟青虫、蚜虫、茶黄螨等。

①农业防治　实行严格轮作制度；选择高燥地块，防涝防旱；平衡施肥，增施完全腐熟有机肥，少施化肥，防止土壤营养化；清洁田块，田间挂黄板诱虫等。

②生物防治　积极保护天敌，利用天敌防治病虫害。采用病毒、线虫等生物药剂防治害虫。用植物源农药如苦参碱、藜芦碱、印楝素等和生物源农药如阿维菌素、农用链霉素、硫酸链霉素、土霉素(新植霉素)等生物农药防治病虫害。

③化学防治　方法如下。

猝倒病、立枯病：是苗期主要病害。发病初期，可用75%百菌清可湿性粉剂800倍液，或70%甲基硫菌灵可湿性粉剂600～800倍液等防治。

疫病：在苗期至成株期均可发病。发病初期，可用25%甲霜灵750倍液防治，或每667米^{2}用58%甲霜·锰锌可湿性粉剂60～100克防治；也可用噁霉灵2000～3000倍液灌根防治。

炭疽病：主要危害果实和叶片。发现中心病株，立即喷施75%百菌清可湿性粉剂600倍液或福美双等防治。

病毒病：生长初期控制蚜虫，以减少发病。发病初期，用盐酸吗啉胍、盐酸吗啉胍·铜等喷雾防治。

白绢病、白星病、菌核病、黑根腐病：发病初期，可用噁霉灵灌根防治。

蚜虫：每667米^{2}用10%吡虫啉10克防治。

红蜘蛛和茶黄螨：用1.8%阿维菌素1200～1500倍液防治。

棉铃虫和烟青虫：重点在现蕾开花期防治，可用2.5%高效氯氟氰菊酯乳油4000倍液，或2.5%联苯菊酯乳油3000倍液防治，也可用敌敌畏、拟除虫菊酯类农药防治。

小地老虎、蛴螬、金针虫：可喷施90%敌百虫1000倍液防治，或制成毒饵诱杀。

(8)适时收获　在整个生长期间，只要加强田间管理和汛期不遭受涝害，可陆续分期分批采摘红色果实。严霜到来之前整株拔除，严防冻害。

(五)大蒜、辣根、青玉米间套栽培技术

据江苏省大丰市农技推广中心蔬菜站韦运和、大丰市南阳镇农技站邹秀梅报道，推广大蒜、辣根、青玉米高效栽培模式，一般每667米^{2}收入达6000元左右。其主要栽培技术如下。

1. 茬口安排　9月上中旬，在60厘米幅宽上按15厘米行距开沟播种大蒜，幅与幅之间留20厘米空幅待播辣根和玉米。翌年，4月中旬采收蒜薹，6月上旬采收蒜头。3月份播种辣根，种在大蒜两幅之间，在11月底12月初初次明霜后即可采收。青玉米于清明节前后播种，穴播于辣根与大蒜之间，7月中旬采收。

2. 配套关键技术

(1)大　蒜

①品种选择　选择生长健壮一致、蒜头硬实圆整、个头肥大、蒜瓣整齐、无病虫害的三月黄或二水早大蒜等。

②施足基肥　最好选择耕作层深厚、土质肥沃的田块，土壤为富含有机质的沙壤土；要求田间水系良好，灌排方便。8月底，在大蒜播种前，结合翻耕施入基肥。一般每667米^{2}施入腐熟饼肥

100～150千克、42%氮磷钾(17—17—8)复合肥50千克。施肥后用手扶拖拉机旋耕30厘米深，将肥料混入土层，然后清除掉地表杂物，整平田块。

③适期播种，合理密植　9月上中旬开沟播种，株距8～10厘米，播后盖土1.5～2厘米厚。每667米^{2}种植5万株左右。

④田间管理　主要有以下几个不同时期的管理。

一是苗期管理。出苗期间要注意保持适宜墒情，田间过湿和积水会造成闷芽。如田间墒情严重不足要及时浇水，促进出苗。

二是冬前管理。在冬前形成6～7叶的壮苗越冬。主要管理措施是松土，适当追肥、浇水，注意秋季根蛆和草害的防治。冬前中耕除草松土2～3次，首次中耕在2叶期进行、深度要浅，以后中耕逐渐加深，但不宜超过5厘米。在施足基肥的基础上，视苗情及时追施氮肥1～2次，一般每次每667米^{2}追施碳酸氢铵15～20千克。

三是返青期管理。翌年2月中旬天气逐渐回暖，大蒜开始返青生长。此时要加强肥水管理，一般每667米^{2}追施尿素10～15千克、叶面喷施氨基酸叶面肥1～2次。同时，结合除草，中耕松土2次，促进幼苗快速、健壮生长。

四是鳞芽、花芽分化期及薹伸长期管理。此时要大水大肥，在露尾前10～15天，每667米^{2}追施尿素15～20千克、钾肥15～20千克。同时叶面喷施0.2%磷酸二氢钾液或氨基酸叶面肥2～3次。

五是蒜头膨大期管理。及时采薹。采薹后可以促进营养向蒜头部分输送。采薹时尽量少伤功能叶。采薹后及时轻施一遍肥水，一般每667米^{2}追施碳酸氢铵10～15千克，同时根外喷施0.2%磷酸二氢钾和1%尿素溶液2次。

⑤病虫草害防治　病害主要有大蒜叶枯病、叶斑病和细菌性软腐病。在轮作换茬的基础上，大蒜叶枯病和叶斑病防治用25%

代森锰锌 400 倍液，或 75%百菌清 500 倍液，或 25%咪鲜胺 500 倍液叶面喷雾。大蒜细菌性软腐病用 77%氢氧化铜 500 倍液叶面喷雾。害虫主要有蒜蛆，可用 48%毒死蜱 1 500 倍液拌种或灌根。草害的防治是在播后苗前进行。

⑥适时采收蒜头　在大蒜基部叶片大都干枯、假茎松软时，一般在采薹后 17～20 天，为蒜头适宜采收期。此时要及时拔出蒜头。蒜头拔出后摊晾在通风干燥处，避免暴晒。待干燥后，剪去假茎和根须后收藏。

(2)辣　根

①种根准备　辣根采用根状茎繁殖，在冬季收获辣根时，选取长 15 厘米左右、粗 0.8 厘米的根茎留作种用，上口平切，下口切成 45°角的斜面，用碎石灰消毒后分扎成小捆，贮藏于土窖中越冬或沙藏越冬。一般每 667 米^2 备种根 50 千克以上。

②栽植　辣根栽植时间选择于 2 月下旬至 3 月上旬，在两个蒜幅中间的空幅中按株距 23～27 厘米，用直径 1 厘米手木扦或铁扦打洞，洞深 18 厘米，将准备好的种根插入洞中(注意种根顶部朝上，不能倒插)，插好后盖土 3 厘米厚。

③田间管理　主要有以下几项工作。

一是施肥。由于大蒜施基肥较足，辣根一般不要再施基肥，但在 4 月下旬至 5 月初、幼苗高度在 13～20 厘米时，要进行 1 次追肥，以促进茎叶旺盛生长。每 667 米^2 施腐熟人粪尿 1 000 千克左右，对水稀释开穴点浇于植株旁。第二次追肥在 7 月下旬至 8 月初，每 667 米^2 施尿素 15 千克和碳酸氢铵 30 千克以及适量钾肥，以满足根茎膨大对养分的需要。

二是疏通水沟防渍。辣根较耐干旱、忌涝渍，湿润的土壤条件有利于辣根茎叶和根状茎膨大。所以要挖好一套沟，保持水系畅通，严防涝渍，同时遇干旱也应及时抗旱。

三是中耕除草。辣根生长期间要及时中耕除草。辣根一生一般要中耕除草2～3次。第一次在全苗后1周内进行，第二次在苗高25厘米左右时进行，第三次在第二次追肥前进行，之后在封行前酌情再除草松土1次。在除草松土的同时要适当培土。

④病虫害防治　主要病害为疮痂病，在连作田发病较重。实行3～5年的轮作，尤其是水旱轮作，对预防此病有极好的效果。害虫主要有菜青虫、小菜蛾和盲椿象等，可用40%辛硫磷1 000倍液喷雾防治。

⑤采收　为保证辣根品质，一般是当年种植的当年采收。辣根收获适期是地上叶片枯萎后，一般在11月中旬第一次明霜后即可采收。一般每667米^{2}产量750千克，高产田块可达1 000千克。在采收时，用锹挖出根状茎，去除茎叶、须根和泥土，贮存于相对潮湿的地方待售。

(3)青玉米

①选用品种　选用生育期短、品质好、市场畅销的苏玉糯1号或京科糯2000等优良品种。

②及时播种　为确保青玉米提前上市以提高效益，同时缩短玉米与辣根的共生期以利于辣根高产，玉米播种期一般确定在清明前后，在辣根与大蒜行间按穴距30厘米进行点播，每穴播2粒种子。

③田间管理　玉米4～5叶期应及时定苗，每穴留1株。5月中旬，在玉米株间适当追施少量肥料(穴施)，每667米^{2}施氮磷钾复合肥12～15千克。孕穗期(大喇叭口期)结合除草松土进行小壅根，同时每667米^{2}穴施尿素15千克左右。

④病虫害防治　春播青玉米病虫害发生很少，主要是做好对地下害虫和玉米螟的防治。防治地下害虫可用48%毒死蜱1 500倍液拌种。在6月初，要注意抓好玉米螟的防治，在玉米螟卵孵高峰期可选用5%氟虫腈悬浮剂2 000倍液，或2.5%溴氰菊酯乳油1 000～2 000倍液，或15%茚虫威悬浮剂4 000倍液喷粗雾，重点

注意喷好玉米中下部叶片背面。

⑤适时采收 在青玉米授粉后20～25天、花丝转为褐色变枯时正是采收适期，要及时采收。将采收的连苞青玉米整齐装入塑料包装袋，及时上市销售。

(六)大蒜、西葫芦、辣椒套种大白菜栽培技术

江苏省兴化市陈堡镇农技站罗有箐、周庄镇农技站骆来昌报道，推广应用大蒜、西葫芦、辣椒、大白菜间套栽培技术，一般667米^{2}产青大蒜2000千克、西葫芦1800千克、辣椒3000千克、大白菜4500千克。主要栽培技术如下。

1. 茬口安排 水稻收割后耕翻晒垡2～3天，每667米^{2}施优质腐熟农家肥3000千克，整地筑畦。大蒜上年10月上旬播种，青蒜春节前后上市；西葫芦2月下旬营养钵育苗，3月中旬移栽，5月底让茬；辣椒4月下旬营养钵育苗，5月底移栽，11月上旬采收结束；大白菜8月初育苗(直播)，8月中旬套栽在辣椒行中，11月底采收结束。

2. 品种选择 大蒜选生长势强、优质高产的二水早品种；西葫芦选用节间短、结瓜部位低、生长快的矮生型早熟品种早青一代、一窝鸡等；辣椒选用高产优质、抗逆性强的苏椒3号、湘研4号等品种；大白菜选用优质高产、抗病性强的中熟品种鲁白8号等。

3. 栽培技术

(1)大蒜 10月上旬播种，每667米^{2}用种量30千克，播种前低温处理6～7小时，播种株距5厘米、行距10厘米、深1.5厘米，播后用麦秸覆盖，浇透底水。齐苗后每667米^{2}施腐熟稀粪水1400千克，2～3叶期每667米^{2}施尿素15千克，收获前20天每667米^{2}施尿素10千克。

(2)西葫芦 3月中旬移栽，每667米^{2}塘(穴)施45%氮磷钾复合肥20千克。每畦2行，株距75厘米，每667米^{2}栽植580株，

栽后覆地膜。西葫芦结瓜前期每株留瓜1～2个，盛瓜期每株留瓜3～4个。及时去除老叶、病叶。注意防治蚜虫。4月下旬瓜体色彩变淡时，分期分批采摘上市。

(3)辣椒 于4月底采用营养钵育苗，每钵播2～3粒种子。接后盖好细土后喷施除草剂，覆地膜保温保湿，促出苗、齐苗。椒苗1叶1心期进行间苗，追施1%尿素液。椒苗6～7叶时移栽，每667米^{2}施充分腐熟的饼肥30千克、45%氮磷钾复合肥25千克。栽后浇透底水。活棵后早施发苗肥，每667米^{2}施尿素5千克。6月中旬至7月上旬重施花果肥，每667米^{2}施尿素20千克。辣椒果变红时开始采摘上市，每采1次追1次肥，每次每667米^{2}施尿素10千克左右。辣椒生长后期注意抗旱、防渍。为防治辣椒软腐病和角斑病，喷25%多菌灵1500倍液2～3次，并在药液中加入拟除虫菊酯类农药兼治棉铃虫和蚜虫。

(4)大白菜 于8月初采用营养钵育苗，8月中旬打塘(穴)移栽到辣椒行中，每畦4行，每667米^{2}栽2100株，结合辣椒抗旱洇水活棵。活棵后及时追施提苗肥2次，每次每667米^{2}施尿素10千克左右，并注意防治蚜虫、斜纹夜蛾和菜青虫。团棵期每667米^{2}施45%氮磷钾复合肥20千克，促使发棵。包心期每667米^{2}施尿素15千克，有利于菜棵包紧包实。霜冻来临时及早采收上市。

(七)大葱套种萝卜栽培技术

福建省泉州市农科所，晋江市池店镇林涛报道，根据福建省泉州市沿海县冬春季具有适宜大葱生长的有利条件，总结推广大葱套种萝卜种植模式，选用适宜出口的品种和面向国内市场，一般每667米^{2}一茬产值6000元以上。

1. 选用良种 大葱品种为长悦，耐寒、耐抽薹，直立不易折，葱白紧实，品质优。萝卜品种为春雷，根部1/3露出地面，根皮出土部位呈绿色，抗病性好，晚抽薹，根近圆柱形，不易糠心，适宜采收期较长。

2. 育苗技术　大葱播种适期为7月中下旬至9月份，苗龄45～60天，按照种植计划，分期分批育苗移栽。每667米^{2}的育苗地用种量为1.2～1.8千克，成苗可供0.7～1公顷的大田种植。育苗地提前15天耕翻晒白，提前1～2天犁出畦形，每667米^{2}撒施等量混合的钙镁磷肥和含硫氮磷钾复合肥50千克作基肥，拌匀耙平后做畦，然后沟灌水至表土湿润。播种时开浅沟条播，行距5厘米，播后覆土厚1厘米，畦面喷浇40%毒死蜱乳油2 500～3 000倍液预防地下害虫，再盖上遮阳网保湿直至出苗，然后转入苗期常规管理。

萝卜于9～12月份采取覆盖地膜开孔直播。施用腐熟有机肥1 000千克和复合肥50千克作基肥，畦连沟宽1.1米，畦宽80厘米，株行距25厘米×30厘米，每畦种植2行。每批大葱定植前30天左右播种萝卜，每穴播1粒种子，每667米^{2}保苗4 500株。萝卜出苗后的肥水管理同常规。

3. 大葱定植技术　大葱移栽前3～5天，萝卜正处于旺盛生长期，结合大田灌水每667米^{2}追施尿素15千克，水渗透后大葱定植前可及时揭去地膜。移栽前，大葱苗地灌透水，以便于起苗。葱苗按大小分级定植。定植时，先用定植叉顺沟壁畦边垂直压下，可同时开出16个5～10厘米深、直径2厘米、间距3.5厘米的定植孔，接着插入葱苗(注意葱心基本保持在同一水平)，然后拍土压实。这样有利于大葱的直立生长和高温干旱期的肥水管理及日后的培土作业。每畦种植1行，每667米^{2}定植1.7万～1.8万株。

4. 田间管理　大葱定植活棵后，沟底追薄肥灌水促进生长，同时满足了萝卜生长对水肥的需要。因播种期不同，萝卜播种45～60天后可以开始间拔上市，每667米^{2}产量3 000～5 000千克。结合灌水，每667米^{2}追施复合肥15～20千克和尿素5千克，然后顺着沟小培土。大葱定植 60 天后，适时沟灌水至土表层湿润，每 667 米^2 追施复合肥 30～40 千克和尿素 5 千克，然后用犁沿萝卜种植行顺沟翻耕，对大葱开始大培土。根据大葱长势，生长中后期及时结合灌水，每 667 米^2 追施钾肥 10 千克并再次小培土，以防止葱棵倒伏，提高商品性。每次培土时注意不要埋没了葱心。

生长中前期恰逢高温干旱时节，必须注意对潜叶蝇、夜蛾类害虫的防治，可用 1.8%阿维菌素乳油 2 000～3 000 倍液，或 52.25%氯氰·毒死蜱乳油 1 000～1 500 倍液喷雾防治。大葱生长后期，霜霉病、紫斑病发病初期可以交替喷施 75%百菌清可湿性粉剂 500～600 倍液，或 64%噁霜·锰锌可湿性粉剂 500～800 倍液，或 58%甲霜·锰锌可湿性粉剂 500～800 倍液。灰霉病的防治可用 50%异菌脲可湿性粉剂 1 500 倍液。锈病发病初期喷洒 15%三唑酮可湿性粉剂 2 000～2 500 倍液，隔 7～10 天 1 次，连治 2～3 次。

5. 收获　翌年 1 月中下旬至 4 月份，根据出口收购的标准开始分批收获，一般要求葱白 20 厘米以上带 4～5 片外叶，每 667 米^2 产量 3 000～4 000 千克。也可撕去外皮，切去根须和一段叶尾，初加工成带 3 片外叶的半成品，装筐后迅速运往加工厂。

七、以茭白、草莓、竹荪为主作间作套种新模式

(一)茭白套种蕹菜栽培技术

据无锡市蔬菜研究所方家齐报道，茭白套种蕹菜栽培技术如下。

1. 蕹菜育苗　蕹菜采用叶大、茎粗、色白的品种(实践表明，

茎的颜色以白色的品质为佳)，每 667 米^2 大田约需种子 3 千克，3 月下旬至 4 月上旬在小棚中育苗。播前将种子用 50℃温水浸泡 5 分钟(边浸泡边搅拌)，然后再用 20℃温水浸泡 5 小时，有利于灭菌和提高发芽率。按每平方米 0.15 千克干种量播于苗床，覆盖 0.5 厘米厚的薄土层。浇足水后立即盖上小环棚，并经常保持苗床湿润。出苗后，中午棚内温度超过 30℃时要揭膜两头通风，以防高温烧苗。移栽前 10 天逐步揭膜炼苗，先两头通风 3～4 天，再全部揭膜。

2. 茭白移栽　间作田茭白 4 月中旬移栽。有两种移栽方式：一是宽行窄株式，行距 1.5 米，株距 0.35 米；二是宽窄行式，宽行 1.8 米，窄行 0.45 米，株距 0.45 米。一般选用秋茭，株高不超过 2 米的品种。

3. 蕹菜移栽　茭白移栽成活并经过 2 次耕耨后，就可将蕹菜套栽于茭白行间。在采用宽行窄株式移栽的茭白田中，每 2 行中间套种 2 行蕹菜，与邻近茭白行距为 0.6 米，蕹菜间行距为 0.3 米、株距为 0.18 米。在采用宽窄行式移栽的茭白田中，每个宽行中种植 3 行蕹菜，与茭白的行距为 0.6 米，蕹菜间行距为 0.3 米、株距为 0.18 米。蕹菜移栽 5 天内，田间只能保持约 1 厘米深水层，以防止蕹菜漂秧和叶片腐烂。5 天后田间水层可保持在 2～3 厘米深。但要防止水太深而降低水温，影响茭白分蘖和蕹菜生长。

4. 田间管理　蕹菜成活后，每 667 米^2 追施腐熟有机液肥 250～300 千克或尿素 10 千克，6 月上旬即可采收。采收时要在基部留 2～3 厘米高、带 2 片叶的茎，以利再生，以后每隔 10 天左右采收 1 次。每次采收后按上述方法追肥 1 次。一直采收至 7 月中旬茭白封行，把蕹菜的老茎叶踩入泥中，作为茭白的肥料。

间作田茭白治虫只能采用低毒高效的农药。治虫后 7 天之内不可采收蕹菜。由于间作田通风条件良好，秋茭白比一般田早孕茭 5～7 天，故孕茭肥也相应提早施用。

(二)草莓、青玉米、香荷芋间套种植技术

江苏省如皋市磨头镇农技站陈海平,如皋市农业技术推广中心沈世宏、马国成等报道,如皋市磨头镇新联村已有10多年种植草莓历史,传统的草莓、中稻种植模式,虽然兼顾了粮经生产,但经济效益不高。近几年,当地农民试验草莓、青玉米、香荷芋间套种植模式,与草莓、中稻种植方式相比,每667米^{2}平均增加收入2000元。

1. 产量与效益 该茬口一般每667米^{2}草莓产量1000千克,产值2200元;青玉米果穗产量750千克,产值900元;香荷芋产量1500千克,产值2400元。全年每667米^{2}产值5500元,利润4000元以上。

2. 茬口安排 采用2.2米宽组合。每组合分2垄,垄面宽50厘米,底宽100厘米,垄高30厘米,垄沟底宽20厘米。每垄定植2行,行距30厘米,株距30～35厘米。10月中下旬移栽定植草莓,翌年1月中下旬覆盖地膜,3月中旬地膜内草莓间打孔播1行春玉米,4月上旬在垄沟内播香荷芋。草莓、玉米收获后,追肥壅土,进行香荷芋生长期间的栽培管理。

3. 选用良种 草莓选用加工企业订单收购的宝交早生优良品种;青鲜食玉米选用苏玉糯1号、苏玉糯2号、通玉糯等;芋头选用本地适口性好的香荷芋。

4. 栽培要点

(1)草莓 在育好苗的基础上,10月中下旬移栽定植。按照组合配置要求,每667米^{2}栽4000株左右。栽前施足基肥,每667米^{2}施腐熟粪肥4000千克、菜籽饼100千克、45%氮磷钾复合肥50千克。翌年1月上中旬清园除草后,每667米^{2}追施腐熟粪肥2500千克,覆盖宽1米、厚0.012毫米地膜,并及时破膜掏苗。后期注意防治病虫害。4月中下旬草莓成熟后采收上市。

(2)青玉米　3月中旬在地膜间打孔直播，密度为每667米^2 4500株。草莓收获后追施拔节孕穗肥，每667米^{2}施腐熟粪肥2500千克、碳酸氢铵50千克。在大喇叭口期，用敌百虫等农药灌心防治玉米螟。后期注意防治大斑病、小斑病及锈病。

(3)香荷芋　4月上中旬播种，分2行播在垄边，密度为每667米^2 4000株左右。玉米收获后每667米^{2}追腐熟粪肥2000千克，同时进行小壅土。8月上旬，每667米^{2}追施腐熟粪肥2000千克、碳酸氢铵30千克，并进行大壅土。9月上中旬可陆续采收上市。

(三)竹荪、嫁接苦瓜、秋冬叶菜(小白菜、大白菜、芥菜等)间套种栽培技术

四川省泸州市农业局蔬菜管理站宋华、宋其龙报道，对竹荪、嫁接苦瓜、秋冬叶菜一年三茬的栽培模式进行了试验探索。经多点调查测产，每667米^{2}干竹荪产量86.3千克，产值9493元；苦瓜产量4257千克，产值5108元；秋冬叶菜产量3560千克，产值2848元。合计每667米^{2}总产值17449元。另外，用嫁接苦瓜与竹荪套作，对竹荪起到了很好的遮荫作用，获得了一举多利的效果。

1. 种植模式和茬口安排　苦瓜与竹荪套作，收后种一季秋冬叶菜。苦瓜嫁接苗4月中旬移栽，6月下旬上市，9月下旬采收结束；竹荪4月下旬接种，6月中旬上市，9月中旬采收结束；秋冬叶菜9月上旬播种育苗，9月下旬至10月上旬移栽，12月下旬采收上市，采收时间可延续到翌年2月上旬。

2. 竹荪栽培技术

(1)栽培用地选择　应选择管理方便、坡度平缓、背北风、有水源、土壤肥沃、湿润、排水良好的沙壤土田或干田(冬季未淹水的田，有水田需提前2个月排干水)。

(2)培养料的处理　竹荪培养料配方主要有2种：一种是干枯

竹片78%、竹叶20%、过磷酸钙1%、石膏粉1%、磷酸二氢钾0.2%、硫酸镁0.2%；另一种是杂木屑68%、秸秆30%、石膏粉1%、白糖1%。竹片和秸秆都需粉碎至2厘米左右长。

培养料处理多采用发酵法，将原料用澄清的石灰水预湿，湿度为60%～65%，加入尿素后堆放。约7天后翻堆，先加入一半石膏粉，调整湿度至65%；经6天后再进行翻堆，加入剩下的石膏粉，调整湿度至65%；再过5天进行第三次翻堆，加入过磷酸钙并喷入50%辛硫磷乳油500倍液杀虫，调整湿度至60%～65%；约隔4天后进行第四次翻堆，调整湿度至55%～60%。每次翻堆均应在堆的中心温度下降时进行，并将表面干燥层翻至中层，把中层翻至外层。发酵结束时，料应呈咖啡色，有少量氨气味，无霉变，原料易碎。栽培时，另按堆料质量1%的比例加入蔗糖水。

(3)接种　接种时间为4月下旬。接种时应选择阴天或没有阳光直射时进行，但不要在雨天接种。

①土壤消毒　在接种前7天，用50%多菌灵可湿性粉剂1000倍液或50%辛硫磷乳油700倍液进行土壤消毒，按1米宽做平畦。

②接种方法　竹荪采取两层料、一层菌种的播种法。先把2/3的培养料铺放在畦面上，并把料踏实；再把竹荪菌种掰成块状，按梅花状点播于培养料上并按压，使菌种与料接触；然后把1/3的料铺在上面，并按压料面；料层高15厘米，底层宽，上层稍缩；料面覆细土3～4厘米厚。每平方米用干料12～15千克，菌种2～3袋。

(4)栽培管理

①覆土　待菌丝长满栽培料面后，需覆盖1层厚2～4厘米的经太阳暴晒过的肥沃细土，土面上再盖1层厚约2厘米的竹叶，以保持良好的通气性和湿度。

②喷水　天气干燥时要适当喷水。喷水时避免直射土壤，以

免造成土壤板结。土壤含水量应保持在20%左右。

③遮荫　进入高温季节，利用苦瓜棚架进行遮荫处理。若苦瓜长势好，会形成自然遮荫；长势稍差的，可在棚架上搭遮荫物，避免阳光直射畦面。

④喷施营养液　为促进竹荪菌丝生长，增强抗逆能力，促进原基分化，可在接种后10天喷施健壮剂，每天1次，喷3次。健壮剂配方为：维生素B_9 0.5克、维生素B_1 40毫克、硫酸镁40克、硫酸锌20克、硼酸10克、尿素100克，对水100升。原基分化后，每隔10天喷1次营养液，喷3次。营养液配方为：磷酸二氢钾1克、硫酸锌1克、维生素B_1 10毫克、葡萄糖或蔗糖5克，对水1000毫升。

(5)采收与烘干　室外竹荪子实体的破蕾开裙一般在凌晨，必须做到随开随采，亦可将开裙一半的子实体或成熟的菌蛋采回室内，等待其全部开裙。采收时，用刀从菌托底部切断菌索，轻轻取掉菌帽，去掉菌托，留下柄和菌裙。取回后及时烘干。烘烤宜采用低温烘烤，先用40℃温度烘烤，30分钟翻动1次，以后温度可慢慢升至50℃，约4小时后，温度降至40℃继续烘约3小时。烘干后，取出晾20～30分钟，待菌体变软后再分级包装。鲜竹荪干燥率一般为26%～28%。

3. 嫁接苦瓜栽培技术

(1)种苗　选用优质、高产、抗病、抗逆性强、适应性广、商品性好的"蓉研"牌组培苦瓜嫁接苗。嫁接苗可直接从成都市第一农业科学研究所购买，接穗品种为台湾农友公司的碧秀苦瓜，砧木为多年选育的优良杂交丝瓜。

(2)栽前处理　栽前炼苗3～7天，放在通风、阳光不能直射的地方，注意保湿。

(3)定植　4月中旬选择晴天上午定植。根据竹荪做畦规格，每隔4个畦留一栽培行栽苦瓜，错穴栽双行，行宽约80厘米，株距

4 米，每 667 米^2 栽 70～80 株。在苦瓜栽培行内条施基肥，每 667 米^2 施腐熟有机肥 1 000 千克、氮磷钾复合肥 10 千克、磷肥 25 千克、硼砂 2 千克。定植时应防治地下害虫，每 667 米^2 用 3％氯唑磷颗粒剂 3 千克，撒于定植穴内。尽量避免营养钵散坨，砧木子叶节离地面约 2 厘米。

(4)定植后管理

①肥水管理　应选晴天上午浇水追肥。采用沟灌时，以水可浸到苗根部为宜。定植后应根据土壤水分含量确定浇水与否。定植后 7～10 天浇稀薄农家有机液肥或氮磷钾复合肥 1 000 倍液 1 次。开始抽蔓后可沟灌 1 次，在嫁接口涂抹 70％甲基硫菌灵可湿性粉剂 10～20 倍液 1 次，灌 20％农用链霉素 100 毫克/升 2～3 次(旱地必须灌)。

②整枝　要及时整枝，中耕除草，摘除枯黄病叶。侧枝发生时应酌情处理，苗壮则去除全部侧枝；苗弱则待侧枝长到 20 厘米左右时，留 1 条健壮枝条，其余的去除。主蔓 80 厘米以下不留侧枝。

③搭架铺网　植株长至 1～1.5 米高时开始搭棚架，每隔 2 米打 1 根高 1.2～1.5 米的边桩，桩顶距畦面 0.8～1.2 米，边桩外倾 20°～30°角。每两行苦瓜苗中间每间隔 3 米打 1 根高 2.5 米的桩(中柱)，桩顶离地面 2.2～2.4 米。在桩顶上绑粗竹竿，两行苗之间每隔 6 米搭 1 根横杆，用 8 号细铁丝将边柱与中柱连起来，两头打桩固定。搭架后铺网，用 16 号细铁丝将栽培网固定在边桩上。网棚搭好后，将瓜蔓小心理到棚上。理蔓后应及时防病，可喷磷酸二氢钾 800 倍液，同时用 75％百菌清可湿性粉剂 1 000 倍液与 70％甲基硫菌灵可湿性粉剂 800 倍液适当灌根。

(5)病虫害防治

①农业防治　由于食用菌类对农药敏感，一般不使用化学农药。为了不影响竹荪分化生长，苦瓜病虫害防治以农业防治为重点。定植后要适时排灌，特别要保持畦面干燥、畦沟无积水，及时

铲除田间和地角的杂草，摘除病叶、病果，及时拔除中心病株，带到田外烧毁或深埋。

②制黄板防治　用100厘米×20厘米的纸板，涂上黄色漆，同时涂1层机油制成黄板，挂在行间或株间，高出植株顶部，每667米^{2}约挂30块。当黄板上粘满蚜虫时，再重新涂1层机油，一般7～10天重涂1次。或悬挂黄色粘虫胶纸。

③其他方法防治　利用性诱剂诱杀。有条件的可安装频振式杀虫灯，一般1.67公顷安装1个，可以大量捕杀害虫。

(6)采收期管理　苦瓜一般花后10～14天达到商品成熟，单瓜重0.4～0.8千克时及时采收。及时摘除畸形瓜、病瓜，及时疏枝打叶。进入采收期后，每周采收2～3次，每10天追肥1次，每次施用氮磷钾复合肥10～15千克并适当浇水，以防早衰。

4. 秋冬叶菜栽培技术

(1)品种选择　秋冬叶菜多选用小白菜(普通白菜)、大白菜、芥菜、菜薹等。

(2)适时育苗　一般在9月上旬播种，9月下旬至10月上旬移栽，苗龄20天左右，播种后注意遮荫和保温。

(3)整地定植　竹荪和嫁接苦瓜采收结束后，及时清田整地，每667米^{2}施腐熟农家肥2000千克作基肥。整地施肥后做畦，畦高15～18厘米，畦宽80～100厘米，沟宽30厘米。根据不同品种类型确定定植密度，大白菜规格70厘米×30厘米，芥菜规格30厘米×25厘米，小白菜规格20厘米×15厘米。定植后浇水定苗，促进成活。除育苗移栽外，也可采用穴播、条播的直播方式。

(4)田间管理　出苗后，早中耕、勤浇水、勤施肥，做到“少吃多餐”。发棵期每667米^{2}施氮磷钾复合肥15～20千克。做好排水防冻。防治病虫害不能使用违禁农药，注意严格执行安全间隔期。

第四章　蔬菜与稻、麦、玉米、棉、花生、甘蔗间作套种新模式

一、蔬菜与水稻间作套种新模式

(一)稻田芹菜免耕套种栽培技术

王家国、匡成兵等报道了四川省中江县稻田芹菜免耕套种栽培技术。

中江县位于四川盆地西北部，属浅丘地貌特征，是稻麦两熟主作区，水稻于9月上旬收获结束，小麦播种期为10月至11月上旬，水稻收获至小麦播种，土地有近60天的闲置时间。采用免耕套种模式种植芹菜，改两熟为三熟，可充分利用宝贵的土地及温光资源，每667米^{2}可增经济效益5 000元左右。

1. 茬口安排　水稻收获前套种芹菜，芹菜于11月上旬前提早收获者后茬可种植小麦，芹菜延迟于翌年1月收获结束者后茬可种植马铃薯、小棚(或大棚)黄瓜、西葫芦、番茄、菜豆等早熟春菜，小麦或早熟春菜收获后又可安排种植水稻，即成三熟配套。

2. 模式的优点　水稻收获结束后增种一季秋菜，传统的做法是在水稻收获结束后耕地，播栽茎菜类、叶菜类蔬菜。由于耕地和定植有一个过程，土地仍有7～10天的闲置时间，宝贵的温光条件并未得到充分利用，而且劳动强度大，蔬菜产量并不高，每667米^{2}仅能增加300～500元收入，未能受到农户的普遍欢迎。而采用芹菜免耕套种模式，不仅充分利用了土地资源及宝贵的温光资源，而且免去了耕地、育苗及定植程序，节约了用工，减轻了劳动强度，产

量明显增加。

3. 技术措施

(1)稻田适时放水晒田 水稻收获前20天左右放水晒田。土壤黏重、排水不易的田块应提前放水,反之则适当延后放水。目的是使田内在播种芹菜时已无明显渍水,水稻收获时稻田较为湿润、松软适度,人在稻田上行走不会下沉,且无明显足形凹坑。稻田放水后应在四周挖30～40厘米深的排水沟,以免下雨造成田间渍水。

(2)选用良种,适时精播 选用适合本地消费习惯的芹菜良种,如玻璃脆芹菜、美国犹他实芹、草白芹菜等。适宜播种期在水稻收获前10～15天,即8月20日左右。播种量每667米^{2}一般为0.4千克。播种前1天用冷水浸种12小时。浸种后用适量细沙土拌匀,然后在水稻上方抛撒,要求尽量抛撒均匀。播完后用长竹竿平放于稻穗上,手握竹竿中部向前行走,使竹竿在稻穗上移动,让芹菜种子落于稻田土壤上。由于播种时稻田松软湿润,加之水稻秆的自然遮荫降温作用,播种后芹菜可顺利发芽生长。

(3)水稻适时收获,芹菜及时匀密补稀 水稻成熟时抓紧时间收割,稻桩控制在5厘米以下。由于水稻收获时土壤有一定松软度,加之芹菜苗尚处于小苗阶段,即使收获水稻时芹菜苗被踩,也很少损伤植株,经1～2天后被踩的芹菜苗可恢复直立生长(虽如此,收割水稻时仍应小心操作,不能过度踩踏芹菜苗)。水稻收获结束后应及时挖好畦沟,沟深10～20厘米,沟宽30厘米,畦面宽1.2～1.5米。当芹菜苗长到1～2片真叶时,应进行匀密补稀,即将密处的健壮植株挖出,定植于芹菜苗稀少的空穴处,多余的弱小苗则拔除丢弃,使芹菜株距保持5～7厘米。如果土壤较为干燥,在匀密补稀的前1天应浇水,保证起苗时多带土、少伤根。

(4)巧追肥水 因无法施用基肥,故需特别注意追肥,前期应轻施勤施,中后期加大施肥量。水稻收获结束后,光照条件改善,芹菜植株迅速变绿，生长加快，对养分的需求量增大，当土壤稍干燥时，每667米^{2}用3000千克腐熟淡人畜粪水加5～10千克尿素浇泼，以后根据植株长势每隔10～15天追施1次肥料，追肥量可适当加大。当植株高度达到15～20厘米时，停止使用人畜粪水，用尿素在雨前撒施。如果撒施尿素后未下雨，可用清水浇泼。如遇天旱，应注意浇水抗旱保湿，抗旱与施肥可结合进行。此外，可采用0.3%磷酸二氢钾和尿素混合液与0.2%硼肥交替进行叶面喷雾2～3次。

(5)除草　在芹菜生长中前期，应及时拔除杂草，割除再生稻秧，避免草害。

(6)病虫害防治　由于实行水旱轮作，芹菜病虫害较轻。蚜虫用80%敌敌畏800～1000倍液，或40%乐果1000倍液喷雾防治，也可用拟除虫菊酯类农药防治。病害主要是斑枯病和早疫病，采用50%多菌灵可湿性粉剂500倍液，或75%百菌清可湿性粉剂600倍液交替喷雾防治。

(7)收获　当芹菜植株高度达到20厘米以上时，根据市场行情和后茬作物播期，陆续收获。采收后分级整理，洗净后上市。为了提高产量和品质，在收获前15天左右用20毫克/升赤霉酸(九二〇)液喷雾。如果收获期较长，与后茬作物(如马铃薯)不发生争地矛盾，还可采取收大留小的方式(即收获大的植株，保留较小的植株继续生长)，进一步提高产量。

(二)稻田套种大棚金花菜栽培技术

在苏州、无锡、常州等地区，金花菜一般以旱田露地栽培为主，大棚金花菜稻田套种是无锡市锡山区东港镇农民近几年来探索出的一条粮经套种增效新路子，不仅可以提高金花菜种植效益，而且有利于增肥改土、水旱轮作，促进水稻丰收。东港镇农业服务中心顾静娟等报道的稻田套种大棚金花菜栽培技术如下。

1. 播种　在水稻脱水搁田时按大棚宽度开好排水沟，播前7天稻田放干水，每667米^{2}施高浓度复合肥25～40千克。每667米^{2}用金花菜种子22.5～25千克。浸种前先晒种1～2天，再用50%多菌灵0.25千克对水50升浸种8～10小时，脱水沥干至撒得开为止。金花菜于10月下旬套播，水稻与金花菜的共生期不超过7天，播后至水稻收割前要求田面保持湿润不积水。水稻收割一般为10月下旬。收割时稻铺均匀盖在田面上，保温保湿保齐苗。

2. 播后管理　可概括为以下"六早"。

(1)早盖肥　稻铺收起来后每667米^{2}及时盖上腐熟猪粪肥5 000千克。

(2)早用药　盖大棚前每667米^{2}用井冈霉素0.25千克加多菌灵1.5千克对水4 000～5 000升，全田大水泼浇。

(3)早追肥　11月中旬至11月底，金花菜长至2叶1心至3叶1心时，用0.5%～0.7%碳铵或0.3%～0.4%尿素水溶液喷雾追肥1次。

(4)早搭棚　日平均温度下降至15℃以下时(约11月中旬)及时搭好大棚。

(5)早开沟　大棚搭好后沿棚四周疏通或开好深45厘米、宽30厘米的排水沟，用沟泥压棚膜底边。

(6)早上市　金花菜首次采收在12月初，元旦前后第二次采收，至春节进行第三次采收。春节后每15天采收1次，采收1次施1次肥。

3. 水稻、金花菜套种模式及优越性　大棚金花菜稻田套种栽培有3种方式。①水稻→金花菜→水稻：采收金花菜5次后留种，5月底6月初移栽单季稻。②水稻→金花菜→肥床旱育秧→水稻：采收金花菜5次后于4月底5月初进行水稻肥床旱育秧，然后移栽水稻。③水稻→金花菜→番茄或豇豆→水稻：金花菜采收3次后，于3月中下旬换茬种植大棚番茄或豇豆，7月中旬换茬种后季稻。这3种方式，水稻均在10月下旬(约25～28日)收割，金花菜在10月下旬(约22～23日)套种。

上述3种稻田套种大棚金花菜栽培方式的共同点：一是抓住了稻田杂草少、湿度高、田底平、播种匀等特点，确保了金花菜齐苗、匀苗、壮苗。二是利用了光能转化成热能的特点，确保了金花菜早发、快长、早上市。全茬采收5次金花菜，每667米^{2}产量可达2 500～3 000千克，产值达1万～1.2万元，净效益可达0.8万～1万元。

(三)稻田套种菜玉米一年三熟栽培技术

据周光户等报道，稻田套种菜玉米一年三熟栽培技术如下。

早稻(特米)、再生稻套种菜玉米的三熟制栽培，三作均可获得高产(不宜再生稻区则只种中稻，收后净作菜玉米，因无共生矛盾，产量更高)。每667米^{2}早稻、再生稻产量分别为552千克、200千克，菜玉米产量为1 100千克(鲜重)。因菜玉米正值中秋、国庆节间上市，不但价格高，而且十分畅销。

1. 选用良种 水稻品种为湘优籼3号和小粘米等；菜玉米品种为渝糯1号和苏糯1号等。

2. 适期育苗 水稻宜在3月上中旬育苗。玉米7月中旬采用肥球或肥块育成8～10叶的健壮大苗。

3. 定植规格 水稻须划行条栽。按140厘米开畦，畦沟宽30厘米，每畦栽4行，行距24厘米，株距14厘米，穴栽带蘖壮苗(4～5粒谷苗)。玉米栽入畦沟内，穴距30～35厘米，每穴栽整齐壮苗2株，横向分栽。

4. 科学管理 水稻浅水生长。灌浆后及时排净田水，保持田泥湿润不裂。为促再生芽齐壮，待早稻断浆后即撒施尿素，每667米^{2}用量为10千克。施前先灌满田水，深度以能溶化尿素为准。

早稻九成熟时收割，留桩 30～35 厘米高。若天旱须抗旱保苗。

稻收后应立即翻挖畦沟，并挖好玉米穴，穴长 15 厘米、宽 20 厘米、深 15 厘米。

5. 合理施肥　早稻每 667 米^2 施腐熟人畜粪肥 2 000～2 500 千克、碳铵 25 千克、磷肥 30 千克、钾肥 7～8 千克作基肥，栽秧后 10 天左右酌施提苗肥(以尿素为好)。

玉米于定植前施足穴底肥，每穴施土渣肥 0.5 千克、腐熟人畜粪肥 1～1.5 千克。早施拔节肥、孕穗肥和灌浆肥。

6. 病虫害防治　水稻的病虫害除在育苗期防治外，特别要注意定植后再生稻的田间防治。

秋种玉米最易感病生虫。大小斑病用多菌灵、甲基硫菌灵等杀菌剂防治，蚜虫、玉米螟、地老虎等用乐果和拟除虫菊酯类药物防治(幼苗、拔节、孕穗、抽雄、灌浆期各防治 1～2 次)。

二、蔬菜与小麦、大麦间作套种新模式

(一)麦田套种西瓜栽培技术

江苏省姜堰市娄庄镇农技站王根宝、许生国、丁秀萍、吴和兰、刘厚伯等报道，根据本地的气候特点、栽培方式及消费季节，总结推广了麦田套种西瓜露地高产栽培技术。

1. 栽培模式特点

(1)茬口合理，经济效益高　禾谷类作物是栽培套种西瓜的理想前茬，能为提高产量、改善品质和增加抗病能力打下良好基础。一般每 667 米^2 产商品西瓜 4 500 千克左右，产值 2 250 元(平均售价 0.5 元/千克)，纯收入 2 000 元左右。

(2)投资少，周期短，风险小　西瓜种植成本低，每 667 米^2 成

本只有 200 元左右，收入比较稳定。一般 4 月中旬移栽，7 月中下旬上市，3 个月即可见效益，可采摘 3～5 茬，10 月上旬采收结束，10 月下旬照常种麦。

2. 主要栽培技术

(1)秋播时留出瓜路　秋播时，整地筑畦，畦宽 3.5 米，小(大)麦播幅 2.8 米左右，留瓜路宽 0.7 米左右。把瓜路的土壤翻好，通过冬季冻融分化，使土壤变松。

(2)早施基肥，培肥土壤　2 月上中旬，每 667 米^2 施腐熟有机肥 1 500 千克，3 月中下旬，每 667 米^2 施 45%复合肥 25 千克。经过反复整地，培肥床土。

(3)选用良种　西瓜的品种好坏至关重要，一定要选用坐果率高、品质好的品种，如京欣、新兰、抗病苏蜜、8424 等。种植面积大的农户，要选早、中、晚熟品种搭配，均匀上市。

(4)培育壮苗，适时移栽　3 月中旬，在塑料拱棚内采用营养钵育苗。苗龄 35 天左右，具 3～4 片叶，矮壮，根系发达，无病无虫。本地 4 月 10 日后进入无霜期，采用地膜移栽。地膜有增地温、保温、抑草的作用。这样，既有利于提早上市，抢占市场，又可避开长江中下游地区梅雨季节对开花坐果的不良影响。

(5)合理密植　一般行距 3.5 米，株距 0.3 米，每 667 米^2 栽 600 株左右。

(6)合理追肥　移栽后勤施腐熟清水粪，促使早发苗。开花后 7 天是追肥的关键时期，即幼瓜鸡蛋大小时，每 667 米^2 追施 45%氮磷钾复合肥 15 千克，隔 7 天再追施 1 次。

(7)整枝及人工授粉　通过整枝和辅以人工授粉，可大大提高坐果率，进而提高产量。整枝的重轻要看长势而定，长势旺盛的田块要重整枝，防止藤串藤。

(8)病虫害防治　这是西瓜种植成败的关键。病害主要有叶枯病、蔓枯病、炭疽病等，可用百菌清、代森锰锌、多菌灵、甲基硫菌灵等交替喷施防治。蚜虫可用吡虫啉防治。菜青虫、夜蛾可用虫螨腈、氟虫脲、阿维菌素等防治。病毒病的防治措施：一是在整枝及人工授粉时尽可能减少伤口感染，二是及时防治蚜虫。

(二)小麦套种早毛豆栽培技术

杨淑华等报道了推广小麦套种早毛豆栽培技术，介绍如下。

1. 套种方式　按 1.66 米宽做畦，其中 66 厘米宽种小麦 2 行，预留 100 厘米宽空当待种毛豆。种麦整地时，施入腐熟优质农家肥 3 500～4 500 千克、过磷酸钙 50 千克。小麦品种选用本地品种。早毛豆品种选择优选 8 号、悄悄黄、小黄豆等早熟品种，并选择粒大、饱满、无病虫害的种子播种。

2. 适时播种、定植　早毛豆可采用直播或育苗移栽，地膜覆盖。直播可在 2 月下旬至 3 月上旬，按株距 33 厘米、行距 40 厘米在膜上打孔，然后播种，浇足水。每 667 米^2 用种量 2～3 千克。育苗移栽，可在 3 月初播种。播种时，穴底要平，种子分散，覆盖细土，然后浇足水，盖小拱棚。5～7 天后长出豆芽苗。在子叶还未展开、只有主根没有须根时移栽，成活率可高达 92%以上。移栽时，先平整土地，做畦，浇透水，再覆盖地膜，然后破膜栽。株行距同直播。每穴 2 株，苗要大小一致，否则小苗会受到大苗的抑制，往往长不大，产量低。栽后浇足水。

3. 肥水管理　播种或移栽前，每 667 米^2 施腐熟人畜粪 1 500～2 000 千克、过磷酸钙 25～30 千克。为了促进根系生长和提早抽生分枝，需及时追施氮肥，一般每 667 米^2 用腐熟粪尿 100～150 千克。结荚鼓粒期，叶面喷施 0.3%磷酸二氢钾 2～3 次。开花结荚期要求水分充足，可通过勤浇水保持土壤湿润，以减少落花落荚，增加荚数。

4. 病虫害防治　毛豆主要病害有白粉病、褐斑病，发病初期可用 50%甲基硫菌灵 500～1 000 倍液，每周喷 1 次，连喷 2～3

次。害虫主要有蚜虫、大豆食心虫等,防治应在种子发芽出苗后,每周喷施1次敌百虫1 000～1 500倍液。在豆荚充分饱满前,老鼠喜欢偷食豆荚,可用温开水稀释敌鼠钠盐拌大米制成毒饵诱杀。

5. 适时采收 早毛豆播后80天开始采收。采收标准是豆荚充分膨大,豆粒饱满鼓起,荚色由深绿变成浅绿。

(三)小麦套种冬瓜栽培技术

郭长菊、朱荣华等报道的小麦套种冬瓜高产栽培技术如下。

1. 配置方式 畦宽2.6米,其中1.8米宽种植小麦9行,预留0.8米宽空当待种冬瓜。

2. 精细整地,施足基肥 种麦整地时,每667米^{2}施入腐熟优质农家肥4 000～5 000千克、碳酸氢铵50千克、过磷酸钙50千克。翌年春季土壤解冻后,趁墒深翻冬瓜沟,深至40厘米。结合深翻,将备好的有机肥料均匀施入土中。

3. 适时播种,合理密植 冬瓜品种根据市场消费习惯选用,每667米^{2}用种量0.4～0.5千克,适宜播期为5月中旬前后。播前用50℃～60℃的温水浸种,搅拌降温至30℃时,淘洗干净,再浸种12小时,然后在30℃～35℃条件下持续催芽5～6天,发芽率达50%～60%时播种。在预留行内挖15厘米见方、深10厘米的小穴,将催过芽的种子直播于穴内,覆土后用地膜覆盖,压牢地膜。冬瓜株距40～50厘米,每667米^{2}栽400～500株。

4. 田间管理

(1)水肥管理 冬瓜有一定的耐旱能力,但对水分需求较多。水肥的管理应采用促控结合的方法。小麦收获后不翻耕,立即浇水。结合浇水,每667米^{2}施尿素7.5～10千克。根据植株长势和土壤的干湿程度,可在坐瓜前结合盘蔓、压蔓,浇1次催秧水,每667米^{2}追施尿素5千克。冬瓜坐瓜后至膨大期要及时浇水追肥,原则是见湿不见干。坐瓜后 10～15 天浇水 1 次，结合浇水每 667 米^2 施尿素 5 千克，并适当追施磷、钾肥。

(2)植株调整　冬瓜一般采用主蔓结瓜，每株留瓜 1～2 个，以第二、三雌花结瓜为好。根据留瓜情况采用双蔓或三蔓整枝，即除留主蔓和瓜旁的 1 个侧蔓外，其余均摘除。盘蔓、压蔓要顺着一个方向进行，以免相互遮光。

(3)其他管理　一是人工授粉，提高结瓜率。方法是在早晨 7～8 时，选择新开放的雄花给雌花授粉。二是防止冬瓜日灼。方法是夏季用叶片将冬瓜盖好。三是防止烂瓜。方法是及时将冬瓜垫起。

5. 病虫害防治　冬瓜病虫害发生较轻，主要有枯萎病、蔓枯病、白粉病和蚜虫等。对于枯萎病、蔓枯病的防治，除与非瓜类蔬菜实行 2～3 年以上轮作外，发病初期，枯萎病用 50%多菌灵可湿性粉剂 500 倍液喷雾防治，或用高锰酸钾 1 300 倍液灌根，每株灌药液 0.5 升，隔 10 天左右再灌 1 次，连续 2～3 次；蔓枯病用 77%氢氧化铜可湿性粉剂 500 倍液，或 75%百菌清可湿性粉剂 600 倍液喷雾防治，隔 7～10 天 1 次，连续 2～3 次；白粉病可用三唑酮等防治。蚜虫可用 2.5%溴氰菊酯 3 000 倍液，或 40%乐果乳油 1 000 倍液防治。

6. 采收　待冬瓜生理成熟时采收。生理成熟的特征是果皮上茸毛消失，果皮色暗绿或满布白粉。

(四)小麦、西瓜、大头菜(芜菁甘蓝)间套作栽培技术

据潘学春等报道，小麦、西瓜、大头菜间套作栽培技术如下。

小麦、西瓜和大头菜间套一年三种三收栽培技术，平均每 667 米^2 可产小麦 250 千克、西瓜 3 500 千克、大头菜 3 000 千克左右。

1. 地块选择　因小麦、西瓜、大头菜均较耐干旱而怕湿，所以

要选择地势较高、排灌方便和土壤肥沃的田块。

2. 选育良种，培育壮苗 小麦选用早熟品种，如扬麦3号、扬麦5号等；西瓜选用中熟品种，如抗病新红宝、金钟冠龙、庆红宝等；大头菜则一般用洋大头菜（芜青甘蓝），其产量高，主要用于加工腌渍。

西瓜和大头菜通过育苗移栽进行。西瓜一般于3月中下旬选择晴天中午采用营养钵“双膜”育苗；大头菜在7月初利用遮阳网露地播种育苗，播后30天左右，幼苗具4～5片真叶时定植。

3. 合理布局，适时播植 小麦于10月中旬播种。播前施足腐熟厩肥，结合耕地，每667米^{2}再施入磷肥50千克、复合肥25千克。小麦畦做成170厘米宽，两畦之间留出60厘米宽空地，以利于4月份套种西瓜。空地可定植一些越冬青菜。

4月上旬，每667米^{2}按40千克腐熟饼肥和150千克草木灰均匀浅翻于空地上晾晒，待4月中下旬西瓜幼苗具3～4片真叶时，将70厘米宽的地膜铺在瓜畦上，选晴好天气下午，用打穴器打穴栽苗，栽后浇足水，穴四周培土保温保湿。

7月底前西瓜采收完毕，立即耕翻土壤，同时将腐熟厩肥2 000千克、磷肥30千克、尿素10千克均匀施入田中，整地做畦。畦宽2米，两畦间留30厘米宽浅沟，以利行走和排水。8月中下旬，将培育好的大头菜苗按株行距30厘米×35厘米定植。

4. 田间管理 小麦管理同常规生产管理。春节前进行一次追肥，每667米^{2}用碳铵50千克；开春后，抽穗前每667米^{2}用10千克尿素趁下雨时均匀撒入田间，以利生长。

西瓜要加强藤蔓管理。当蔓长40厘米时，应及时理蔓和压蔓，促其生长方向一致。一般选第二或第三雌花留第一个瓜，每株留1～2个瓜。当幼瓜坐稳后，留取一定量叶片进行摘心，以集中养分促幼瓜膨大。

大头菜管理，主要是前期注意中耕除草；根部开始膨大初期，每 667 米^2 用 2 000 千克腐熟人粪尿对水施于根部，以供肉质根膨大之用。

5. 病虫害防治 小麦春季易发生赤霉病，一般用多菌灵或防霉宝防治。

西瓜主要病害有枯萎病、炭疽病、霜霉病及病毒病等。枯萎病发病初期应及时拔除病株；炭疽病在多雨时节易发生，应及时用 70％甲基硫菌灵 700 倍液防治；霜霉病发生初期用 25％甲霜灵 1 000 倍液防治；病毒病主要通过加强肥水管理和控制蚜虫发生而减少发病。

大头菜一般很少发病，但要注意生长初期蚜虫的发生，可用 40％乐果乳油 600～1 000 倍液防治。

（五）大麦、毛豆、扁豆、甜玉米、大蒜间套作栽培技术

江苏省兴化市周庄镇农业技术推广站王继汉、骆来昌、束永安等报道，大麦、毛豆、扁豆、甜玉米、大蒜一年四熟间套作栽培，每 667 米^2 产大麦 250 千克、毛豆青荚 600 千克、扁豆荚 1 500 千克、甜玉米青果穗 1 100 千克、大蒜青苗 2 000 千克，经济效益比较显著。其栽培技术如下。

1. 茬口安排 秋播大麦，筑畦宽 3 米，每畦播 2 条各宽 0.75 米大麦，中间留空 1.3 米宽。翌年 2 月底至 3 月上旬，在中间空地穴播 4 行早熟毛豆，株行距 12 厘米×25 厘米，同时靠边行直播扁豆，穴距 35 厘米，每 667 米^2 播 2 000 穴；5 月下旬，大麦收割后直播甜玉米，每畦 4 行，株距 25 厘米，每 667 米^2 栽 4 000～4 500 株；8 月上旬，甜玉米采收后播种大蒜，株行距 5 厘米×(13～14)厘米。

2. 品种选择 大麦选用适合本地种植的高产早熟品种；毛豆选用生长期 65～70 天、高产早熟、适口性佳、品质酥糯、适应性广、耐肥抗倒伏的品种，如早豆 1 号、青酥 2 号等；扁豆选用早熟、高产

质优的红边绿荚类品种；甜玉米选用高产优质、抗病性强、软甜糯香、口感佳的品种，如早鲜黑玉米、鲜糯2号等；大蒜选用高产优质、抗逆性强、叶绿宽厚、商品性好的品种，如二水早等。

3. 栽培要点

(1)大麦　在施足基肥的情况下，每667米^{2}确保基本苗12万～13万株。后期重施穗粒肥，争大穗。

(2)毛豆　播种前，每667米^{2}施充分腐熟家杂灰3000千克、45%氮磷钾复合肥35千克，翻土整地，覆盖地膜，打洞播种。3月中旬破膜间苗、护苗，每穴留2～3株，每667米^{2}留苗6000～7000株。毛豆开花初期每667米^{2}施速效氮肥15千克，结荚盛期喷施叶面肥2～3次，以提高豆荚质量和饱满度。

(3)扁豆　播种齐苗后，每穴留苗2株。株高35～40厘米时，搭2米高"人"字形架，引蔓上架。蔓长1.8米时去除顶心，促进分枝。分枝长1.6米时摘除生长点，并及时摘除超过架高的分枝。始花时每667米^{2}施45%氮磷钾复合肥15千克，并注意防治豆荚害虫。7月下旬采收结束，及时拔架清茬。

(4)甜玉米　5月底查苗补苗、除草，每667米^{2}施氮肥20千克，促壮苗。6月下旬至7月上旬是争大穗的关键时期，每667米^{2}施尿素25千克，加腐熟粪水1000千克，既促进玉米早熟，又增强玉米香甜味。当甜玉米果穗中部籽粒手掐有少量白浆时，即可分期分批采摘上市。

(5)大蒜　8月上旬甜玉米收获结束后，每667米^{2}施充分腐熟家杂肥1500千克、45%氮磷钾复合肥25千克，翻熟耙匀耙细后播种大蒜。播后覆盖麦秸草，浇透底水。大蒜齐苗后，每667米^{2}施腐熟人畜粪1400千克。11月下旬采收前7～10天，每667米^{2}施尿素5～7千克，保持大蒜叶青嫩绿，提高上市质量。

三、蔬菜与玉米间作套种新模式

(一)春玉米间套种蔬菜十种模式

江苏省姜堰市农业局杨俊开、章华、李美珍、游建等报道，根据多年生产实践，总结推广本地利用春玉米“大行”前期适宜间套种蔬菜的十种模式。

1. 套种模式

(1)春玉米套种马铃薯

①种植方式　玉米播栽前，于3月上旬，在其大行中先播2行马铃薯，行、株距各20厘米，播后在垄上覆盖地膜。马铃薯5月下旬陆续收获上市。

②效益分析　一般每667米^{2}收马铃薯600～800千克，增加产值500～600元。

(2)春玉米套种耐热小青菜

①种植方式　播栽玉米的同时，在其大行中撒播热抗青或热抗白等耐热、抗病、适口性好的小青菜，出苗后30天左右陆续上市。

②效益分析　每667米^{2}收小青菜400千克左右，增加产值300元左右。

(3)春玉米套种耐热生菜

①种植方式　播栽玉米的同时，在其大行中撒播耐热生菜，出苗后45天左右陆续上市。

②效益分析　每667米^{2}收生菜400千克左右，增加产值400元左右。

(4)春玉米套种早毛豆

①种植方式　3月中旬，在玉米大行中播1行早熟毛豆，穴距

12～15 厘米，每穴播 3～4 粒种子，播后覆盖地膜，6 月上旬陆续上市。

②效益分析　每 667 米^2 增收青毛豆荚 250～300 千克，增加产值 400～500 元。

(5)春玉米套种地豇豆

①种植方式　3 月中旬，在玉米大行中播 1 行地豇豆，穴距 12～15 厘米，每穴播 3～4 粒种子，播后覆盖地膜，5 月中旬陆续上市。

②效益分析　每 667 米^2 收地豇豆 250 千克左右，增加产值 300～400 元。

(6)春玉米套种地刀豆

①种植方式　3 月中旬，在玉米大行中先播 1 行地刀豆，穴距 12～15 厘米，每穴播 3～4 粒种子，播后覆盖地膜，5 月上旬陆续上市。

②效益分析　每 667 米^2 收地刀豆 250 千克左右，增加产值 300～400 元。

(7)春玉米套种春大白菜

①种植方式　大白菜 3 月上旬搭拱棚育苗，4 月上旬玉米播栽后在其大行中按株距 20 厘米套栽 1 行春大白菜，5 月底春大白菜陆续上市。

②效益分析　每 667 米^2 收春大白菜 500 千克左右，增加产值 400 元左右。

(8)春玉米套种胡萝卜

①种植方式　玉米播栽后，在其大行中撒播胡萝卜，出苗后 30 天左右陆续采收上市。

②效益分析　每 667 米^2 收胡萝卜缨 150 千克左右，增加产值 300 元左右。

(9)春玉米套种西葫芦

①种植方式　西葫芦于3月上旬搭拱棚育苗。4月上旬春玉米播栽后,在其大行中覆盖地膜,按株距30厘米套栽1行西葫芦,5月中旬西葫芦陆续上市。

②效益分析　每667米^{2}收西葫芦600千克左右,增加产值300～400元。

(10)春玉米套种耐热香菜

①种植方式　春玉米播栽后,在其大行中撒播耐热香菜,出苗后35天左右陆续采收上市。

②效益分析　每667米^{2}收香菜150千克左右,增加产值300元左右。

2. 技术措施　根据上述十种模式间套种蔬菜种类或品种的不同,应注意分别采取以下综合技术措施:

(1)选择间套作物,搞好品种搭配　以叶菜、豆类及葱蒜类等相对耐阴的矮秆、早熟、浅根及能鲜摘的蔬菜品种为宜。

(2)调整畦幅,合理配置株行距　适当调整畦宽,实行大、小行种植,扩大大行距、缩小小行距,大行距扩大到80厘米以上,小行距缩小到30厘米左右,密度与常规种植相同。利用大行间套种蔬菜,有利于玉米田管理和间套种蔬菜生长。

(3)育苗移栽,地膜覆盖栽培　采用营养钵或塑盘(穴盘)育苗和地膜覆盖栽培技术,保证齐苗、匀苗、壮苗促早发。例如,春玉米3月10日左右塑盘育苗,4月5日左右大田移栽,7月底收获,比直播早熟10天左右;套播的早熟毛豆3月20日左右地膜直播,6月上旬上市,比露地直播早上市7天左右。两者在田共生期可缩短15天左右。

(4)增加施肥量,增施磷、钾肥和微肥　根据大面积生产实践经验,玉米间套蔬菜,比单一种植玉米总用肥量增加30%左右。同时要注意磷、钾肥的搭配,增施有机肥,以满足玉米、蔬菜生育的需要。此外，根据不同间套蔬菜生育期的差异，在施肥安排上应有所不同。如春玉米套种马铃薯，应施足腐熟有机肥，而且要增加钾肥的用量，一般每 667 米^2 需基施腐熟有机肥 3 000 千克左右，播种时再沟施 25%硫酸钾复合肥 30 千克左右。

(5)选用高效低毒农药，综合防治病虫害 间套种的蔬菜都是直接供食用的产品，一定要防止农药污染。生育前期因温度较低，一般不施农药，生育中、后期，选择拟除虫菊酯类等低毒无残留的农药为主，严禁使用剧毒农药，并严格控制安全间隔期。

(二)辣椒与玉米套种栽培技术

江西正邦种业有限公司罗海平等报道，辣椒与玉米套栽，每 667 米^2 收入比单纯种植玉米增加 2～6 倍。主要栽培技术如下。

1. 品种选择 辣椒与玉米套种，辣椒要选择适合在散射光条件下能正常生长的品种。目前，许多普通辣椒品种不适合与玉米套栽，是因为在散光条件下生长表现纤弱，难以坐果。“基地搭档”是江西正邦种业有限公司最新育成的适合与玉米套种的专用品种细羊角椒，味特辣，干、鲜及加工三用，不仅适合与甜、糯玉米套种精细栽培，还适合与饲料玉米套种粗放栽培，每 667 米^2 用种量 40～50 克。玉米要选择适合当地栽培的品种，一般以选择叶小叶少、熟性较早、植株较矮或中等的品种为佳。

2. 辣椒栽培要点

(1)播期安排 坚持提前育好椒苗，先定植辣椒再直接点播玉米这一原则。长江流域作春季栽培，可于上年 10 月下旬至 12 月播种；作夏季栽培，可于 2～3 月播种；作秋季栽培，可于 5 月中旬至 6 月中旬播种。

(2)浸种催芽 药剂浸种催芽和常规温水浸种催芽均可，但要注意掌握好药剂剂量和浸种时间。将浸泡过的辣椒种子冲洗干净，再用湿纱布包好，放于 24℃～30℃的环境中即可。催芽过程中注意调节湿度、换气及补充水分。当有75%的种子露白时即可播种。

(3)苗期管理　苗床选择、播种及适时假植等与辣椒常规栽培相同。冬季注意保温，夏季注意遮阳防暴雨。培育壮苗最好采用营养土方或营养杯育苗。

(4)定植　辣椒忌连作，定植地应选择3年以上未种过茄科作物(茄子、番茄、马铃薯、烟草)的保水保肥、富含有机质、能灌能排、土层深厚的田块，于定植前深耕整平，施足基肥。基肥以腐熟农家肥或迟效性复合肥为主，结合施少量速效肥。畦连沟宽125厘米，畦垄做到深沟高畦，每垄定植2行，行距60厘米，株距30厘米，每667米^{2}约定植3 200株。春栽辣椒可带大花蕾定植，夏栽和秋栽可于椒苗7～8叶或75%的椒苗微现花蕾时定植。春栽可采用白地膜覆盖栽培，夏栽和秋栽可采用黑地膜覆盖栽培，不仅保水保肥，还可抑制杂草生长，有利于丰产。

(5)田间管理　坚持以辣椒为主、兼顾玉米的原则。辣椒缓苗后追施1～2次稀薄肥水。门椒花全部摘除，保持辣椒植株健壮。

3. 套种玉米栽培要点

(1)点播　于辣椒缓苗后，根据其生长情况，适时点播。每垄点播2行玉米，行距50厘米，株距30厘米，即2行玉米行要保证在2行辣椒行之间。把玉米点在2棵辣椒中间，保持1棵辣椒1棵玉米，使玉米株数与辣椒株数大致相等，玉米均为单株。

玉米点播时间视椒苗生长情况而定。一是若定植椒苗较大，带花蕾而且又是带营养土定植的，椒苗缓苗快，生长迅速，可于辣椒定植后6～10天内点播；或椒苗生长良好，见有80%的椒苗现花露白开始点播。二是以椒苗叶片生长状况而定，对椒苗定植时较小、缓苗较慢的，要等到椒苗叶片长到一定程度再播，以70%的椒苗株幅(株冠开展度)达16～18厘米时点播玉米为佳。

(2)补苗及间苗　可于点播玉米当日，在准备好的营养杯中种上一定数量的玉米，以备补苗。当套栽田的玉米出齐后，苗长到6厘米高时，及时用营养杯中的玉米苗把没出芽或虫害等造成的缺苗补上。当玉米苗长到15厘米高时，及时间苗，除去弱苗，保证每穴为单株。

4. 注意事项 肥水管理应遵循辣椒生理特征，做到看苗浇水施肥。提倡采用在沟垄两侧埋肥或打洞埋肥的施肥方式。忌漫灌，应选择晴天早、晚浇水，做到少而勤。于椒苗坐果前或玉米苗高刚超过椒苗高时，选择晴天，结合中耕埋肥，清沟培土，防止倒伏。

病虫害防治做好农业综合田间管理，以农药预防为主，根据当地辣椒病情、虫情及气候变化，结合玉米一起防治。

5. 采收 采收辣椒参考当地商品椒上市需要，采收青、红椒均可，分批或一次性采收。玉米采收也可分批或一次性采收。

（三）藠头与玉米套种栽培技术

贵州省关岭县农业局果蔬站王志华、潘玺、陈建、蒋晓飞、陈仕林等报道，利用贵州省冷凉山区主要特色蔬菜薤（藠头）与玉米套种栽培，经示范种植面积13.3公顷，每667米^{2}平均产藠头1 067.2千克、玉米393.2千克，总产值1 617.68元。单种玉米每667米^{2}产量478千克，产值669.2元。套种后每667米^{2}增加收入948.48元。主要栽培技术如下。

1. 选用良种 选用优质、高产、抗逆性强的关岭藠头品种，挑选无伤、无虫蛀、大小均匀的藠头作为原种。玉米选用优质、高产、抗逆性强的杂交玉米良种。

2. 科学安排茬口，合理密植 藠头播种期以10月上旬至11月初为宜。播种过早藠头尚未萌动；过迟气温低，生长慢，影响翌年产量。按行距35厘米、株距15厘米，把藠头斜放于植沟内，覆盖2～3厘米厚的细土。一般每667米^{2}栽培藠头1.2万穴左右，每穴播种以3～4粒为宜，用种量200千克。

翌年4月上中旬，当藠头苗高25～30厘米时，将玉米播种在藠头苗之间。若播种过迟影响玉米产量。播种规格按行距80厘米、株距30厘米，单株留苗，一般每667米^{2}套种玉米以2 700株为宜。

3. 田间管理

（1）基肥　藠头播种前每667米^{2}施腐熟厩肥1 500千克、复合肥10千克作基肥。玉米播种时每667米^{2}施腐熟厩肥2 000千克。

（2）追肥　藠头在整个生长期需进行3次追肥，即：年前施出苗肥，以沼液为主，每667米^{2}施800千克；翌年2月中旬，气温回升，是藠头产量形成的关键期，结合锄草每667米^{2}施沼液800千克，加硫酸钾8千克；3月中旬，藠头鳞茎进入膨胀期，每667米^{2}施氮磷钾复合肥20千克，施用过迟会影响产量。结合每次追肥，松土除草。

玉米追肥，苗期每667米^{2}施沼液600～800千克，至大喇叭口期进行第二次追肥，每667米^{2}施沼液1 200千克。

（3）培土　藠头培土，是取得优质高产高效的一项关键性技术。因为在藠头生长中后期，地下鳞茎膨大迅速，易暴露变绿，从而降低藠头产品的商品性和经济效益。培土一般在小满前后进行，连续2～3次，将裸露的鳞茎用土覆盖。藠头培土，可结合玉米苗期中耕除草进行。

4. 病虫害防治

（1）藠头病虫害防治　藠头病虫害发生比较轻，在生产中主要采用以下综合防治措施：①选择无病区的藠头鳞茎作种。②种植2～3年后进行轮作换种。③采用科学的配方施肥方法。④进行开沟排水，降低土壤湿度。

（2）玉米病虫害防治　玉米螟是玉米主要害虫之一。心叶期受害，当心叶出现排孔受害状时，每667米^{2}用90%敌百虫可溶性粉剂30克，对水50升喷灌心叶防治；玉米喇叭口期，每667米^{2}用苏云金杆菌可湿性粉剂80克混合细沙4千克，撒入喇叭口防治。玉米大斑病选用50%多菌灵可湿性粉剂500倍液，发病初喷施，以后每隔10天喷1次，共喷2～3次。

5. 适时采收 藠头的采收，一般在6～7月份，地上部叶子有1/3枯黄、藠头鳞茎充分成熟时即可采收。玉米在10月初成熟收获。

(四)玉米与食荚豌豆(荚用豌豆)免耕套种种植技术

云南省大理市园艺工作站王玉兴等报道，推广玉米、食荚豌豆、春马铃薯一年三熟种植模式，在玉米和马铃薯之间，直接利用长在田间的玉米茎秆作为豌豆植株向上攀缘生长的支架，在原玉米垄上免耕种植一季食荚豌豆。这种栽培方式节省了大量的人力和物力的投入，每667米^{2}可生产食荚豌豆600～800千克，收入一般可达1 000元以上。现将玉米与食荚豌豆免耕种种植技术介绍如下。

1. 选用良种 目前国内栽培的高产、优质食用软荚豌豆品种较多，如食荚大荚豌1号、台中31号、佳佳甜脆豌豆等，应着重选用适宜反季节栽培的抗病良种。大理市目前以食荚大荚豌1号综合表现较好，市场比较受欢迎。

2. 合理轮作 由于豌豆根系分泌物会影响翌年豌豆根系生长和根瘤菌的活动，豌豆枯萎病的发生也与连作关系密切，因此豌豆忌连作，也不宜与其他豆科作物连作，要求至少间隔2年以上。

3. 适期播种 大理地区食荚豌豆的适宜播种期为8月中旬。这时早播的早熟玉米已成熟，可在玉米收获后播种；而迟播的中、晚熟玉米尚未成熟，可在玉米收获前套种。但应注意，豌豆与玉米的共生期一般不宜超过20天，以免影响豌豆植株的正常生长。食荚豌豆播种期处于多雨季节，若田间排水不良会导致烂种和枯萎病发生，因此必须选择垄作的玉米田种植食荚豌豆，以提高田间排水效果。玉米茬免耕种植食荚豌豆，是利用玉米茎秆作豌豆架，所以收获玉米时需要保留田间的玉米秆。播种方式采用穴播，在玉米植株两侧呈“之”字形挖穴播种，穴距15～18厘米，每穴播种子1～2粒。为了满足食荚豌豆对磷、钙养分的需要，可在播种前每667米^{2}施钙镁磷肥15～20千克于播种穴中。

4. 田间管理

（1）引蔓上架　豌豆播种后，将玉米秆于结穗部位以上截去顶部，留秆高度在1.0～1.2米。玉米收获后除去玉米秆上的叶片。豌豆苗抽蔓以后，及时进行引蔓、绑扎。

（2）肥水管理　播种后若土壤水分不足应及时浇水，以利出苗。若遇连绵阴雨，则应注意排水，防止烂种。苗期每667米^{2}施腐熟稀粪水1000千克或尿素5千克，以促进幼苗生长和根瘤菌的繁殖。初花期每667米^{2}施尿素3千克和硫酸钾7千克。追肥均在豌豆植株间穴施。

5. 病虫害防治

（1）病害防治　防治霜霉病，可于发病初期用58%甲霜·锰锌600倍液，或72%霜脲·锰锌600～800倍液喷雾。防治锈病和白粉病，可用占种子质量0.3%的30%氟菌唑可湿性粉剂拌种，发病初期可用30%氟菌唑4000～5000倍液，或40%氟硅唑8000～10000倍液喷雾。

（2）虫害防治　防治蚜虫，可用百虫僵（100亿/毫升球孢白僵菌分生孢子）500～1000倍液喷雾。防治潜叶蝇，可采用黄板诱杀成虫，低龄幼虫可用1.8%阿维菌素2000～3000倍液喷雾。

6. 采收　在豆荚充分长大而尚未鼓粒时，用剪刀略带果柄剪取豆荚，约隔4天采收1次。

(五)玉米田套种早毛豆栽培技术

据江苏省海安县农科所史传怀等报道,开展了适合玉米田套种早毛豆品种及配套栽培技术试验研究。试验结果总结如下。

1. 品种选择 优良早毛豆一般应具备高产、大荚大粒、口感优等特点,同时要求生育期较短,上市早。套种于玉米田中的早毛豆,早熟性显得尤为重要。根据试验结果,95-1、辽鲜大粒王、宁蔬60、早生白鸟、早丰2号、大粒王、96-8、黑河9号、辽鲜1号、合丰25、黑丰和93-4等品种,播种至采荚时间较短,一般3月中旬播种,地膜覆盖,均能于6月中旬上市;29-8、沈鲜2号、台湾292和黑脐等品种生育期中等;生育期最长的品种是8157和台湾75。鲜荚产量以宁蔬60最高,每667米^{2}为744.1千克,其次是早生白鸟。但从每667米^{2}产值来看,品种间差异极大,最高的为宁蔬60,其次由高至低为早生白鸟、29-8、早丰2号、沈鲜2号和8157;位于第二层次的是合丰25、台湾292、辽鲜1号、96-8、大粒王和黑河9号。苏中地区玉米田中套种早毛豆品种,目前以宁蔬60、早生白鸟和早丰2号较好。

2. 配套栽培技术

(1)适时播种 试验结果表明在本地早熟毛豆,如宁蔬60、早生白鸟等以3月上中旬播种为宜,中熟毛豆如沈鲜2号等以3月中下旬播种为宜。

(2)合理安排玉米、毛豆播幅 玉米采用宽窄行种植,大行距100厘米,小行距20厘米。大行距中种植2行毛豆,毛豆间隔40厘米,毛豆距玉米30厘米。

(3)精细播种促全苗 毛豆品种选用宁蔬60、早生白鸟或早丰2号,3月15日前后于将要移栽的玉米大行间播种早毛豆,穴距25厘米,每穴播3粒,每667米^{2}用种量3千克左右。播后每667米^{2}用乙草胺80～100毫升,对水40升喷雾,防除田间杂草。

播种当天覆盖地膜，增温保墒促全苗，齐苗后破膜放苗。

(4)田间管理　地膜栽培的早毛豆，生育期较短，一般不追肥，结合耕翻一次性施足基肥，每 667 米^2 施腐熟人畜粪 1 500 千克、氮磷钾复合肥 40 千克、尿素 5 千克。4 月初，用拟除虫菊酯类农药防治地下害虫。开花结荚期若遇干旱，及时沟灌，确保毛豆高产。

(六)夏秋玉米、黄瓜间套作栽培技术

据周立农等报道，推广夏秋玉米、黄瓜间作栽培，每 667 米^2 可收玉米 350 千克、黄瓜 2 000 千克以上。其主要栽培技术如下。

1. 畦式选择　为了使黄瓜有较好的通风和光照条件，选择畦宽 2.3～2.5 米的小麦畦或畦宽 4.6～5 米隔行套种的玉米畦间作黄瓜，前者间作 2 行黄瓜，后者间作 4 行黄瓜，即起 2 个小高畦，玉米之间种植两架黄瓜，可以减少玉米对黄瓜的遮荫，也便于管理。

2. 品种选择　选用适宜夏播的耐热、抗病、丰产的黄瓜品种，如津春 4 号、津研 4 号、津杂 2 号等。

3. 整地施肥　小麦收获后及时翻耕施肥，把麦茬打碎，使土壤松软、适宜整地做畦。利用 2.3 米宽的小麦畦间作时，在中间做一小高畦。小高畦宽 1.2 米，畦顶宽 60～70 厘米，畦呈弧形，畦高 12～15 厘米。在做畦时，每 667 米^2 施优质腐熟有机肥 3 000～4 000 千克、磷酸二铵 15～20 千克作基肥，以沟施或平铺混合的形式施在小高畦内。用 90～100 厘米宽的薄膜扣地膜，以防止雨涝和杂草的生长。底墒足的可直接扣地膜，底墒不足的浇水后再扣膜，扣膜后覆上 1 厘米厚表土，防止膜内温度过高而伤苗。畦头留好排水沟，注意排涝。

4. 播　种

(1)种子处理　黄瓜种子如果使用的是包衣种子，可直接播种。若用普通种子时，要进行种子消毒处理，用 0.1%高锰酸钾溶

液浸种 20～30 分钟，浸种后用清水冲洗干净，阴干后待播；或用 75％百菌清、25％甲霜灵、50％多菌灵 1 000 倍液浸种 2 小时，捞出冲洗，阴干后待播。

(2)播种期　黄瓜播种适期在 6 月中下旬至 7 月上中旬。玉米播期同常规。

(3)播种方法　黄瓜开沟穴播或打洞穴播，不扣膜的可以开沟穴播，扣膜的直接在膜上打洞穴播，每穴 2～3 粒，每畦双行。播种位置在小高畦的两个肩上，行距 50～60 厘米，穴距 20 厘米，播种深度 3 厘米。注意播后将膜孔处用土封严，以防热气熏苗。玉米播种方法同常规。

播种后，如遇高温干旱天气，可浇 1～2 次小水，以保证苗齐、苗全、苗壮。

5. 出苗后的管理

(1)及时间苗定棵　黄瓜从 1 叶 1 心到 3 叶 1 心分两次间苗，每穴最后只留 1 株。结合中耕适当蹲苗。苗出齐后到定棵前一般不浇水，以促进根系发育，为以后生长打好基础。

(2)及时追肥浇水　黄瓜 4 叶 1 心后，开始追肥，每 667 米^2 施碳铵 15 千克，采用埋施方法。由于此时已进入雨季，不宜多浇水；如遇伏旱，应每隔 3～5 天浇 1 次水，隔水带肥。遇有大雨或暴雨后，要及时排渍，以防沤根及蔓枯病的发生。

(3)及时插架绑蔓　4 叶 1 心后，及时插架绑蔓，防止地爬秧或秧苗被风吹摆、刮折。

(4)玉米及时去雄　隔垄或隔行及时抽去玉米的雄穗，以降低玉米的高度，增加通风透光量，为黄瓜生长创造较好的环境条件。

(5)做好病虫害的防治　夏季黄瓜的主要病害是霜霉病、角斑病和炭疽病。在黄瓜长到 4 叶 1 心时，及时用 80％多菌灵可湿性粉剂 600 倍液，或 75％百菌清可湿性粉剂 700 倍液喷洒 1 次，防止真菌病害的发生，以后每隔 7～10 天喷洒 1 次；遇有病情发生则

5～7 天喷 1 次，对黄瓜细菌性角斑病用 72％农用链霉素可溶性粉剂 4 000 倍液喷雾防治。害虫主要是蚜虫、茶黄螨和斑潜蝇。防治斑潜蝇可用阿维菌素，每 667 米^2 用药量 20 毫升。

(6)及时采摘　夏播黄瓜，从播种到开始采摘约 45 天，当根瓜长到 2.5～3 厘米粗时要及时采摘，以免影响上部瓜生长。对个别畸形根瓜、没有商品价值的瓜要及时清除掉，从而保护上部瓜的质量和产量。

(七)魔芋与玉米套种栽培技术

据湖北省恩施州农业局柳文录，恩施州蔬菜办公室张文学、于斌武、黄志敏、胡承轩等报道，魔芋在我国鄂、川、渝、黔、滇等地的部分山区有一定的种植规模，其种植收益比其他作物要高，然而由于魔芋自身易受损伤及喜温怕热的特性常受到软腐病危害，造成减产甚至绝收。为此，他们在长期栽培实践中总结出了在魔芋田套种高秆作物玉米的栽培模式，既可给魔芋遮荫减轻病害发生，又可充分利用空间的立体高效栽培模式。

1. 周年茬口安排及效益　玉米品种选用叶片较宽的临奥 1 号或湘玉 10 号，4 月中下旬播种育苗，5 月底移栽，9 月中下旬收获，每 667 米^2 产玉米 300 千克左右、产值 400 元左右；魔芋选用传统农家本地种或清江花魔芋，4 月上旬播种，6 月上旬出苗，10 月中下旬倒苗，10 月底至 11 月上中旬收获或宿地留种越冬，翌年春季播种时挖收，一般每 667 米^2 收商品芋 2 500 千克左右、收入可达 5 000 元左右。全年每 667 米^2 收入 5 400 元左右。魔芋比玉米播种早、收获迟，玉米移栽后的整个生育期均为与魔芋的共生期，种植玉米主要是发挥其高秆遮荫的作用，要注意调整玉米的播种移栽期。

2. 魔芋栽培技术

(1)催芽　选择向阳、滤水、土质疏松、无病源的田块，做成宽

1.2 米、周边沟深 15～20 厘米的苗床，于当地正常播种前 25～30 天，将种芋按大小摆放到苗床上，做到上齐下不齐，每个种芋之间留 3.3 厘米间隙，盖泡土 1～3 厘米后盖棚。当芽萌发长至 1.6 厘米左右长时，即取苗移栽。

(2)备土备肥　选择 2～3 年未种过魔芋等茄科作物、土质肥沃、疏松透水透气、土层深厚耐旱的缓坡地或平地，整地做畦，畦宽 1.2 米，高 15～18 厘米，沟宽 30 厘米。备足牛粪、火土、复合肥或钾肥等有机肥于播种前 10～15 天堆放腐熟。

(3)种芋处理　选择适宜品种，先选种分级，剔除带病种芋，然后用 800 万单位的农用链霉素 1 袋(15 克)或 50％甲基硫菌灵 50 克对水 20 升，浸种 0.5～1 小时，浸后晾干即可播种。注意浸种时不可晃动，以减少碰伤，避免病菌传染芋种。

(4)定植　4 月中旬为适宜种植期，按模式图计算好的株行距开沟或开穴，具体播种深度以种芋离地面 10～15 厘米为宜。过浅容易造成根系裸露，增加病害；平地过深易受渍，也会加重软腐病危害。播种应注意：选择晴天；种芋不与未腐熟的有机肥或化肥接触；较大的块茎应斜放，以免芽窝渍水；切块种芋带皮的一面应朝上。

(5)合理施肥　施肥原则：以基肥和有机肥为主，氮、磷、钾三要素配合施用。

①基肥　每 667 米^2 施腐熟有机肥 4 000 千克或菜籽饼 60 千克、氮磷钾复合肥 25 千克、硫酸钾 20 千克。

②追肥　分 3 次施用。第一次在顶芽出土达 70％时，每 667 米^2 追施腐熟稀粪水 1 000 千克；第二次在 6 月底 7 月初魔芋换头期，再施 1 次块茎膨大肥，每 667 米^2 施腐熟稀粪水 1 500～2 000 千克、复合肥 5 千克；第三次在 7 月底，每 667 米^2 施草木灰 50 千克。

(6)田间管理

①除草与灌溉　魔芋出苗率达15%～20%、叶未散开时，用草甘膦进行化学防除，出苗散叶后采用人工除草，封行后杂草较少。若降暴雨、低洼地排水不良，要及时排出积水，防止植株死亡和块茎腐烂。

②病害防治　从7月中下旬开始，病害发生初期，白绢病可用石灰粉或石灰粉加2%～5%硫磺粉撒施；软腐病应及时拔除病株，带到田外销毁，并撒施石灰消毒。

(7)适时收获　10月份以后，地上部停止生长，叶片逐渐枯萎，地下部则仍在继续生长，这时虽可收获，但块茎不充实，产量低，品质差，也不耐贮藏。11月中下旬，当地上部全部枯死、根状茎与球基完全分离时为最佳收获期。选晴天，挖出块茎后，摊晾在地面，掰去芋鞭，除净泥沙后出售。

3. 玉米栽培技术

(1)育苗移栽　3月下旬在塑料小拱棚内育苗，先用药剂浸种(或包衣种)，然后放在28℃～30℃温度条件下催芽后，按1钵1粒种子播于营养钵内，最后覆土。播后于床面上覆盖一层地膜，以保温保湿。齐苗后及时通风降温，以防徒长。3叶1心时，按田间已做好的株行距定植，每667米^{2}定植1 300～1 500株。

(2)蹲苗　在苗期要拔除田间杂草，及时中耕。为了保证苗整齐一致，苗高15～25厘米时控制浇水，进行蹲苗，使根系下扎，以提高幼苗吸水抗旱能力。

(3)施肥　重施基肥和大喇叭口肥(拔节伸长后10天左右)，适时施苗肥、拔节肥和粒肥。农家肥与化肥结合施用。氮肥全期施用，磷肥着重基施，钾肥着重中期施用。纯氮、有效磷、有效钾一般按1∶0.5∶0.7比例施用，每667米^{2}施用量分别为20～30千克、10～15千克、15～20千克。具体用量根据地力水平和植株生长情况确定，以叶色正常或偏深为宜，保证苗生长茁壮而不过旺。

(4)浇水　拔节期前土壤含水量为田间持水量的60%～80%,可诱导根系向纵深发展。孕穗、抽穗、开花、灌浆期是甜玉米最需水的时期,要保持充足的水分以利长穗增粒。

(5)病虫害防治　播种期及收获前注意防老鼠咬食幼苗及青果穗。播种出苗期间注意防蝼蛄、黏虫等咬食根叶。一般可用90%敌百虫可溶性粉剂1 200～1 500倍液浇灌土壤,也可用90%敌百虫可溶性粉剂1千克对水适量拌入炒香的米糠或麸皮50～100千克,每667米^{2}撒施4～8千克诱杀地下害虫。生长期注意防治玉米螟、黏虫、蚜虫等害虫。大喇叭口期防治螟虫及蚜虫,可用90%敌百虫1 500～2 000倍液喷雾;黏虫可用25%溴氰菊酯乳油1 000～1 500倍液防治。采摘前10～15天不能喷施任何农药。

(6)人工辅助授粉　在花粉期,保持田间适宜的温度和湿度,每天上午10时左右,在无露水的情况下,要及时进行人工辅助授粉,以提高产量和果穗品质。

(7)适时收获　玉米收获期的早晚对产量和品质有很大影响。当籽粒达乳熟期时收获青果穗,因全田植株成熟期不一致,应分期收获。当籽粒乳线消失时收获即为完熟期收获,应将收获的果穗全部及时晾晒。

四、蔬菜与棉花间作套种新模式

(一)棉区间套作蔬菜八种模式

据解泉山报道,棉区间套种蔬菜八种模式如下。

1. 棉花套种大蒜　大蒜选用早熟高产品种,如成都二水早、金堂早、三月黄等,每667米^{2}用种量100千克。若以出售青蒜为主栽培,则用种量为200千克。8月至10月上旬均可播种,但最佳播期是8月下旬至9月中旬,专以青蒜栽培为主的可提前到7

月下旬。播后盖草，保湿出苗。如用地膜覆盖栽培大蒜，蒜薹可提早7～10天收获，产量提高20%。该模式每667米^{2}产蒜薹、蒜头各500千克左右；每0.5千克种蒜可产4～5千克青蒜。一般翌年4月份蒜薹上市，5月份收获蒜头，每667米^{2}产值1 500～2 000元。

2. 棉花套种箭杆白或雪里蕻　7月下旬至9月下旬在棉花行里撒播箭杆白或雪里蕻等，每667米^{2}用种量150克；也可育苗移栽。每667米^{2}产值可达2 000～3 000元。收获后，冬春季还可种植一季蔬菜。

3. 棉后茬种无架豌豆　棉花于11月上旬收完，11月中旬播种无架豌豆，品种选用891或85-67等早熟高产良种。翌年4月中下旬收青豆荚，每667米^{2}产嫩荚500～600千克，产值1 000～1 500元；5月份收种，每667米^{2}产干籽100千克。如用地膜覆盖栽培，上市期可提早5～7天，产量提高15%～20%。5月份豌豆罢园，正好栽营养钵所育棉花苗。

4. 棉后茬种地膜马铃薯　马铃薯选用特早熟品种，如东农303、早大白、克新4号等。12月下旬至翌年2月上旬育苗后地膜覆盖栽培，4月份上市，每667米^{2}产量1 500千克，产值1 500～2 000元。不但产量高、效益好，而且马铃薯便于运输，耐贮藏，上市集中，种植简单。

5. 棉后茬种春萝卜　选品种冬性强、春季抽薹迟、产量高、品质好的萝卜品种，如四月白等。11月份播种，翌年3月下旬上市，每667米^{2}产量1 500～2 000千克。此时正是蔬菜春淡季，价格好，产值可达1 000～1 500元。

6. 棉后茬栽地膜花椰菜　花椰菜选用生育期100天以上的中晚熟品种，于9月下旬育苗，11月上中旬棉花拔秆后铺地膜定植，翌年4～5月上市，每667米^{2}产量2 000千克左右、产值1 500～2 000元。

7. 棉田套种地膜辣椒　辣椒选用特早熟品种，如湘研1号、赣椒1号、苏椒5号等。于10月上中旬大棚育苗，翌年3月中下旬地膜定植，并预留棉行，4月下旬开始上市，每667米^{2}产量1 500千克、产值1 500～2 000元。秋季棉花行中再套种青蒜或箭杆白、雪里蕻等，每667米^{2}产值增加800元。

8. 棉花套种地膜无架豇豆(或无架四季豆)　2月下旬至3月中旬用地膜覆盖栽培无架豇豆或无架四季豆，5月上市，每667米^{2}产量600～700千克、产值800～1 000元。秋季棉花行再套种菜，每667米^{2}产值增加800～1 000元。

(二)春播棉花、胡萝卜间作套种技术

江苏省东海县农业技术推广中心花文苏、蒋明德、赵宁桂等报道，推广春播棉花、胡萝卜高产高效栽培，即棉花、胡萝卜同时于4月上旬播种，胡萝卜于6月下旬至7月上旬收获，棉花于11月上旬采摘结束。据测算，一般每667米^{2}可生产皮棉100千克以上、鲜胡萝卜4 000千克左右，不但解决了夏季胡萝卜的市场供应，而且实现了棉花、胡萝卜双增收的目的，受到了广大种植农户的欢迎。其主要套种技术如下。

1. 选择适宜的土壤　一般应选择富含有机质、土层深厚松软、排水良好、pH值为6～7的沙壤或壤土田块。

2. 深耕晒垡，重施氮肥　棉花和胡萝卜皆属根系发达、需肥量大的作物，所以冬季要深翻套种田块，耕深一般为25～30厘米。耕前施足基肥，主要以有机肥为主，一般每667米^{2}施有机肥3 000千克左右。若以土杂肥作基肥，则应混合适量的磷肥。对于缺钾的田块，必须根据土壤情况增施相应量的钾肥。播前每667米^{2}施25%氮磷钾复合肥50千克，以满足作物生长的需要。

3. 精细整地，起垄筑畦　种植前精细整地。棉花种植在垄上，胡萝卜撒播在两垄之间的畦面上，垄宽一般为80厘米。棉花

垄高为10厘米、宽为15厘米左右，两垄之间筑65厘米宽的平整畦面。

4. 品种选择　棉花选择适宜当地生长的高产抗病优质品种，如苏棉18及高产优质鲁棉品种等。胡萝卜选择早熟优质高产品种，如红芯4号等。

5. 适期播种　棉花和胡萝卜均采用露地直播方式(若棉花采用双膜式种植则前期生长过快，有可能影响胡萝卜的生长)。红芯4号胡萝卜品种春播一般在日平均温度10℃左右、夜间平均温度7℃时播种，苏北地区一般可在清明节前后，棉花、胡萝卜同时播种在相应的垄上和畦面上。播种时土壤的墒情要适宜，必要时可人工造墒播种，以利棉花和胡萝卜的正常出苗生长。棉花按一般大田行穴距种植在垄上，行株距80厘米×15厘米左右；胡萝卜在两垄之间的畦面上播种，一般按播种量的80%散播，播后立即在畦面上盖细土，再在畦中间用锄头划出小浅沟以利排水防渍。

6. 棉花、胡萝卜共生期的管理　从播种到胡萝卜收获，棉花、胡萝卜共生期一般在3个月以内。胡萝卜一般于6月底至7月上旬收获，这时棉花生长正处于苗期至蕾铃初期，加强共生期的管理是关系到两种作物产量高低的关键，也是该套种技术成败的关键。其主要措施如下：

(1)及时人工除草　套种田块一般不用化学除草方法，多采用人工除草。针对田块杂草量大、出草时间不一致、春季气温低及土壤易板结的特点，一般结合中耕除草，以达到除草、增温、保墒、防板结的目的，促进作物的早生快长。

(2)加强肥水管理　棉花齐苗后，轻施1次提苗肥，每667米^{2}对水浇施尿素2～3千克。胡萝卜的整个生长期可结合浇水施速效肥2～3次，一般在胡萝卜定苗后和肉质根膨大期追施，前期浓度宜小，后期可稍浓，整个生育期保证胡萝卜有充足的水分，以满足其生长的需要，防止胡萝卜因供水不足造成根基瘦小粗糙和因供水不均造成肉质根开裂。

(3)防治病虫害　棉花苗期的主要病虫害有炭疽病、立枯病、基枯病、腐斑病及棉蚜、红蜘蛛、蓟马等，胡萝卜主要病虫害有炭疽病、根腐病及蚜虫等，具体防治时可针对某一作物某一病虫单独防治，也可结合起来进行统防统治。

7. 胡萝卜的采收　一般6月底7月初，胡萝卜进入采收期。采收适期内胡萝卜必须及时尽早采收，以确保其品质和有利于棉花生长和田间管理。

8. 胡萝卜采收后棉花的田间管理　胡萝卜采收后，及时对棉花垄进行覆土，增加棉花根部的土壤厚度，促进棉花生长。其后棉花即可进入正常蕾期、花铃期、吐絮期及收获期的大田管理阶段。

(三)地膜棉田套种春大白菜栽培技术

据黄登怀、汪细桥、胡飞、易咏生等报道，棉田间套种春大白菜，可获得棉菜双丰收。大白菜上市时正值叶菜类供应淡季，效益良好，与单种棉花相比，每667米^{2}可增加收入1 000元左右，适于市郊和交通便利地区推广应用。

1. 品种选择　棉花品种一般选用当地主栽品种，如湖北地区可选用鄂棉10号、鄂棉16、鄂荆1号等。套种的大白菜宜选用生长期短、抗病耐湿、不易抽薹的早熟品种，如夏阳白50天、热抗白45天等。

2. 整地施肥　套种大白菜的棉田要提早翻耕炕地，按1.3米宽(两棉一菜)或1.6米宽(两棉两菜)或2.4米宽(三棉两菜)筑畦。施足基肥，每667米^{2}施碳铵50千克、磷肥30千克、钾肥10千克或饼肥150千克、氮磷钾复合肥30千克。开好三沟，整平待栽。

3. 适时播种定植　棉花于4月上旬用营养钵育苗移栽，或4月20日左右直接点播于大田，按宽行0.6～1.0米、窄行0.6～

0.7 米、株距 23～26 厘米种植。播前每 667 米^2 用 72%异丙甲草胺或 48%甲草胺 100～200 毫升除草剂喷雾，及时覆盖地膜封闭除草。大白菜于 4 月中下旬用营养钵育苗，苗龄 10 天左右，抢在 4 月底 5 月初定植于预留行内，株距 33 厘米左右，定植后要封闭破膜口和浇足定根水。大白菜的播期不能太提前，温度低于 15℃ 时不宜播种，否则易先期抽薹；5 月中旬后也不宜作春播，一是棉菜互相影响，二是大白菜结球期温度高、雨水多，易发生腋球和不包心。

4. 田间管理　棉田套种的大白菜生长期短，要求肥水一促到底。一般在大白菜定植成活后，追施 2 次速效提苗肥；开始团棵时，每 667 米^2 施腐熟人粪尿 1 200 千克，加进口复合肥 20 千克，浇肥时离苗稍远，以免烧苗；开始包心时，再按上述用量追 1 次包心肥。一般不浇水，雨后应及时排水防渍，做到雨停沟干。苗期要早防治蚜虫和小地老虎，可选用 20%吡虫啉 3 000 倍液，或 2.5%溴氰菊酯 1 500 倍液，或敌百虫毒饵等；包心后要重点防治菜青虫和小菜蛾等，可选用高效苏云金杆菌 2 000 倍液，或 20%甲氰菊酯 1 500 倍液，或 5%氟虫脲 2 000 倍液，或 20%虫酰肼悬浮剂 2 000 倍液，或 5%氟虫腈等药剂。

5. 及时采收　在球重 1.0～1.5 千克或包球紧实时应尽快采收上市，然后进入棉花管理，重施 1 次花蕾肥，彻底清除营养枝，改善通风透光条件，促进棉花生长。

应当注意的是，棉田套种大白菜要以棉花为主，要进一步加强棉田管理，在保证不影响棉花生长的前提下争取大白菜高产。一般只要选好品种并加强田间管理，棉花生产不但不会减产反而会增产，因为棉花与大白菜的共生期不长，棉花种植密度减少，有利于棉行通风透光，施入的菜肥还有利于棉花壮苗早发，增加单株成桃率，特别是可增加伏桃的个数，同时还能提高衣分。据调查，地膜棉田套种大白菜后，棉花单位面积总桃数、皮棉产量及经济收入比常规种植棉(未套种大白菜)都有一定幅度的增加。

(四)棉套蒜栽培技术

据薛志法、姜德明、吕德才等报道,推广棉套蒜栽培,平均每667米^{2}产蒜薹650千克、蒜头800千克、皮棉80千克,较过去棉麦两熟制增值1倍以上。

1. 注重选种育苗 棉蒜套种须注意选用早熟种,以缩短两者共生期。棉花宜选用早熟、优质、高产、抗病品种,于3月底4月初择晴天进行营养钵“双膜”育苗。大蒜宜选用二水早、三月黄等早熟品种,其蒜薹鲜嫩香辛,产量高品质佳,播前再选色白、肥大、无损的蒜瓣晾晒2～3天,有条件时播前可将种蒜浸泡于25%多菌灵250倍稀释液中12小时,捞出晾干,以杀菌护瓣,争早苗齐苗。

2. 合理选地布局 宜择地势高爽、排水良好、肥沃疏松的砂质壤土进行深沟高畦种植。通常畦宽3.6米,春种6行棉花,实行大小行种植,即大行距87厘米、小行距33厘米,株距27厘米,每667米^{2}栽4 100株左右。每个棉花大行秋季套种4行大蒜,行距17厘米,株距7～8厘米,每667米^{2}植3万株左右。

3. 适时精细播栽 棉花于5月中旬,待苗有3～4片真叶时择晴天移栽。大蒜于秋季日平均气温降至20℃～22℃时,即9月中旬播种较为适宜。播前板茬开沟,沟中耧松,每667米^{2}施腐熟饼肥100～125千克、过磷酸钙40千克,拌匀后撒入播种行。然后引绳顺向摆种,每667米^{2}需种量100～125千克,上覆细土或灰杂肥1～2厘米厚。播后每667米^{2}用24%乙氧氟草醚乳油50克对水50升,于下午土表喷粗雾,翌日上午再加铺麦秸草200千克,以利保墒。若播后天旱还须及时浇水,助苗出土。

4. 加强肥水管理 大蒜进入2～3叶期须及时追施苗肥,一般每667米^{2}用1 500千克腐熟稀水粪或碳铵30千克对水泼浇,力争冬前培育成6叶以上壮苗。越冬前再普施一次重肥,即于12

月上中旬进行棉花抽行拔秸时，每 667 米^2 施腐熟人畜粪 2 000 千克，结合浇防冻水，有条件的再铺施灰杂肥 3 000 千克，以增肥保温，护苗越冬。早春视植株生长情况，适量追施返青肥。在花芽与鳞芽开始分化之前，即 3 月底 4 月初，每 667 米^2 追施尿素 15～20 千克作催薹肥；4 月底 5 月初于蒜薹露出鞘叶时再追施一次速效肥，每 667 米^2 用碳铵 20 千克或腐熟稀粪水 2 000 千克，掺适量速效氮肥浇施，以加速蒜薹生长，促鳞茎膨大。在鳞茎生长期间，遇旱须及时浇水保湿。多雨季节应及时排水防渍。

5. 及时防治病虫害 大蒜病害主要有叶枯病与灰霉病等。预防措施主要是合理密植，雨后排水降湿。发病初期喷洒 75%百菌清 600 倍液防治。注意防治根蛆和葱蓟马。

6. 适期抢晴采贮 5 月上旬，当蒜薹露出叶鞘 10～15 厘米且开始弯曲时，即可择晴天午后采收。待蒜薹采后 20 天左右，即 5 月底 6 月初，叶鞘焦黄、假茎松软时，即可抢晴天采收蒜头。将蒜头采后晾晒 3～4 天，去除根蒂，留 1/3 假茎，待外皮干燥后即可室内堆贮销售。

(五)棉花套种洋葱栽培技术

棉花套种洋葱栽培模式，平均每 667 米^2 产皮棉 160 千克、洋葱 4 300 千克，比单种棉花可增加收入 30%左右。

1. 套种方法 9 月上旬洋葱育苗，11 月上旬拔除上茬棉花秆后整地做畦，定植洋葱。畦宽 90 厘米，畦面上种植 5 行，株距 15 厘米。翌年 4 月下旬，棉花穴播于洋葱行中，每畦种 2 行，穴距 30 厘米。6 月上旬收获葱头。

2. 品种选择 棉花选用高产、抗病的苏棉 8 号。洋葱选用抗病、高产、商品性好，既可内销又可保鲜出口的品种。

3. 播种育苗 洋葱的适宜播期为 9 月 5～10 日。播种过早易导致翌年春季先期抽薹，播种过迟又影响产量。为了获得优质秧苗，应做好以下3点：一是选好苗床。育苗床要靠近水源，土壤要肥沃疏松，每667米^{2}施腐熟有机肥2 000千克、复合肥20千克。二是适当稀播。每667米^{2}苗床播种2～2.5千克，可供1～1.3公顷大田用苗。播种前，苗床浇足底水，播种后盖1厘米厚营养细土并覆盖遮阳网，防阳光暴晒，保持土壤湿润。三是加强秧苗管理。苗期要防旱、防涝、防草害。秧苗黄瘦时，结合浇水每667米^{2}施尿素5千克，另用敌百虫或乐果防治葱蝇，用代森锰锌、多菌灵等防治立枯病、猝倒病等。

棉花适宜播种期在4月中旬前后。播前浸种催芽2～3天，穴播于洋葱行中，采用大小行种植，小行距50厘米，大行距80厘米，株距30厘米，每667米^{2}定苗3 500株。

4. 移栽后管理 由于翌年穴播棉花时不便再施基肥，所以洋葱定植时要多施基肥，可结合耕地每667米^{2}施有机肥4 000千克、复合肥50千克。洋葱采取高畦浅栽，每667米^{2}施尿素5千克，促进幼苗生长；翌年3月下旬洋葱苗返青后，浅中耕，结合灌水，每667米^{2}施尿素10千克；4月中旬叶部进入旺盛生长期，每667米^{2}施尿素20千克、复合肥20千克；5月中旬鳞茎膨大期再每667米^{2}施尿素20千克，促进鳞茎膨大。生长中后期及时防田间渍水，降低田间湿度；适时喷1次三唑酮，预防紫斑病、叶霉病，喷1次敌敌畏防治葱蓟马。

（六）棉花套种荷兰豆（豌豆）栽培技术

江苏省通州市十总镇农业服务中心花小红报道，棉花套种荷兰豆是通州市十总镇柏树墩村在多年生产实践中探索出的一种高产高效栽培模式。该模式每667米^{2}产鲜豆荚750千克，产值3 000元；产皮棉80千克，产值1 200元左右。除去成本，每667米^{2}纯收入3 500元以上。其栽培技术如下。

1. 精细整地 荷兰豆根系较深，稍耐旱，但不耐湿，因此要求大田排水畅通，雨后田间不能渍水，防止涝害。荷兰豆对肥料的需求以磷、钾肥为主，氮肥主要用于生长初期和采收期的追肥。每667米^{2}施有机肥1 500～2 000千克、钾肥或复合肥15～20千克作基肥，以利于促进根瘤菌形成，同时能防寒防霜，增加花序节位，提高结荚率。棉花套种荷兰豆不能开沟条施有机肥，可在荷兰豆出苗15～20天后，将有机肥撒施于荷兰豆植株周围，同时结合松土、壅土，起到护根、防冻、保苗的作用。

2. 适时播种　荷兰豆较耐寒、不耐热，幼苗期能忍受－4℃低温，－5℃时易受冻害。播种过早，前期茎叶生长过于茂盛，冬季易受冻；播种过迟，根系尚未充分生长，植株生长不良，产量低。适宜的播种期一般以10月下旬为宜，每667米^{2}用种量1.8～2千克。棉田套种，若棉花是等行距种植的，可在棉秆两边，距离棉秆20厘米左右处播种，在棉花株与株之间播4穴；若棉花是宽窄行种植的，可在窄行的株与株之间播2穴。播种量视棉花株行距大小而定，棉株稀的每穴播3粒种子，密的可播2粒。

3. 田间管理

(1)肥水管理　播种后7～8天荷兰豆开始出苗，幼苗长有2片真叶时中耕蹲苗，以促进根系生长。若苗长势弱，可结合中耕施1次腐熟人粪尿，保证壮苗越冬。翌年3月份气温、土温回升，幼苗返青时，可施适量返青肥，每667米^{2}施腐熟人粪尿1 500～2 000千克，共追施1～2次，保证幼苗正常生长。开花前1周，3月下旬至4月上旬，每667米^{2}穴施进口复合肥或磷酸二铵20千克、尿素10千克。4月下旬进入采收期，也是追肥的关键时期，一般5～7天追施氮肥1次。追肥不及时易出现植株早衰、产量降低的现象。结合追肥，可适当喷施叶面肥，促进植株生长，改善豆荚品质，增产效果显著。

(2)及时整理植株，防止倒伏　荷兰豆长至25～30厘米高时，可把植株与棉秆进行捆绑，以后随着植株的生长随时进行整理，以防倒伏，避免因倒伏降低产量和品质。

(3)病虫害防治　荷兰豆主要害虫为潜叶蝇，一般3月底开始发生，防治不及时会影响豆荚的商品性，降低产量。可于开花前5～7天用灭蝇胺防治，要求叶片正、反两面都喷透，确保防治效果。病害主要有白粉病和锈病，可用75%百菌清或硫菌灵600～1000倍液喷施防治，5～7天防治1次，连续防治2～3次。

五、蔬菜与花生间作套种新模式

花生套种西瓜栽培技术

据陈长红等报道，花生套种西瓜栽培技术如下。

1. 种植方式　花生套种西瓜，畦面宽以2.5米和4米为宜。2.5米宽的畦在开沟时，把沟中的土放在畦的一侧，使其一边高、一边低，高处栽1行西瓜，低处种花生，花生行距45厘米、穴距20厘米。4米宽的畦在开沟时，把沟中的土放在畦中间，使其中间高、两边低，中间栽2行西瓜，西瓜行距20厘米、株距0.9米，离西瓜行15厘米处点播花生，花生竖沟横垄，西瓜蔓沿花生垄向两边生长。

2. 主要栽培技术

(1)深耕施肥　年前冬耕冻垡，每667米^{2}撒施优质有机肥2000～2500千克。年后每667米^{2}施40千克25%西瓜专用肥于西瓜行内，将50千克25%花生专用肥基施于花生垄内。

(2)选择适宜品种　西瓜以早熟或中晚熟优质品种为好，如郑杂5号和新红宝等。郑杂5号生育期较短(85天左右)，产量较低，对花生产量影响不大，适宜以花生为主、西瓜为辅的田块种植。新红宝生育期较长(130天左右)，产量高，对花生产量影响较大，适宜以西瓜为主、花生为辅的田块种植。花生选用高产品种如东花2号等。

(3)西瓜种子处理 播种前选晴天晒种2～3天。晒种后用55℃温水浸种15分钟，注意不断搅拌，等水冷却后再浸4～6小时，捞出后甩干水，放在温度为28℃～30℃处催芽。

(4)营养钵育苗 营养钵采用高10厘米、直径5.5厘米的塑料钵或纸筒。营养土用50%菜园土、25%腐熟有机肥和25%大田土混合制成，也可加少量化肥。将营养土用多菌灵消毒后即可装钵并随即排放在苗床内。营养钵之间的空隙用大田土填满，然后浇足水，盖上塑料薄膜增湿。翌日揭开薄膜，把已催芽的种子播入营养钵，播后覆1厘米厚的营养土。

(5)苗床管理 苗床早晚要加盖草帘，增加温度，保证出苗前床温控制在20℃～30℃，中午温度高时可从两头揭开膜通风。待第一叶展开后，床温要降至20℃左右。移栽前1周揭膜炼苗，移栽前2～3天浇足水。

(6)适时播栽 西瓜于3月上中旬营养钵育苗，4月中下旬定植。定植要选晴天下午进行，要求苗小(一般5叶左右)、洞小、浇足水分、带药(防治地下害虫)定植，然后盖小拱棚膜(小拱棚膜以宽85～90厘米、厚度0.006毫米为佳)，棚内温度控制在40℃以下。在5月中旬把小拱棚去掉，薄膜盖在地面。花生播种时间以5月上中旬为宜。

(7)加强田间管理 西瓜整枝以2蔓为好，即留一主蔓和一侧蔓。开花后进行人工辅助授粉，以提高结瓜率与产量。西瓜追肥以2次为好，第一次在移栽后1周，用量为每667米^{2}10千克西瓜专用肥；第二次在西瓜鸡蛋大时追膨瓜肥，用量为每667米^{2}西瓜专用肥10～15千克。花生追肥以花肥为主，即开花后15天左右，每667米^{2}追施25%花生专用肥15千克，后期视其长势进行叶面喷肥，也可药肥混喷，防病、防早衰。

六、蔬菜与甘蔗间作套种新模式

(一)早熟番茄与甘蔗套种栽培技术

据贵州省关岭布依施苗族自治县农业局果蔬站潘玺、蒋晓飞、陈建等报道，该县断桥镇是当地早熟蔬菜和甘蔗的一个重要产区，近几年，随着甘蔗种植面积不断扩大，甘蔗同蔬菜争地日益突出。为解决这一矛盾，他们进行了早熟番茄与黔糖 3 号甘蔗间套种栽培技术试验示范。利用新植蔗 4～5 月定植、6～7 月封行、苗期生长缓慢的特点，间套种早熟番茄，充分提高土地的有效利用率，增加单位面积叶面指数，提高光能利用率，抑制田间杂草，减少水分蒸发。同时，充分利用不同作物对病虫害的趋避特性，减少甘蔗苗期螟害。

1. 栽培方式及效益 番茄品种选用铁将军 17 号，甘蔗选用黔糖 3 号果蔗。番茄于上年 10 月下旬至 11 月上旬进行小拱棚保护地育苗，1 月中旬定植，6 月底收获结束。甘蔗于 4 月上旬定植于大田，12 月收获。番茄采用高畦地膜覆盖栽培，每 667 米^2 保证基本苗 1 800～2 000 株，每株 4～5 穗果；甘蔗每 667 米^2 有效茎 4 000～5 000 条。

番茄与甘蔗套种，平均每 667 米^2 产番茄 3 416.3 千克、甘蔗 6 117.2 千克，产值 7 189.70 元，纯收入 5 070.04 元，比单作甘蔗多收入 2 864.68 元，比单作番茄多收入 836.68 元。

2. 栽培技术

(1)整地　选择土质肥沃、向阳、排灌方便以及地势平坦的田块，将土地整平耙细，开好排水沟，按畦面宽 50 厘米、植蔗沟宽 60～65 厘米、沟深 35～40 厘米做畦开沟种植，即畦面种植番茄，沟内打穴种植甘蔗。一般每 667 米^2 施腐熟厩肥 2 500～3 000

千克。

(2)选种与育苗移栽 番茄宜选择生育期较短的早熟品种。10月下旬至11月下旬播种，小拱棚保护地育苗，翌年1月上旬至2月上旬定植，株距60厘米，行距40厘米，每667米^{2}定植2 000株左右，6月下旬至7月初采收结束。黔糖3号果蔗品种主要选择健壮饱满、蔗茎粗壮的新植蔗作种，不能选用开裂、受病虫害和霜害的作种。甘蔗播种育苗在2月下旬至3月上旬，3月下旬至4月上旬在植蔗沟内打穴定植，穴距70厘米，每穴种植6～8个芽，每667米^{2}基本苗5 000～6 000株。

(3)田间管理 关岭县冬春两季天气比较干燥，蔗苗定植后必须浇足定根水，并随时结合土壤墒情进行补水，保持土壤湿润，这样才有利于缓苗。蔗苗定植后避免大水漫灌，防止降低土壤透气性。

番茄定植1周后每667米^{2}用沼液1 500千克或15%～20%的腐熟农家有机液肥加尿素10千克灌根提苗；移栽20天后每周叶面喷施2%磷酸二氢钾水溶液3次，同时每667米^{2}用氮磷钾复合肥20千克结合浇水进行根外追肥，以利坐果、壮果。番茄第一穗花开花时及时搭架，进行双秆整枝，以防倒伏。

果蔗定植成活10天后施1次壮苗肥，以沼液为主，每667米^{2}追施1 500～2 000千克，同时叶面喷施2%磷酸二氢钾水溶液3次，1周喷施1次。

由于甘蔗封行较迟，蔗行间杂草生长迅速，因此要及时中耕除草，保证通风透光，减少杂草对肥料的消耗。

(4)病虫害防治 关岭县的甘蔗病害较少，且对其产量的影响不大，可不进行防治。番茄生长期间重在防治早疫病、晚疫病。发病期及时清除病叶、病果，并妥善处理。药物防治可选用77%氢氧化铜可湿性粉剂500～800倍液，或69%烯酰·锰锌可湿性粉剂800倍液，或72.2%霜霉威水剂800倍液喷雾防治，隔7～10

天防治 1 次，防治 1～2 次，可视病情增加防治次数。

(二)甘蔗与茄子间作栽培技术

江西省上犹县农业局邹华声、蓝开玉，上犹县蔬菜总公司罗明山等报道，试验推广的甘蔗与茄子间作，获得了较好的经济效益，一般每 667 米^2 产值可达 6 000 元以上，最高可达 1 万元以上。栽培技术要点如下。

1. 选择良种 甘蔗选择拔地拉红皮果蔗品种。茄子宜选择耐寒、抗病、高产的早熟品种，如春茄 6 号等。

2. 播种育苗 茄子采用大棚或小拱棚播种育苗，营养钵假植。育苗时间，赣南以 11 月下旬至 12 月上旬为宜。育苗前用 50%多菌灵 1 000 倍液浸种 5～10 小时，对茄种进行消毒处理。同时在播种育苗前 7～10 天配制床土，用 40%甲醛 300 毫升对水 30 升，喷洒 1 000 千克左右床土，拌匀堆置 7 天后备用。苗床准备好后，铺上已消毒的床土，浇足水至床土湿润后播种，再覆盖 1 厘米左右厚的细土或细床土。待茄苗长至 2 叶 1 心或 3 叶 1 心时，选择晴天进行假植。移栽定植前 5～7 天进行低温炼苗，但夜间应适当注意用薄膜控温。果蔗一般 1 月下旬播种，采用直播方式，但播种前也应进行种苗处理。果蔗种苗以 3～4 节长为宜。

3. 整地做畦 蔗茄间作地最好选择 3 年以上未种植茄科作物的田块，否则茄苗应进行嫁接，以减轻病虫害。整地做畦时，每 667 米^2 施腐熟猪牛栏粪 5 000 千克、磷肥 30 千克，将处理好的果蔗种苗在畦中间采用双行三角形栽培法进行直播种植。一般果蔗行距 15 厘米左右。果蔗直播时，每 667 米^2 用 20 千克复合肥或 200 千克饼肥施于直播沟内。直播后覆土浇透水，然后覆盖地膜。地膜覆盖后在每畦两边定植茄苗，株距 50 厘米，每 667 米^2 定植 2 000 株左右，最后盖上小拱棚。

4. 大田管理 茄子定植后，加强田间肥水管理。茄子喜肥耐肥，苗期应根据种植田块原来的肥力和植株生长势的表现，及时追肥，适当松土。当日温稳定在15℃以上拆除小拱棚。门茄坐果后，追第一次肥，一般每667米^{2}追施腐熟有机液肥800千克以上；之后，每层坐果后追肥1次。门茄下部叶腋萌发的侧枝，除留一个长势好的侧枝外，其余侧枝全部摘除。茄子生长中后期摘除门茄以下老叶，以减少养分消耗和病害发生。茄子生长期间，一般果蔗不另外追肥。茄子收获后，立即对果蔗进行第一次培土。培土时将茄苗压入地下作肥，同时每667米^{2}施用复合肥30千克、氮肥20千克。在分蘖末期至伸长前期对果蔗进行第二次培土。此次培土施肥视苗势而定，苗势旺盛且土壤较缺磷的地块适当增施磷肥，注意氮肥不宜过量，钾肥不宜多施，否则影响品质。伸长期每隔20～30天摘叶1次，共摘3次左右。

5. 适时采收　茄子在开花后25天左右采收，门茄适时早收。果蔗收获一般在霜降至小雪之间，各地因天气而定，一般确保在霜冻出现之前收获，否则将严重降低果蔗品质和种蔗出芽能力。

（三）春西瓜套种甘蔗栽培技术

广西壮族自治区河池市农业技术推广站韦目阔、岑东亮、韦健、张瑞豪等报道，2007～2008年河池市农业技术推广站与巴马县农业技术推广站在巴马镇设常村、元吉村等地开展春西瓜套种甘蔗一年两收丰产栽培示范，示范面积162公顷，经2年实地测产验收12个点，平均每667米^{2}春西瓜产量1 367.9千克，产值2 188.6元；甘蔗产量9.7吨，产值2 716元。蔗田一年两收每667米^{2}产值达4 904.6元，扣除甘蔗和西瓜的种子、化肥、农药、地膜及甘蔗砍收人工费等投资1 540元，每667米^{2}纯收入达3 364.6元，比当地传统的一年一季甘蔗种植模式增收3 031.8元。

1. 播期安排　春西瓜于1月中旬播种，采用营养钵温棚育苗，2月中下旬移栽大田，5月下旬至6月初采收，全生育期135～

140 天。甘蔗于 3 月初播种，3 月中下旬出苗，至 12 月中旬砍收，全生育期 285～290 天。西瓜与甘蔗在大田的共生期为 65～70 天。

2. 春西瓜栽培技术

(1)选地做畦，施足基肥　由于甘蔗与西瓜的根系比较发达，生物产量高，吸肥量大，因此在高产栽培时宜选择日照充足、排灌方便、土层深厚、肥沃疏松的土壤田种植。对新植的蔗田要及时秋耕碎土，按甘蔗种植规格起好畦、开好沟，做到旱能灌、涝能排，同时畦面要平整、疏松，创造有利于西瓜生长的土壤环境。畦宽 240 厘米，沟宽 30 厘米、深 25 厘米。整地起畦后要施足基肥，每 667 米^2 施腐熟有机肥 2 200～2 500 千克、45%硫酸钾复合肥 30～35 千克、钙镁磷肥 40～50 千克，将肥料混匀后施于种植西瓜的畦面上，并将肥料与土壤混匀。

(2)选植早熟西瓜良种　据巴马县农业技术推广站 2007 年西瓜套种甘蔗品种对比试验，西瓜品种以黑美人、京欣 1 号、桂冠 1 号、早佳、金星、广西 3 号、特大新 5 号等较好。上述品种不但瓜形好、大小适中、皮薄肉甜、口感好，而且成熟期早，出苗后 110～115 天即可采收，在整个生长期不影响甘蔗的生长发育。

(3)适时播种，合理密植　西瓜播种期一般在立春前 5～10 天，以气温稳定在 15℃以上时播种比较安全。为防止 1 月份的低温冻害，在播种时应采用营养钵温棚育苗。待瓜苗长至 3 叶期、棚外气温稳定在 18℃以上时移栽大田，行距 240 厘米、株距 80 厘米，每 667 米^2 种植 350～380 株。为使西瓜提早成熟上市，瓜苗基部应采用地膜覆盖保温保湿，以促进西瓜快速生长发育。

(4)加强管理，防治病虫害　在瓜苗移栽大田后，对缺苗地块要及早补栽，争取全苗。当瓜苗长至 1 米长时，应追施 1 次攻苗肥，每 667 米^2 用尿素 10～12 千克加腐熟农家有机液肥 1 000 千克淋施，并结合田间除草，以促进瓜蔓健壮生长，为丰产瓜田打下良好基础。若遇上干旱天气要及时灌水保湿，防旱保苗。在抓好肥水管理及除草的同时，要注意西瓜病虫害防治。5月上旬瓜田易发生黄守瓜和蔓枯病，应及早防治。对黄守瓜成虫为害，每667米^{2}可用90%敌百虫可溶性粉剂或80%敌敌畏乳油700～800倍液喷雾防治；对蔓枯病每667米^{2}可用农用链霉素、敌磺钠各50克对水50升喷雾，或对水500升灌根，确保瓜蔓正常生长。

(5)适时采收　应根据雌花开放后的天数，一般早熟品种28～30天，中熟品种32～35天，晚熟品种35天以上。果实表面纹理清晰、蜡质白而减退、表皮坚硬、同节卷须枯萎、瓜柄软和毛茸减退时，应趁晴天分批采收上市，以避免遇上夏季持续降雨天气而出现裂果，影响西瓜的品质和商品性。

3. 甘蔗套栽技术

(1)选用高产高糖蔗种　为夺取甘蔗高产丰收，宜选用高纯度新台糖22号、新台糖25号或桂糖93-102、桂糖94-116、桂糖94-119等生育期较长、丰产高抗的甘蔗品种。上述品种株形较好、产量高、抗性强，在较高水肥条件下每667米^{2}产量可达9～11吨，比本地栽培品种高3～4吨。在大田选种时，应选择高大匀齐的蔗田作种子田。在株选时，应优先选用粗大健壮茎芽，每根种茎要有2～3支壮芽。若用蔗梢作种茎时，长度应有40～50厘米。剥去叶鞘时注意保护芽位，修鞘后芽向两侧平放，以免压坏种芽。

(2)适时套栽　在西瓜苗移栽大田后12～15天即可套种甘蔗，一般在3月5～10日。若套种过早，则甘蔗出苗生长过快，对西瓜中后期的生长产生遮蔽，造成瓜蔓光照不足，不利于西瓜光合物质的积累和产量的形成；若套种过迟，则甘蔗的营养生长期缩短，影响产量的形成和提高。因此，甘蔗套种时间的确定，应以与西瓜共生65～70天为宜。

(3)施肥　在甘蔗套栽时，每667米^{2}应补施腐熟麸饼肥(桐麸、菜籽麸各一半)800～1 000千克或腐熟鸡粪700～800千克、甘蔗专用复合肥(硫酸钾型,氮、磷、钾含量分别为16%、7%、19%,总养分42%)100千克作种肥。注意肥料与瓜根、甘蔗种茎保持6厘米的距离,以防烧根或烧芽。

(4)合理密植　在套种甘蔗时,应顺着西瓜行向采用双行“品”字形开穴栽种,大行距80厘米,小行距25厘米,每米确保有9～10个蔗芽即可。播种后盖上细土,厚5～6厘米,然后覆膜保温保湿。

(5)加强田间管理　甘蔗因生育期较长,追肥可分2次进行。第一次在西瓜收获后进行,时间在5月下旬至6月初,此时甘蔗已长至7～8片叶,每667米^{2}施用甘蔗专用复合肥25～30千克,并结合小培土,同时在甘蔗行间喷施药剂除草(注意药液不能喷到蔗苗);第二次追肥在7月上旬追施,每667米^{2}施尿素30～35千克,并结合大培土,以防甘蔗倒伏。

5～6月份易发生蔗螟,每667米^{2}可用90%敌百虫可溶性粉剂600～700倍液50升喷施蔗苗1～2次;发生蔗蚜时,每667米^{2}可用40%乐果乳油250～300毫升对水50升全田喷雾。甘蔗凤梨病应以预防为主,在甘蔗套种前用2%石灰水浸种12～13小时,或用50%多菌灵可湿性粉剂1000倍液浸种10分钟即可。

(6)适时砍收　春植蔗在每年的12月份成熟,应趁晴砍收。收获时,应低位(在蔗茎近地面1～2厘米处)砍伐。

第五章　蔬菜与幼龄果、桑、林间作套种新模式

一、蔬菜与幼龄果园间作套种新模式

(一)推广果菜套种,增加农民收入

据上海市林业总站郁海东报道,目前上海市果树面积约有2.33万公顷,其中桃树0.67万公顷、梨树0.2万公顷。利用果树,特别是桃、梨树的冬季休闲时间套种蔬菜,不但能充分利用果园的土地,而且可丰富蔬菜市场的供应和增加农民收入,是一件利国利民的好事。

1. 果菜套种技术

(1)果菜套种的时间和品种选择　果菜套种应选择果树冬季的休闲时间,以10月份至翌年3月份为最好。套种蔬菜的品种以青菜、塌菜、菠菜为主,也可种甘蓝、蚕豆等。

(2)果菜套种的技术要点

①清洁果园　在桃或梨采收结束后,拔除果园的杂草,清扫果园的残枝落叶等。有条件的,翻耕果树周围的土地,并日晒。

②青菜套种技术　套种青菜应选择耐寒性和抗病性较好的新场青菜、605矮萁青菜、矮抗青等品种。作越冬青菜栽培的,适宜的播种期为9月中旬至10月下旬。每667米^{2}苗床播种量约0.6千克,苗龄控制在30天左右。果园田定植青菜前每667米^{2}施腐熟有机肥1 500～2 000千克或商品有机肥500～700千克、蔬菜专用复合肥50千克作基肥,然后进行整地。定植时注意与果树离开

一定距离，定植密度以15厘米见方为宜。随定植，随浇搭根水。定植活棵后追1次肥，以利前期早发棵，每667米^{2}施尿素8～10千克，以后每2周追1次肥，每次每667米^{2}施尿素10～15千克。要注意保持田间的排灌畅通，干时及时浇水，涝时及时排除田间积水。病害以病毒病为主，害虫主要有小菜蛾、菜青虫、蚜虫等。蚜虫可用云除1 500～2 000倍液防治，菜青虫、小菜蛾可用5%氟虫腈悬浮剂2 000～2 500倍液喷施防治。定植到采收40天左右，当植株封行、单株长足时即可采收。也可根据市场行情，决定何时采收。果园套种青菜的上市期为12月至翌年2月。

③塌菜套种技术　塌菜的品种主要有上海地方品种小八叶和中八叶。果园套种的播期以9月中旬至10月中旬为宜。育苗地应选择未种过十字花科的蔬菜地，每667米^{2}播种量为0.75～1千克，播后覆盖1厘米左右厚细土。当秧苗长到5～6片真叶，苗龄25天左右时移栽。定植塌菜的果园田，每667米^{2}施腐熟有机肥2 000千克或商品有机肥600～800千克，蔬菜专用复合肥50千克左右作基肥，翻耕后整平，定植密度为25～30厘米见方，每667米^{2}种7 500～9 000棵。秧苗带土定植，应适当浅栽，随种随浇搭根水；次日再复水1次。定植活棵后追肥1次，每667米^{2}施尿素10千克，2周以后再追肥2～3次，每次间隔10天左右，每667米^{2}施尿素10～15千克。追肥时结合浇水，保证塌菜的肥水供应。塌菜常见病害主要是霜霉病和软腐病，可用霜脲·锰锌600～800倍液，或腐霉灵600～800倍液喷施防治。常见害虫主要有蚜虫、菜青虫等，可用富表甲氨基阿维菌素（海正三令）1 500～2 000倍液，或苜蓿银纹夜蛾核型多角体病毒（奥绿1号）600～800倍液喷施防治。定植后40天左右即可上市。生产者可根据市场行情决定何时采收上市，以取得最好的经济效益。

④菠菜套种技术　果园种植菠菜，可选用上海圆叶菠菜、尖叶菠菜或上海尖圆叶菠菜等品种。播种菠菜的果园田，每667米^2

应施腐熟有机肥 2 500～3 000 千克或商品有机肥 700～800 千克，再施氮磷钾复合肥 40～50 千克作基肥。耕翻、整地，土地应整平，土块应小、细。果园套种菠菜的播种期一般在 10 月上旬至 11 月上旬。将种子均匀撒播，每 667 米^2 播种量 6～8 千克。播后轻耙畦面，并在畦面均匀喷施氟乐灵除草剂，每 667 米^2 用氟乐灵 100 克对水 75 升喷洒，保持土壤湿润。当菠菜长出 2～3 片真叶时浇第一次水；浇第二次水时，每 667 米^2 随水施尿素 15 千克左右作追肥。以后追肥和浇水应根据气候和田间作物生长情况掌握，原则是保持土壤湿润，防止缺水缺肥。采收前 15～20 天停止追肥。菠菜病害主要有霜霉病、炭疽病等，可用 64%噁霜·锰锌 500 倍液，或 70%代森锰锌 500 倍液，或 70%甲基硫菌灵 700 倍液喷施防治。害虫主要有潜叶蝇、蚜虫等，可用 75%灭蝇胺 4 000～5 000 倍液，或富表甲氨基阿维菌素（海正三令）1 500～2 000 倍液等喷施防治。播后 60 天左右可开始采收，生产者可根据市场需要，分批采收上市。

2. 果菜套种的经济效益和社会效益显著　利用果园冬季休闲时间套种蔬菜，不但可丰富冬季上海的蔬菜供应和增加农民的收入，而且可以充分利用上海有限的耕地资源为社会多生产农产品。南汇区每年果园套种青菜面积几千公顷，每 667 米^2 青菜产量约 2 500 千克、产值 1 000～1 500 元，是南汇果园农民又一笔不小的收入。南汇果园套种的蔬菜不但供上海本地，还远销山东、北京和黑龙江等地。

随着上海城市的发展，上海的耕地面积逐步减少，而粮食、蔬菜等副食品生产的压力日益增大。如何充分利用林地、果园生产蔬菜等副食品，是农业、林业科技推广者面临的新的课题。据初步统计，到目前为止，松江区有桃园 626.67 多公顷、梨园 360 多公顷，金山区吕巷镇有经济林约 533.33 公顷，其中蟠桃园就有 270 公顷。如果把全市可利用的果园都利用起来，就可以节约大量的土地，同时为农民增加收入。果菜套种确实是一项经济效益和社会效益十分显著的生产技术，值得我们大力推广。

（二）幼年果树间套作香酥芋栽培技术

据上海市崇明县蔬菜科学技术推广站王信兵报道，崇明县现有果树面积1万多公顷，其中幼年未成园的果树面积0.2万多公顷，前3年栽培密度稀，无经济效益。为此，根据幼年果树的生长发育特性及崇明县的气候特点，利用作物生长时间差、空间差，在幼年果树田间合理间套种经济作物——香酥芋，经过2年试验取得了明显的经济效益。其栽培技术如下。

1. 土地准备，施足基肥 香酥芋不宜重茬，在确保果树生长空间的情况下，应选择土壤肥沃、保水排涝方便的田块。土壤冬翻、熟化，确保疏松透气。最好在排水沟的两边或排水沟内每667米^{2}条施腐熟的厩肥、禽肥350～450千克和尿素5～10千克，以利于香酥芋根系及球茎生长。做好畦沟、边沟、腰沟、出水沟，做到能灌能排。

2. 适时播种，合理密植 适时播种是争取香酥芋一播全苗、早产高产的基础。直播地膜香酥芋应在3月上旬播种，最晚不迟于3月下旬。播种前精细整地，在施足基肥的基础上，每667米^{2}用含硫高效复合肥11千克作种肥，均匀撒施在播种沟内。播种沟深度为10厘米左右，下种前先撒2厘米厚细土，然后播种，确保芋种与种肥隔开。精选芋种，大小芋分开种植。为了便于培土，一般采用沟系40厘米内种植1行香酥芋，行距75厘米，株距25～30厘米，每667米^2 630～760株，也可在排水沟的两侧各种植1行。芋种顺沟横放排列于行内，芋头方向一致，以确保出苗均匀。防止有凹塘造成积水。为确保齐苗，可于3月上旬采用小环棚地膜方式进行催芽。

3. 田间管理

(1)除草覆膜　香酥芋播种后,每 667 米^2 用 50%乙草胺除草剂 80～100 克对水 30～40 升,全田喷雾。喷药时做到均匀,不漏喷、不重喷。及时覆膜(宽度为 120 厘米),也可单行覆盖(宽度为 60 厘米)。如遇下雪,要及时清除地膜上积雪。

(2)揭膜　香酥芋出苗后,要及时破膜,防止高温烧苗。破膜口要尽量小。2～3 天破膜 1 次。一般夜间最低温度 10℃以上时,可以揭膜,时间掌握在小满节气前后。去膜后及时松土、除草和壅土。

(3)施肥　香酥芋生长期较长,需肥量大,耐肥力强。除施足基肥、种肥外,必须多次追肥。一般苗高 10 厘米或揭膜后,要追施提苗肥,每 667 米^2 用尿素 2.2 千克、过磷酸钙 6 千克加碳铵 6 千克拌和后调水施入,然后进行 1 次小壅土。施肥时要防止肥料粘在芋叶上,以免烧苗。5 月下旬至 6 月下旬苗高 40 厘米左右时,要及时施重肥、壅土,每 667 米^2 用含硫高效复合肥 11～13 千克,用土把复合肥和青杂肥埋在芋基部,壅土高度 25～30 厘米(沟底至垄面高度)。同时及时清除主茎外的侧枝。

(4)浇(灌)水　香酥芋喜湿润,忌干旱,怕积水。特别在植株生长旺盛期需水量大,应保持土壤湿润。干旱季节每 5～7 天浇(灌)水 1 次,高温季节应在后半夜灌水,保持满沟,让土地湿润后排掉,不能漫灌,以有利于球茎生长发育。雨季注意排水防涝。8 月上旬以后,香酥芋处于生长后期,浇水要适量,保持土壤湿润即可。

4. 采收　采用地膜覆盖种植香酥芋时,一般在 9 月下旬可以采收上市,应根据市场行情及时销售,以取得最大的经济效益。

5. 芋种的存放　芋种存放的关键在于防止干芋和腐烂,根据近几年存放的经验,一般采取在屋内用黄沙覆盖存放。具体做法是:先在地面铺 5 厘米厚的黄沙,把芋种均匀地堆放在上面,堆放高度以不超过50厘米为宜，然后用铁锹把黄沙撒在芋种上面，厚度为5～10厘米；注意通风透气，控制芋堆内地湿度；寒潮来临应紧关门窗，确保堆内温度。

(三)果、瓜、菜间套作栽培技术

四川省忠县农业局杨长华等报道，近年来从不断的实践中，为四川省忠县部分果园解决果树抚育期产量低、效益低、资金短缺的矛盾，摸索出了果、瓜、菜综合开发立体种植模式，即广柑＋早菜豆—冬瓜＋辣椒—大白菜—儿菜套作，取得了良好的经济效益和社会效益。据多点调查，全年平均每667米^{2}产广柑825千克、各种蔬菜18 235千克，产值7 263.4元。其中：广柑产值495元；菜豆嫩荚产量1 985千克，产值1191元；冬瓜产量5 390千克，产值1 940.4元；辣椒产量2 860千克，产值1 716元；大白菜产量4 200千克，产值1 260元；儿菜产量3 800千克，产值760元。比大面积果园净作产值增加167.4%，比果粮间套作产值增加110.4%。主要栽培技术如下。

1. 选用良种 广柑选用锦橙或朋娜纽荷尔脐橙；冬瓜选用粉杂1号等；菜豆选用供给者或优胜者等；辣椒选用早丰1号等；大白菜选用鲁白8号等；儿菜选用川农1号等。

2. 茬口衔接

(1)广柑　每台地种植1行，株距4米，每667米^{2}植50株。年前将距树蔸1.5米以外的空地翻挖炕土备用。

(2)菜豆　2月上中旬育苗，3月上旬定植，地膜覆盖栽培，4月中旬上市，5月上旬收获结束。栽培规格：(20～25)厘米×20厘米，台地两边每隔0.8米预留一个瓜窝。

(3)冬瓜　3月上旬营养袋育苗，4月下旬定植于预留瓜窝中，6月上中旬始瓜，7月上旬上市，8月上旬收完。

(4)辣椒　12月中下旬播种育苗，翌年2月中下旬假植，5月上旬菜豆收后及时翻挖整地，按 50 厘米×30 厘米规格定植，每窝双株，6 月中下旬上市，9 月下旬收获结束。

(5)大白菜　9 月上旬育苗，9 月下旬辣椒收后立即翻挖整地定植，行距 50 厘米，窝距 40 厘米，11 月中旬收获完毕。

(6)儿菜　10 月中下旬育苗，大白菜收后及时整地定植，行距 55～60 厘米，窝距 50～55 厘米，每 667 米^2 植 2 000～2 400 株，翌年 2～3 月份上市。

3. 搞好栽培配套管理

(1)广柑　抚育期除加强一般性管理外，主要施好保花保果肥、壮果肥、扶壮肥、催芽肥。

(2)菜豆　播种前，一般每 667 米^2 用土杂肥 2 500 千克、过磷酸钙 30 千克、草木灰 100 千克混合均匀，窝施后盖土定植；2～3 片真叶时，每 667 米^2 用腐熟粪水 1 000 千克追肥提苗。

(3)冬瓜　定植前，每窝用土杂肥 1～1.5 千克、过磷酸钙 0.1 千克混合用作基肥，盖土后定植健壮瓜苗。采取双蔓式整枝，上下瓜蔓对爬。选留第二、三雌花坐瓜，人工授粉。幼瓜膨大期，每 667 米^2 用腐熟人畜粪 1 500～2 000 千克、尿素 5 千克、过磷酸钙 15～20 千克追肥壮瓜，及时打掉侧枝。

(4)辣椒　定植成活后及时追肥提苗，每采收 1 次用腐熟人畜粪追肥 1 次，中后期结合抗旱用腐熟粪水追肥，并在辣椒行间铺稻草或麦秸，保苗越夏翻秋，提高产量。

(5)大白菜　定植前每 667 米^2 用腐熟粪水 2 000～2 500 千克窜施作基肥。包心期追肥 2～3 次，每次每 667 米^2 用腐熟人畜粪 1 500 千克、尿素 3～5 千克。

(6)儿菜　定植成活后立即追肥提苗，腋芽膨大初期每 667 米^2 用腐熟人畜粪 1 000～1 500 千克、尿素 5～7.5 千克和磷、钾肥 7.5～10 千克追肥。

(7)其他　以上各种作物均需加强病虫害综合防治。

(四)葡萄与韭菜间作栽培技术

江苏省射阳县农业局姜德明、唐兆明、陈云龙、王亚军等报道，推广葡萄与冬韭间作模式。据调查，黄光镇种植户朱万中 400 米^2 葡萄园，收葡萄 900 千克、冬韭 2 400 千克，折每 667 米^2 产值 9 300 余元，经济效益极为显著。其技术要点如下。

1. 选用良种 葡萄宜选用早熟(较巨峰早 7～12 天)、优质(色泽艳丽、肉质肥厚、汁多味甜、含可溶性固形物 16%)、高产(果穗重 400～500 克、单果重 15～20 克)、结果率高(结果枝率逾 70%)、裂果少的金华藤稔或京亚等品种；冬韭宜选优质、高产、抗病、耐寒、味浓、耐贮的豫韭 1 号或平韭 791 等品种。

2. 科学布局 选择地势高爽、排灌方便、肥沃疏松的沙壤土进行深沟高畦种植，畦宽 4 米，每畦挖一深沟，畦中种葡萄，行株距 4 米×1 米，每 667 米^2 植 180 株，棚架栽培或篱架式栽培。韭菜分别种在畦沟两边，栽幅宽 1.33 米，穴行距 15 厘米×20 厘米，每穴 20～25 株(韭菜苗)。

3. 适期播种定植 长江流域通常在 3 月下旬至 4 月上旬抢晴天撒播育韭菜苗(亦可分株繁殖)，8 月中旬韭苗长至 6 片以上真叶、苗高 20 厘米时定植。定植前结合翻土每 667 米^2 施腐熟厩肥 5 000 千克、优质氮磷钾复合肥 50 千克。起苗后抖净泥土，并适当剪短须根和叶片。栽时理齐鳞茎，与畦向垂直穴栽植，深度以叶片和叶鞘处不埋入土中为宜。栽后随即浇足水。

葡萄扦插前按既定行株距，挖 50 厘米深的穴施肥，每 667 米^2 施熟厩肥 3 000 千克、过磷酸钙 50 千克。基施时最好于穴内先填入 10 厘米厚的植物落叶，而后将基肥与表层土混拌均匀，填入种植穴内。长江流域通常于 3 月上中旬选用嫁接苗分级抢晴天扦插(亦可于落叶前 50 天左右进行秋植)，入土不宜过深，以最上层根系入土深 4 厘米为宜。覆土呈馒头形，以利爽水防渍。

4. 栽后管理

(1)搭架引绑　葡萄棚架选用粗10厘米×12厘米、长2.4～2.6米的钢筋水泥柱，每间隔4米立一支柱，埋深60厘米，架高1.8～2米，架面用铁丝或竹竿交错排列，形成若干0.5米^{2}的方格。萌芽后，随着新梢的不断生长，须及时人工引绑。

(2)抹芽定梢　葡萄4月上中旬萌芽后，除留更新蔓各补空蔓外，根际及老蔓上的不定芽全部抹除。并结合新梢引绑，抹去结果母枝基部的弱芽及所有副芽、卷须。待新梢出现花序时定梢，去除营养枝。结果枝在开花前7天左右摘心(每果枝留8叶左右)。其上发生的副梢要尽早抹除，除顶端1～2个副梢留3～4叶反复摘心外，其余仅留1～2叶。

(3)修正花穗　葡萄于始花前7天开始疏去小穗和畸形穗，以及基部2～5个轴，掐去1/5～1/4的穗尖。在谢花坐果结束再次疏去坐果松散、穗形较差的果穗，疏除小果粒和畸形果，力争所留果粒大小均匀一致。

(4)冬季修剪　葡萄通常于12月至翌年1月进行冬剪。定植当年的幼树，冬剪时约留15个饱满芽，剪除多余芽及副梢，整成单蔓龙干形；定植第二年，利用当年结果枝，除顶端采用长梢修剪(留8～12节)作为延长枝外，余者一律进行中梢修剪(4～7节)，继后每年反复进行，以控制结果部位上移。成年葡萄每年冬剪结合清园进行。

(5)覆膜促长　韭菜生长最适温度为18℃～20℃，冬季及早春覆膜，可使其青韭提前上市。一般于春节前40天左右，当地上部叶片全部枯黄后即行小拱棚膜覆盖，以保证春节前青韭应市。覆膜前先将畦面枯叶搂净，结合施肥浇水，浅耙行间。有条件再上覆肥熟细土2～3厘米厚，整细搂平，护根保苗。每隔60厘米插一拱形支架，中高45厘米，膜宽2米，盖在支架上，最好用绳子网好，床周挖排水沟。

5. 肥水管理 韭菜醒棵后浇一次腐熟稀粪水，隔7～10天浇施第二次腐熟粪肥，以保证霜降前发棵，力争壮苗越冬，在严冬来临前再施1次重肥，以加速鳞茎营养物质的积累。每年覆膜前施用腐熟粪肥1 500千克，再用适量磷、钾肥对水浇施。再次采割后，待新叶出土时施1次腐熟稀粪水；进入露地培育阶段后，勤浇肥水，以利养根促壮。

葡萄幼树前期主要追施腐熟稀粪水，亦可因苗掺施适量速效氮肥，进行环状沟施；8月份后，注意增施适量磷、钾肥，结合叶面喷肥，结果树干萌芽前7～10天(3月上旬)每667米^{2}施腐熟稀粪水1 500～2 000千克、速效标准氮肥10～15千克作催芽肥；萌芽后25～30天施复合肥10～15千克作花前肥；谢花坐果后再施尿素10千克、复合肥10千克作膨果肥。采收后及时追施1次速效氮肥，隔半个月后再施1次磷、钾肥，以尽快恢复树势。生长期若遇干旱，应勤浇水保湿；多雨季节及时疏沟排水，降湿防渍。

6. 病虫害防治 韭菜主要病害有灰霉病等。保护地栽培发病时，选用15%腐霉利烟剂，每667米^{2}每次用200克，于傍晚点燃，密闭一夜；若露地栽培，可喷洒20%丙硫多菌灵(施宝灵)胶悬剂或50%腐霉利1 500倍液，或20%三唑酮1 000倍液，5～7天喷1次，连喷2～3次。

葡萄病害主要有黑痘病、灰霉病、炭疽病等。黑痘病主要危害植株幼嫩部分，梅雨季节发病最盛，在清园消毒、增施磷肥和钾肥、保持通风透光的基础上，展叶后用50%多菌灵1 000倍液，或64%噁霜·锰锌500倍液喷雾防治，7～10天1次，连喷2～3次。灰霉病主要危害花穗，花期前后阴雨多湿发病严重，可在花前7～10天用腐霉利或甲基硫菌灵防治。炭疽病主要危害果实，梅雨季节发病重，可在发病初期用75%百菌清600～800倍液喷雾防治。

7. 分批采收 韭菜播种一次采收多年，每年又可采收多次，但定植当年不采收，继后每年采收时间视苗情及市场需求灵活确定。一般棚栽头茬韭于盖膜后30～35天采割，春节上市；以后每隔25天左右采割1茬(以叶尖变圆为采收适期)。采收3茬后揭膜拆架，当年夏秋不再收割。若长势旺，可在揭膜后培育1个月再采割第四茬。秋季不收种，花薹抽出采收嫩薹食用，以集中养分养根。

葡萄待果穗梗木质化、浆果变软变甜时，选晴好天气分批采摘。采摘时左手托果穗、右手持剪将果穗剪下，及时出售。

(五)葡萄套种红菜薹栽培技术

据湖北省鄂州市蔬菜办公室严连枝报道，葡萄套种红菜薹栽培技术如下。

1. 茬口安排及效益　红菜薹8月上中旬至9月上中旬播种，9月上中旬至10月上旬移栽，10月上旬至翌年2月份采收，每667米^{2}产量1 500～2 500千克，产值1 000～1 500元。葡萄全年在园，每667米^{2}产量1 500～2 000千克，产值1 500～2 000元。合计每667米^{2}产值可达4 500～5 500元。

2. 红菜薹栽培技术

(1)品种选择　40天采收的选用特早40天；50天采收的选用特早50天、改良九月鲜、红杂50、华红1号；60天采收的选用红杂60天、鄂红60，华红2号；70天采收的选用十月红1号、十月红2号等。

(2)播种育苗　一般采用撒播，种子需播均匀，每667米^{2}大田用种50克。播后用耙将表土耖平，种子即入土中，然后浇水，使水慢慢地浸透，但水不上畦面，确保种子顺利出苗。出苗后用800倍尿素液和0.2%磷酸二氢钾液做2次叶面喷施。

(3)整地施肥　整地施足基肥，一般每667米^{2}施腐熟人粪尿1 500～2 000千克，或腐熟猪牛粪2 500千克，或饼肥100～150千克，或复合肥50千克、硫酸钾25千克。

(4)定植与田间管理　播种后20～30天、6～7片真叶就可定植。一般宜在晴天下午3时以后或阴天进行。定植时不宜栽得很深,否则容易引起腐烂,同时影响下部叶腋中侧芽的发生。定植后须立即浇定根水。苗成活后用腐熟清粪水追提苗肥,以促植株早发。生长前期适当控制氮肥和浇水,以防徒长和发病。植株进入旺盛生长期,需水多,肥应勤施,以促进外叶生长和侧芽萌发。发棵肥应于封行前施,每667米^{2}施腐熟人粪尿1 000～1 500千克或饼肥50千克。抽薹后可少施肥,但如果薹不粗壮,每667米^{2}施尿素5千克,以利催薹。天旱及时浇水。

(5)病虫害防治　病害主要有霜霉病、软腐病、病毒病。霜霉病可用代森锰锌1 000倍液,或25%甲霜灵1 000倍液喷雾。软腐病可用77%氢氧化铜1 000倍液,或农用链霉素2支对15升水进行喷基部或灌根。病毒病用植物助壮素500倍液,或用奶粉200倍液对硫酸锌1 000倍液混合喷雾,或病毒K 500倍液加磷酸二氢钾混合,7～10天喷1次。

害虫主要有甜菜夜蛾、斜纹夜蛾、菜螟,可用15%茚虫威1 500倍液喷雾防治。

(六)冬季果园套种菠菜栽培技术

湖北省仙桃市杜窑果蔬良种场邓凯鸣等报道,在本场进行冬季果园套种菠菜栽培,每667米^{2}菠菜产量可达1 300千克以上,收入800余元。其技术要点如下。

1. 品种选择　菠菜品种可分为圆菠和尖菠两大类。圆菠种子圆滑无刺,叶卵圆形,抗寒能力较差;尖菠种子有刺,叶呈戟形,抗寒能力强。冬套菠菜最好选用晚熟尖菠品种,以保证安全越冬后,于翌春收获时无抽薹现象发生。在没有尖菠的情况下,也可用圆菠代替,但要加强果园的防寒保暖工作。

2. 种子处理　菠菜种子是胞果,其果皮的外层是一层薄壁组织，可以通气和吸收水分，而内层是木栓化的厚壁组织，通气和透气困难，如不经处理，则发芽率不高，出苗不整齐。因此，在播种前应用木臼将果皮弄破后再浸种催芽，或将种子放在凉水中浸 12 小时后，再放在 4℃低温的冷库里处理 24 小时，然后在 20℃～25℃的温度条件下催芽。也可将浸种后的种子吊在水井的水面上催芽，等 3～5 天出芽后播种。

3. 精细播种　套种菠菜的播种时间应在秋施基肥和清理果园残渣完毕后，具体时间一般在 11 月上中旬，播种前的整地、施肥可与果园秋施基肥结合起来。播种一般采取条播或点播的方法，不宜撒播，每 667 米^2 用种量 3～4 千克。

4. 水肥管理　播时墒情要适宜。如果干旱，要在耕整前进行灌溉，播后再覆盖一层水草保墒。出苗后追肥可根据土壤水分状况结合灌溉进行，前期用 20%腐熟的人粪追施，温度下降后浓度可加大到 40%左右。冬季日照减弱时，要控制无机氮肥的用量。分次采收的，应在每次采收后追施 1 次肥。

5. 采收方法　采收前 15 天左右用 15 毫克/升赤霉酸（九二〇）喷 1 次，以提早成熟和增加产量。采收要求分批进行，每隔 15～20 天采收 1 次，共采收 3～4 次。采收时要采大留小，采密留稀，采壮留弱。

（七）幼林果园套种西瓜栽培技术

江西省宜春市农业局经作站潘汉等报道，试验推广幼林果园套种西瓜栽培技术如下。

1. 选择适宜品种　套种西瓜要选择早熟、高产、优质、抗旱性强的优良品种，如圳宝、新澄一代、聚宝 1 号等。

2. 适时早播，合理密植　山区和旱地灌溉条件差，极易受旱，因此要根据当地气温适时早播。仙桃市要求在春分后 3～5 天播种，谷雨边移栽。每 667 米^2 套种 400～600 株，柑橘行间栽 2 行，株距50厘米；林地每667米^{2}套种300～400株，每条带栽1行，株距50厘米左右。

3. 深沟整地，施足基肥 在果树的穴边结合深耕改土，挖一条深、宽各60厘米的沟，然后分层埋下杂草或土杂肥，1层草1层土地填45厘米后，每667米^{2}施碳铵30～40千克、菜籽饼或桐籽饼50～60千克、钙镁磷肥30～40千克，施肥后覆土，使土高出畦面4～6厘米。

4. 营养块育大苗移栽 营养块育大苗移栽是果园幼林套种成功与否的关键性措施。据我们在新坊乡花桥村育苗与大田直播对比试验，育苗移栽比大田直播每667米^{2}节约种子75克，提早成熟7～10天，增产60%左右。营养块大小约10厘米见方，厚16.6厘米，4～5片真叶时移栽。

5. 合理施肥，科学整蔓 移栽后3～5天，每667米^{2}用尿素4～5千克，每50升水加尿素0.2～0.3千克淋施；1周后再用0.2%～0.3%磷酸二氢钾加0.1%尿素叶面喷施1～2次，具体时间应在晴天下午4时左右。果园林地施壮果肥要比水田早些，一般在瓜苗长到40～50厘米长时施，每667米^{2}施尿素7～8千克，穴施于离瓜根40～50厘米处，深度15～16厘米，施后覆土，然后盖草防旱。一般采用单蔓或三蔓整枝，早熟品种圳宝以单蔓整枝为宜，中熟品种聚宝1号和新澄一代则以三蔓整枝为宜。圳宝瓜蔓60～70厘米以内的侧蔓要全部摘除，保留60～70厘米以外的侧蔓。新澄一代80厘米以内的主蔓只在基部两边各留一侧蔓，其余的枝蔓全部摘除。在整枝的同时应将瓜蔓理顺，使之均匀分布，以利通风透光。

6. 综合防治病虫害 苗期主要有黄守瓜、蚜虫、金龟子等害虫，可用溴氰菊酯或拟除虫菊酯类农药喷杀。在苗床要喷施2～3次80%代森锌或70%代森锰锌600倍液；膨瓜期前，要用敌磺钠或克菌丹1000倍液防病，防治枯萎病（蔓割病）、蔓枯病可用代森锌或代森锰锌600倍液加高锰酸钾7 500倍液喷施1～2次。

(八)果园间套草菇技术

草菇味道鲜美,营养丰富,培养料来源广泛,栽培方法简便易学。利用适龄果园间套草菇,可以提高土地利用率,草菇栽培废料可成为果园良好的有机肥,对提高果品产量和品质十分有利,果树的枝叶又能为草菇蔽荫保湿。根据安徽省濉溪县农技中心刘启先、朱秀芳等报道,近年来的试验结果,每667米^{2}效益在1万元以上。这项技术具有较高的推广应用价值。其栽培技术如下。

1. 选用优良菌种 淮北地区宜用V23、V35、GV34等,其中GV34菌株耐温能力强,是初夏和晚秋栽培比较好的菌株。

2. 栽培时期 草菇喜高温高湿,气温稳定在23℃以上时,才能正常生长发育。淮北地区宜安排在6～9月份栽培。

3. 培养料处理 草菇培养料来源广泛,稻草、麦草、棉籽壳、废棉絮、平菇废料等均可用于草菇,但以稻草栽培较好。农作物秸秆必须是未经雨淋、无霉变的,用前先切成10厘米长的小段。稻草栽培的配养料配方如下:干稻草95%、石膏粉1.5%、多菌灵0.5%、石灰3%,料水比为1∶1.3。料备齐后先将主料浸泡水中,待吸足水后捞出,再将石膏粉、多菌灵、石灰等配料混合拌匀,最后用石灰水调好含水量,上堆发酵。一般以500～1 000千克一堆为宜,堆成馒头形或梯形,用木棒隔30厘米打通气孔、覆膜。料温上升至65℃～70℃时翻堆(将外部、底部的料翻至中心),以后按间隔3天、2天、1天翻堆。料发酵好后,即可开床播种。

4. 做畦播种 选用枝叶茂盛投影面大的果园(5年生以上),在行间做床,床宽依树的行距而定,床长每隔10米留1米宽作业通道,床深10～15厘米,床四周挖成15厘米深、30厘米宽灌水沟,床面整平撒上生石灰,散堆后料温降至40℃时,可上床播种。用层播法,上、中两层播菌种,每平方米用菌种2千克,播后压实,上面盖一层1～1.5厘米厚含水适量的细肥土，再覆膜保温保湿发菌，阳光过强、树叶稀疏的地方盖草帘遮荫，5～7天菌丝即可发满。

5. 综合管理 播种后1～2天料温保持在30℃～35℃，若超过45℃时，揭膜降温。2天后，每天通风1～2次。4天后，菌丝长满床面，每天通风2～3次，料面喷水1～2次，如果空气干燥，可在排水沟灌水保湿。如遇阴雨天，应盖草帘避雨。当料面出现问题时停止喷水，只向排水沟灌水。5～7天后，可收头潮菇。头潮菇结束后，清理床面，同时喷2%石灰水，通气半天后，再覆膜。以后的管理同前，一般可收3潮菇，产菇20～25天。

二、蔬菜与幼龄桑园间作套种新模式

(一)桑园套种冬甘蓝栽培技术

江苏省海安县是全国闻名的茧丝绸之乡，全县栽桑面积已达1.03万公顷，蚕茧产量连续17年居江苏省第一，且桑园面积呈上升态势，其主要原因是在桑园推广合理的套种技术。在茧丝绸行情好的年份，桑园通过套种为蚕农锦上添花；在茧丝绸行情低迷的年份，桑园通过套种为蚕农弥补损失，确保效益不低于其他农作物，从而稳定桑园渡过难关，以便迅速恢复生产。据江苏省海安县农牧渔业局陈爱山、葛建忠、曹晓婕、纪宏等报道，已在全县桑园推广了套种蔬菜10多种，其中桑园套种冬甘蓝每667米^{2}桑园全年可养蚕4张纸，产茧160千克。以2006年为例，每667米^{2}蚕茧收入4 000元，套种冬甘蓝收入1 200元，合计5 200元，是一种蚕农容易接受的典型高效套种模式。其技术要点如下。

1. 品种选择 适合桑园套种的甘蓝品种，要选择味甜质优、包球紧实、中心柱短、耐寒、耐贮、耐裂的冬栽品种，如近年来上海农科院园艺所育成的寒光1号、从日本引进的寒取2号、江苏省农科院蔬菜所育成的冬甘93、惊春893等。

2. 播种育苗

(1)适时播种　由于海安县中秋蚕饲养到9月底才能结束，因此桑园的桑叶到9月才能采摘完毕，桑园套种冬甘蓝的最佳播期为8月中上旬，比纯作推迟10天，但对甘蓝产量没有影响，9月中旬定植时又可利用部分在田桑叶遮光，甘蓝更易活棵。

(2)精心育苗　8月中上旬播种育苗正值夏季高温、台风、暴雨季节，灾害性天气多，苗床应选择通风、排灌方便、地势高爽、土壤肥沃、前茬为非十字花科作物的地块。播前每平方米苗床撒施充分腐熟的灰粪肥5千克、复合肥0.2千克，苗床喷70%甲基硫菌灵消毒。将肥土混匀，耙平畦面，浇足底水。播种量约1.5克/米^2，每667米^{2}桑园需30米^{2}苗床。播后轻轻拍平。畦面浮面覆盖地膜，外面用遮阳网搭建小拱棚，高度1米左右，待70%的种子出苗后揭去地膜，晴天上午9～10时盖上遮阳网，下午3～4时揭去遮阳网，阴天不盖，定植前2周揭除遮阳网，进行炼苗。播种后干旱需每2天喷1次水，保持畦面湿润，以利于出苗。出苗后应及时间苗、除草、浇腐熟薄水粪提苗。

3. 适期定植　由于桑园夏伐后已施入充足的有机肥，甘蓝定植时，桑园肥力水平仍然较高，因此每667米^{2}桑园只需用45%氮磷钾复合肥100千克作基肥，于定植前1天在每畦桑园中间整地筑畦，待甘蓝苗龄35天左右、幼苗约7片真叶(9月中旬)时，选择阴天或晴天傍晚定植。定植前1～2天苗床浇透水，用甲基硫菌灵和吡虫啉常规浓度防治1次。秧苗带土移植，适当浅栽。由于桑园浇灌不方便，所以栽后定植水一定要浇足，以利于缩短缓苗期。桑园套种甘蓝利用率为50%，即每畦桑园中间栽植2行，行距40厘米，株距35厘米，每667米^{2}桑园栽植甘蓝1800株。

4. 大田管理　正常年份，一般9～10月份雨水不少，除在甘蓝定植时浇足定植水后，不要专门浇水，但遇天旱少雨时要及时浇水。生长期追肥却十分重要，到结球时，基肥已消耗了很大一部分，而当时地温已逐步下降，不利于土壤中有机肥的分解，因此必须追施大量的速效肥料，从结球期开始结合浇水每 667 米^2 穴施 45%氮磷钾复合肥 35 千克，10 天后再追施 1 次；当外叶已覆盖畦面时，用 0.2%磷酸二氢钾加 1%尿素溶液根外喷施 1～2 次，促进结球紧实。11 月下旬，甘蓝包心达到八成以上，浇 1 次水防止冻害。

5. 病虫害防治 甘蓝在苗期应注重防病治虫，定植以后，整个生育期几乎不需用药。如有菜青虫、小菜蛾为害，可用 10%阿维菌素乳油 3 000 倍液，或 5%氟虫腈 4 000 倍液喷雾防治；如有斜纹夜蛾、甜菜夜蛾为害，可用 5%氟啶脲乳油 1 500 倍液喷雾防治；如有蚜虫为害，可用 30%万福星乳油 1 000 倍液防治。

6. 及时采收 采用此法套种的冬甘蓝，12 月下旬即可开始采收上市，至翌年 3 月初结束(3 月中旬后气温回升，植株易抽薹、裂球，影响菜球质量和商品性)。

(二)桑园套种榨菜栽培技术

榨菜又名茎用芥菜、青菜头，属十字花科，在我国种植已有悠久的历史。它以膨大的瘤状茎作为食用器官，经腌渍、加工后供食用而得名。成品榨菜具有质地脆嫩、滋味鲜美、香气诱人、营养丰富等特点。为了充分利用冬春光温资源，提高桑园经济效益，增加蚕农收入，据江苏省如皋市常青镇农业技术服务站谢同伯、鞠久志、何国兰、丁亚玲等报道，在试验示范的基础上，于 2003～2005 年连续推广桑园套种榨菜技术，取得了较好的经济效果。共推广种植 1 400 公顷，平均每 667 米^2 产量 3 324 千克，出售鲜菜价格平均 0.32 元/千克，产值 1 063.68 元，减去种子、农药、肥料等成本 206.4 元，每 667 米^2 净收入 857.28 元，深受广大种植者的欢迎。

其栽培技术如下。

1. 品种选择 选用浙江省余姚市育成的缩头种，其具有抗逆性强、产量高、品质优、适宜高沙土地区种植等特点。

2. 播种育苗

(1)播 种

①选好苗床，施足基肥 选择土壤疏松肥沃、保水保肥力强、排灌方便的地块作苗床。每 667 米^2 大田备足苗床 66.7 米^2，在清理好前茬的基础上，每 66.7 米^2 苗床施腐熟人畜粪肥 250 千克、磷肥 4 千克，翻耙 2 次，均匀施入土壤中。

②施药防虫 施肥的同时，每 66.7 米^2 苗床用 2.5%敌百虫粉剂 1.5～2 千克拌干细土均匀施入土壤中，防除地下害虫。

③适期播种 根据本地桑园饲养晚秋蚕采叶季节和气候特点，适宜于 9 月中下旬播种。播种过早，冬前旺长，易遭冻害，同时还容易发生病害；播种过迟，冬前不能形成壮苗，难以安全越冬。

④精细播种 在苗床地翻耙整碎整平和施药、施肥的基础上均匀播种，按照每 66.7 米^2 苗床播 150 克种子移栽 667 米^2 大田的播种量进行播种。播后用耙搂平，然后用脚稍微轻轻踩一下，使种子与土壤密切接触，以利出苗。

(2)育苗床管理 于幼苗 1～2 叶和 3～4 叶期分别适当匀苗，间除病、弱苗和特大苗。注意防治蚜虫等病虫害。

3. 移栽技术

(1)施足基肥 每 667 米^2 施腐熟粪肥、灰肥各 1 500～2 500 千克，复合肥 25～40 千克。

(2)适时移栽 幼苗长到 5～6 叶、苗龄 35 天左右时，选阴天或晴天下午移栽。根据该品种的特性和湖桑移栽年限定移栽规格，1～2 年移栽桑行距 20 厘米，株距 15 厘米，榨菜利用率 75%，密度每 667 米^2 22 000 株左右；3～4 年桑榨菜利用率 50%左右，密度每 667 米^2 15 000 株左右。

4. 田间管理 一般施 3 次肥，第一次于 12 月底追施越冬肥，每 667 米^2 施磷肥 40 千克加碳铵 50 千克，主要促进第一叶环的生长，为茎的膨大奠定基础；第二次施肥在翌年 1 月底，每 667 米^2 施 25％氮磷钾复合肥 50 千克，促进茎叶生长；3 月初当茎进入膨大生长期时施第三次肥，每 667 米^2 施尿素 40 千克，促进瘤状茎的膨大和维持叶片的生长功能，防止早衰。另外，注意防治病虫害。

5. 适时收获 菜头充分膨大、菜薹刚出现时为最佳收获期。一般在 4 月上旬（清明前后）收获，既不影响湖桑生长，又不影响榨菜品质。

（三）桑田套种甜瓜、雪里蕻、春莴笋周年栽培技术

据倪修学、汤荣林、周宝裕等报道，推广利用桑田 6 月初至 8 月初和 10 月初至翌年 4 月中旬两个时段，套种甜瓜、雪里蕻、莴笋供应市场，在不减少蚕桑生产收入的前提下，每 667 米^2 桑田一年可净增产值 2 000 余元，而且由于周年套种作物而抑制了杂草生长，改变了桑田生态条件。

1. 湖桑夏伐，套种甜瓜 6 月初，春蚕饲养结束，湖桑枝条要进行夏伐。夏伐后至 8 月初，此阶段桑田前期漏光严重，利用这个阶段的光照资源和土地资源进行间套种甜瓜，虽然瓜的后期生长与湖桑枝叶生长有一段共生期，但至 8 月初甜瓜收获结束时，桑枝长度仅 60～70 厘米，对甜瓜的生长影响不大。每 667 米^2 甜瓜产量 2 500 千克左右。

（1）播种育苗 甜瓜采用薄膜覆盖育苗移栽。床土要求用 3 年内未种过瓜类的熟化营养土，制钵育苗，苗床宽 1.2 米，4 月上中旬播种，播前浇足底水，每钵播种 3 粒，用过筛细土覆盖 1.0～1.5 厘米厚，搭棚盖膜，棚高 0.4～0.5 米，棚内保持较高温度和较高湿度，以促出苗。出苗后及时间苗，每钵留苗 2 株，适当降温防

徒长。为保证幼苗生长健壮，促进花芽分化，出苗后至定植前，苗床温度控制在白天20℃～25℃、夜间15℃～18℃。定植前5～7天适时降温炼苗。

(2)定植　定植前施足基肥，每667米^{2}施氮磷钾复合肥35千克、腐熟稀粪水2 000千克。5月中旬定植。定植规格为畦宽2.4米，每畦中心栽1行甜瓜，穴距1米，每穴2株苗，每667米^{2}定植277穴554株苗。栽后开好田沟，保证排水畅通。

(3)田间管理　由于甜瓜移栽期湖桑枝叶茂盛，有利于缓苗。栽后7～10天，每667米^{2}施腐熟稀粪水750千克。6月中旬，每667米^{2}施碳酸氢铵25千克、腐熟人畜粪1 250千克作伸蔓肥。6月中下旬和7月上中旬，每667米^{2}各施尿素10千克，促进瓜生长。5月上中旬至6月中旬，用40%乐果1 000倍液喷雾1～2次，防治瓜蚜；用90%三乙膦酸铝1 000倍液喷雾1～3次，防治霜霉病。6月中旬至7月中下旬，用40%乐果1 000倍液防治瓜蚜。4月下旬至5月中旬和6月中旬至7月下旬，用90%敌百虫可溶性粉剂1 000倍液浇根、喷雾，防治黄守瓜成虫和幼虫。喷药要注意蚕食桑叶的安全间隔期，采瓜期间要先采瓜后喷药。

2. 晚秋套栽雪里蕻　10月初，晚秋蚕饲养结束后，湖桑枝条顶端进入缓慢生长至停止生长期，光温资源充足，利用这个阶段的光温资源套栽雪里蕻，至12月初采收，每667米^{2}可产鲜菜2 000千克。

(1)播种育苗　在桑田外选择一适当空地，施足基肥，精细整地，于8月中旬左右播种，9月上中旬及时间苗，间苗后每667米^{2}施腐熟薄粪水750千克。

(2)定植　9月下旬至10月上旬移栽，定植规格为畦宽2.4米，每畦栽6行，其中2行湖桑间栽4株、沟边各栽1株，平均行距40厘米、株距39厘米，密度为每667米^2 4 165株。

(3)田间管理　10月中旬施缓苗肥，每667米^{2}施腐熟人畜粪

1 500 千克，以缩短缓苗期；11 月上旬施尿素 10 千克，促进生长，提高产量。10 月中下旬，用 40%乐果乳油 1 000 倍液喷雾 1 次，防治瓜蚜。注意及时采收。

3. 冬春套栽莴笋 12 月初雪里蕻采收结束至翌年 4 月中旬整个冬春季，桑田无叶片遮荫，利用该期光照，可套栽莴笋，至 4 月上中旬收获，每 667 米^2 可净产鲜莴笋 1 500 千克。

(1)播种育苗 育苗地选择在桑园附近，10 月上旬播种，出苗后加强管理，适时间苗、追肥，每 667 米^2 施腐熟薄粪水 750 千克。

(2)定植 12 月上旬定植。定植行距 40 厘米、株距 34 厘米，每 667 米^2 定植 4 600 株。

(3)田间管理 12 月下旬，每 667 米^2 施腐熟人畜粪 1 500 千克，培土壅根保安全越冬；翌年 2 月底 3 月初，莴笋进入旺盛生长期，每 667 米^2 施尿素 10 千克，促进茎部肥大。3 月中下旬，用 75%百菌清 500 倍液喷雾防霜霉病。及时采收上市。

(四)桑田间作早薹蒜技术

据王金峰、杨洪安等报道，在不影响采叶养蚕的情况下，桑园特别是幼龄桑园间作一茬大蒜，每 667 米^2 可增收 1 000～2 000 元，而且大蒜的气味可减少桑园的害虫，种蒜施用的肥料又可被桑树充分利用，是一种高产高效值得推广的农业立体种植模式。

1. 大蒜品种选择 选择适应性强、抽薹率高(95%以上)、抽薹早(4 月上旬即可抽薹)、蒜薹产量高(平均单薹重 38 克，每 667 米^2 产量可达 650～900 千克)、蒜头早熟、品质好、可卖鲜蒜的品种，如早薹蒜 2 号等。

2. 整地施肥

(1)整地 选择地势平坦、土层深厚、土壤肥力较高、有机质含量丰富、保肥保水性能较好的桑地，同时要求水源条件好。若水源不足、地面不平、肥力低，则不利于覆盖地膜，大蒜产量低、抽薹晚。

整地要精细，深耕细耙，做到土壤细碎、地面平坦。

(2)施肥　桑树生长消耗土壤养分多，应施入足量的基肥，特别是注意多施有机肥和磷、钾肥，一般每 667 米^2 施腐熟农家肥不少于 5 000 千克以及复合肥 40 千克、活性钙肥 40 千克。

(3)起垄做畦　适当利用桑树行间距离做畦，一般畦宽 100 厘米，畦面宽 80 厘米，垄高 10 厘米左右，畦垄宽度大有利于覆膜。

3. 适时播种盖地膜

(1)播种　播种宜早不宜晚，一般以 9 月中下旬为宜，最迟为 9 月底。

为使出苗整齐一致，便于管理，播种前应进行蒜瓣分级，分别播种。一般分为三级，一级蒜瓣重 2 克以上，二级 0.8～2 克，三级 0.8 克以下。

一般每 667 米^2 栽 31 000～35 000 株，行距 18～20 厘米，株距 8～10 厘米；一级蒜瓣株距 10 厘米，二级 8 厘米，三级 6 厘米。

在已经做好的畦面上开沟播种，每畦播 5 行，行距要均匀一致，沟深 6～8 厘米，播种深度 4～5 厘米。要定向播种，使种瓣的背腹连线与行向平行。播后覆土厚 1～2 厘米，覆土后耙平畦面，土壤要细碎，以便覆盖地膜。播种后随即浇水，随水每 667 米^2 施入 50%辛硫磷乳油 0.5 千克，以防地蛆等地下害虫。

为防地膜覆盖后杂草严重，且拔除不便的干扰，畦面稍干后应喷布除草剂，可选用噁草酮、乙氧氟草醚、二甲戊灵等，喷雾要均匀周到，畦面畦埂都要喷到。

(2)覆膜　大蒜适宜的地膜为普通聚乙烯透明膜，厚度为 0.012～0.015 毫米，若厚度超过 0.015 毫米，大蒜幼苗不易穿透，而且薄膜不易紧贴畦面，起不到保温、保肥、疏松土壤的作用。膜宽 90 厘米，保证每侧压膜宽 5 厘米左右。

4. 田间管理

(1)苗期管理　大蒜出苗后有顶不出膜的幼芽或蒜苗，可采取人工破膜使其露出膜外，防止蒜苗在膜下生长。人工破膜时，破口越小越好。要巡回检查地膜，对地膜破处、风刮波动处及蒜株的周围都要用土压好，切实保证地膜完整，以充分发挥地膜的效益。

在幼苗生长阶段，灌一次促苗水；小雪前后，根据天气情况浇一次越冬水；翌年春，蒜苗返青时浇返青水，注意不宜太早，以免降低地温；发棵时，保持土壤见干见湿。

(2)生长期管理　春分前后进入薹、瓣分化期，应根据苗情、天气变化情况浇水，保持田间土壤湿润。蒜薹甩缨(露头)时浇攻薹水。提薹前 3～4 天停止浇水，以免蒜薹脆嫩易断。

(3)提薹　待蒜薹长出假茎长 10～15 厘米或薹苞开始打弯时即可提薹，一般宜在中午进行。距地面 10～15 厘米处，向上划破假茎，然后切断蒜薹，将薹轻轻提出。提薹后应保持大蒜植株不倒，以利其继续进行光合作用，促使蒜头膨大。

(4)蒜头膨大期管理　提薹后进入蒜头膨大盛期，应立即浇一次水，保持土壤湿润，蒜头收获前 3～5 天停止浇水。

(5)收获鲜蒜头　蒜薹采收 10～15 天(4 月底 5 月初)即可收获蒜头上市赶鲜，价格高，效益好。

蒜头收获后要抓紧进行桑树的管理，以利采叶养蚕。

三、蔬菜与幼林地间作套种新模式

(一)树林地套种生姜立体种植技术

树林地套种生姜，适宜于庭院房前屋后的树林地。

1. 选择适宜的地块，整地施肥做畦　生姜以肥大的肉质根茎为收获的器官，因此应选择土层深厚、土壤肥沃、富含有机质、排水良好、呈微酸性反应的沙壤土或壤土林地种植。在播种前要进行秋耕和春耕，耕深以 25 厘米为宜，并结合翻耕施入有机肥 5 000～

8 000 千克、过磷酸钙 30～50 千克、草木灰 100～150 千克或硫酸钾 10～15 千克。耕耙整平后，东西向做高畦，畦宽 1.2 米，畦间沟深 20 厘米。

2. 选用优良品种，催芽覆膜早栽　适合栽培的生姜品种有莱芜生姜、莱芜大姜、疏轮大肉姜、密轮细姜、广州肉姜、浙江红瓜姜、安徽铜陵姜、湖北来凤姜、江西兴国生姜、广西玉林肉姜、福建红芽姜、四川竹根姜、湖南长沙红瓜姜等。其中莱芜生姜生育期 160 天，抗病性强，需肥性强，嫩姜辣味小，质脆嫩；入窖贮藏后，纤维少，含水量少，品质佳。覆膜栽培的，播种期一般为 4 月中下旬。

为加快生姜出苗，播种前进行晒姜、囤姜、催芽处理。春分前后将姜种从窖中取出，选皮色发亮、未受冻、不干缩的姜块作种姜。晴天时将选出的种姜摆放在室外晾晒，晚上收回。晾晒 2～5 天后，在最后一天的午后高温时把种姜装入筐内（筐内四周垫上稻草，种姜摆放在其内），上面用草封严，把筐放在火炕上催芽，使筐内温度保持在 25℃～28℃，待 10 天后姜芽膨大时，把温度降至 20℃～21℃，催芽 8～10 天后倒姜 1 次，经过 20～30 天姜芽长到 1～2 厘米长时即可栽种。栽种时在畦面上开沟，每畦面开 3 条沟，将种姜均匀摆放在沟内，姜块侧放，姜芽倾向于沟的同一个方向，株距 14～16 厘米，单块姜种重 50～100 克，每 667 米^2 用种量 500 千克左右。栽种后在定植沟内用土杂肥盖种，覆土厚 3～4 厘米，且播种前要浇好底墒水，覆土后按畦覆盖地膜。

3. 加强生长期间的管理　幼苗出齐后经过一定的时间，即 5 月中旬以后要将地膜去掉，一般以选择无风的上午进行为宜。

生姜在生长期间不宜多次深中耕，但应注意除草、浇水施肥、培土和病虫害防治。特别是在齐苗后要采取腐熟稀粪水勤灌的原则，并在苗高 30 厘米、具有 1～2 个分枝时追施提苗肥，每 667 米^2 施硫酸铵 15～20 千克；在立秋前后要结合拔除杂草进行第二次追肥，这次追肥要求肥效持久的农家肥和速效性化肥相配合，每 667

米^2 用优质腐熟的有机肥3000千克，另加复合肥或硫酸铵15～20千克，在姜苗一侧施入，而后进行第一次培土，把原来沟背的土培在植株基部，变沟为垄，以后结合浇水进行第二、三次垄土，逐渐把垄面加宽加厚，为根茎生长创造适宜的条件。在9月份以后，要结合植株长势再补施一次追肥。其中，对长势一般、林地偏弱的姜地，每667米^2 可施复合肥或硫酸铵20～25千克；对土壤肥力较好、长势旺盛的姜地，可酌情不施或少施，防止茎叶徒长影响根茎的膨大。

在夏至前后要及时掰掉母姜，除去小蘖，每姜块只保留1株壮苗，并用土渣肥覆盖。大暑前后每隔1周趁露水未干时抽去姜苗顶心。在姜苗的整个生长期都要注意浇水，使土壤保持湿润，并要加强病虫害的防治，对姜螟虫可用90％敌百虫可溶性粉剂800倍液喷雾防治，对姜瘟病可用50％代森铵1000倍液灌根防治。

4. 分期分批采收 生姜的采收，可根据不同的情况分别采收母姜、嫩姜和老姜。采收母姜在苗高10～18厘米、植株有5片真叶时结合松土取出，要注意弱苗不取；采收嫩姜在白露前后依市场需求适时适量进行；采收老姜在立冬前后，地上部茎叶始黄，地下根状茎老熟时进行。

（二）树林地套种平菇（或香菇）立体种植技术

树林地套种平菇（或香菇），适宜于荫蔽度较大的树林地或竹林地。一般每667米^2 林地可增加纯收入1500～2000元。同时有利于改良土壤，提高肥力，加速林木生长发育。

1. 林地选择 栽培平菇或袋栽香菇的林地，应选择郁闭度大于0.7、水源较好、排水容易的片林，林内全天平均光照度在620勒以下。对树种要求不严。

2. 制作栽培种 按100千克新鲜棉籽壳、120升水、0.1千克石膏粉的比例配制培养料。把料混合均匀后装入直径12厘米、长

25 厘米的塑料袋内，每袋装料 0.5 千克。然后进行高温灭菌消毒，接种平菇原种。接种后，把料袋放在温度 25℃的室内床架上培养，20 天后即成栽培种。

3. 搞好播种　主要做好以下工作。

一是选择好播种期。春播，在 2 月底 3 月初进行；秋播，在 9 月上旬进行；冬播，在 11 月份进行。实践证明，最好的播期是冬播，因为这时的新鲜原材料（棉籽壳）十分多，无霉变，栽培成活率高；气候稍冷，环境条件稳定，杂菌基数小，菌丝营养生长时间充分，对出菇有利，可大大地增加产量。

二是搞好袋栽过程中的发菌与排放。培养料按棉籽壳 100 千克、50%多菌灵 800 倍稀释液 120 千克、过磷酸钙 1 千克、石灰 0.5 千克的比例进行配制。把混合均匀的培养料装入直径 25～30 厘米、长 45 厘米的塑料袋内，然后在料袋的两端撒播上“栽培种”，每袋用种量 0.25 千克。播种后，把料袋放到背风向阳的场地堆垛，促发菌丝。当菌丝“吃”透培养料整个塑料袋呈乳白色时，即可移入郁闭度为 0.7 以上的林地内。林地内以林木为立柱，用玉米等高秆作物的秸秆架成 20 米×20 米的大棚，四周用塑料薄膜围好。将发好菌的培养料袋放到棚内，每 667 米^2 排放 5～6 层。

三是搞好林地做畦栽培的播种工作。如果不采用袋栽而实行林地做畦栽培时，应根据行距定其宽、长。畦面呈龟背形，四周要有排水沟、人行道。播种前 1 天用大水浇畦，并洒石灰水消毒。培养料可采用新鲜的棉籽壳加稻草各一半，拌入 1%石膏粉和 1%磷肥粉。再备好 120～140 升清水，加入 0.1%多菌灵、2%生石灰，混合均匀。然后，边浇水，边拌料。拌和均匀后“上床”播种。播种量以 10%为宜。可采用两层撒播法，第一层播种 30%，第二层播种 70%；料厚 10 厘米，整平压实，薄膜地盖上新鲜树叶，再盖薄膜，四周压紧密，使其发菌。

4. 加强管理

(1)袋栽管理　当料袋两头有大量菇蕾出现时，立即解袋，把袋口向外翻卷。每天向棚顶、棚内地面进行喷雾增湿，保持棚内空气相对湿度90%左右，温度保持在15℃～30℃。每次采菇后，都要将出菇面上残存的死菇、菇柄等清理干净，重新扎好培养料袋培养下一批菇蕾。1年可连续采菇4～6批。

(2)做畦栽培管理　采用这种栽培方法时，要注意菌丝发育阶段由于林地具有遮荫、湿度大、蒸发量小的特点，故一般不需特殊管理，当培养料内外发满菌丝、畦的四周出现子实体原基时，应把压在膜上的土去掉，逐渐加强透风，开始喷水管理。由于林内小气候特殊，因此应适当增加通风时间和通风量，减少喷水次数和用量，除阴雨天和大风天气外，则可全天通风，每天喷水2次。当平菇菌盖充分展开而尚未散发孢子时，即可采收。采收后要及时清理面上的菇脚和老树叶，然后再覆上一层新树叶，喷一次大水，随即盖好薄膜，经7～8天便可再次出菇。一般可出3～4茬菇。

(三)林下种植魔芋栽培技术

林下间作魔芋，近年来在湖南、湖北、四川等省逐步得到了发展。如湖北省利川市和湖南省湘西武陵山区在幼林地的林下间作魔芋，取得了良好的效果。魔芋既为中药材，又可加工成理想的保健食品，可供出口，也可作为工业原料，目前有些地方把魔芋种植加工作为脱贫致富的一条捷径。林下套栽魔芋，既有利于幼林的生长，又可增产增值。据湖北省孝感师专林特系邓正平、艾农等报道，推广林下种植魔芋技术如下。

1. 林地准备　魔芋喜阴湿，怕干旱，对土壤要求不严，喜生于土壤肥沃的林下，以选择排水良好、土层深厚、肥沃、腐殖质含量高、pH值为6.5～7.5的沙质土林地为佳，不宜选用重黏土、碱性土以及栽过烟草、茄子等作物的地。选地后，清除杂草灌木，离树

50 厘米耕翻，深翻 50 厘米，精细整地待栽。连作不超过 3 年，最好一年一轮茬。

2. 芋种选择　生产上一般采取块茎繁殖。收获魔芋后，选用健壮无病的中、小块茎作芋种。注意不要把上年未烂完的带壳魔芋和回头芋作芋种。

3. 种植季节　春植一般在气温回升至 12℃以上时为宜。时间过早易受冻害，影响出苗率；过迟，耽误了生长季节。

4. 种植密度　一般每 667 米^2 4 000～6 000 株，株距 30～40 厘米，行距 50～70 厘米。芋种大，株行距则相应要小；反之，则株行距偏大。

5. 栽植　细致整地，施好基肥，每 667 米^2 施腐熟厩肥 1 000～1 500 千克。注意不要用碱性肥料如草木灰等作基肥。基肥施于穴底，上盖一层土，然后放芋种，以免肥料与芋种接触而引起芋种腐烂。芋种斜放穴内，芽朝上，这样不易烂芽烂种，出芽迅速整齐，栽种深度 10～20 厘米。除块茎繁殖外，也可采用种子繁殖，夏秋种子成熟后，取出混沙贮藏，11 月播种或翌年春播。苗育成后，当年秋季或翌年春季移植，株距 25～30 厘米，行距 40～50 厘米。

6. 管理和采收　林内杂草多，应勤除草、松土，加强管理，适期追肥，不施碱性肥。发现红蜘蛛为害可用 40%乐果乳油 2 000 倍液喷洒。秋季收获，刨出茎块，除去茎叶须根，洗净，置阴凉处风干贮藏。